The Development Strategy of
China's Engineering Science and Technology for 2035

中国工程科技2035发展战略

土木、水利与建筑领域报告

"中国工程科技2035发展战略研究"项目组

科学出版社
北京

内 容 简 介

《中国工程科技 2035 发展战略 · 土木、水利与建筑领域报告》在系统分析世界科技发展大势的基础上，紧密结合中国建设社会主义现代化国家的战略与需求，对土木、水利与建筑领域工程科技发展战略进行了深入研究，提出了面向 2035 年的中国土木、水利与建筑领域工程科技发展战略目标、重点任务与发展路径；分析了该领域工程科技关键技术、重要共性技术、重要颠覆性技术，提出了重大工程、重大工程科技专项建议，并对需要重点部署的基础研究方向提出了政策建议。

本书涉及城市与建筑、土木工程、水利与水资源、城市水安全、测绘与区域发展、交通工程、智慧城市等土木、水利与建筑领域中的多个子领域，系统性、综合性强，可为政府部门制定发展规划提供参考，为学术界、科技界、产业界及广大社会公众提供参阅。

图书在版编目(CIP)数据

中国工程科技2035发展战略. 土木、水利与建筑领域报告 / “中国工程科技2035发展战略研究”项目组编. —北京：科学出版社，2019.6

ISBN 978-7-03-061311-0

Ⅰ. ①中… Ⅱ. ①中… Ⅲ. ①科技发展–发展战略–研究报告–中国 ②土木工程–科技发展–发展战略–研究报告–中国③水利工程–科技发展–发展战略–研究报告–中国④建筑工程–科技发展–发展战略–研究报告–中国 Ⅳ. ①G322②TU-12③TV-12④TU-12

中国版本图书馆 CIP 数据核字（2019）第 103179 号

丛书策划：侯俊琳 牛 玲

责任编辑：邹 聪 梁晶晶/责任校对：王晓茜

责任印制：吴兆东 /封面设计：有道文化

科学出版社出版

北京东黄城根北街 16 号

邮政编码：100717

http://www.sciencep.com

北京中科印刷有限公司印刷

科学出版社发行 各地新华书店经销

*

2019 年 6 月第 一 版 开本：720 × 1000 1/16

2025 年12月第三次印刷 印张：16 1/2

字数：260 000

定价：148.00 元

（如有印装质量问题，我社负责调换）

中国工程科技2035发展战略研究
联合领导小组

组　长： 周　济　杨　卫

副组长： 赵宪庚　高　文

成　员（以姓氏笔画为序）：

王长锐　王礼恒　尹泽勇　卢锡城　孙永福
杜生明　李一军　杨宝峰　陈拥军　周福霖
郑永和　孟庆国　郝吉明　秦玉文　柴育成
徐惠彬　康绍忠　彭苏萍　韩　宇　董尔丹
黎　明

联合工作组

组　长： 吴国凯　郑永和

成　员（以姓氏笔画为序）：

孙　粒　李艳杰　李铭禄　吴善超　张　宇
黄　琳　龚　旭　董　超　樊新岩

项目办公室

主　任： 吴国凯　郑永和

成　员（以姓氏笔画为序）：

孙　粒　李艳杰　张　宇　黄　琳　龚　旭

工　作　组

组　长： 王昆声

副组长： 黄　琳　龚　旭　周晓纪

成　员（以姓氏笔画为序）：

丁淑富　马　飞　王亚琼　王宏伟　王晓俊
王爱红　王海风　左家和　白　雁　刘　奕
安　达　孙　粒　孙胜凯　李冬梅　李铭禄
李憑峰　但智钢　宋　超　张　勇　张　莉
张　健　张　博　张文韬　陈进东　范桂梅
周　源　宗玉生　胡良元　侯超凡　袁建华
夏登文　唐海英　黄海涛　崔　剑　梁桂林
董　超　满　璇　裴　钰　阚晓伟　谭宗颖
樊新岩　魏　畅

中国工程科技2035发展战略·
土木、水利与建筑领域报告
编 委 会

总　　序

科技是国家强盛之基，创新是民族进步之魂，而工程科技是科技向现实生产力转化过程的关键环节，是引领与推进社会进步的重要驱动力。当前，中国特色社会主义进入新时代，党的十九大提出了2035年基本实现社会主义现代化的发展目标，要贯彻新发展理念，建设现代化经济体系，必须把发展经济的着力点放在实体经济上，把提高供给体系质量作为主攻方向，显著增强我国经济质量优势。我国作为一个以实体经济为主带动国民经济发展的世界第二大经济体，以及体现实体经济发展与工程科技进步相互交织、相互辉映的动力型发展体，工程科技发展在支撑我国现代化经济体系建设，推动经济发展质量变革、效率变革、动力变革中具有独特的作用。习近平总书记在2016年“科技三会”①上指出，“国家对战略科技支撑的需求比以往任何时期都更加迫切”，未来20年是中国工程科技大有可为的历史机遇期，“科技创新的战略导向十分紧要”。

2015年始，中国工程院和国家自然科学基金委员会联合组织开展了“中国工程科技2035发展战略研究”，以期集聚群智，充分发挥工程科技战略对我国工程科技进步和经济社会发展的引领作用，“服务决策、适度超前”，积极谋划中国工程科技支撑高质量发展之路。

---

① “科技三会”即2016年5月30日召开的全国科技创新大会、中国科学院第十八次院士大会和中国工程院第十三次院士大会、中国科学技术协会第九次全国代表大会。

第一，中国经济社会发展呼唤工程科技创新，也孕育着工程科技创新的无限生机。

创新是引领发展的第一动力，科技创新是推动经济社会发展的根本动力。当前，全球科技创新进入密集活跃期，呈现高速发展与高度融合态势，信息技术、新能源、新材料、生物技术等高新技术向各领域加速渗透、深度融合，正在加速推动以数字化、网络化、智能化、绿色化为特征的新一轮产业与社会变革。面向2035年，世界人口与经济持续增长，能源需求与环境压力将不断增大，而科技创新将成为重塑世界格局、创造人类未来的主导力量，成为人类追求更健康、更美好的生活的重要推动力量。

习近平总书记在2018年两院院士大会开幕式上讲到："我们迎来了世界新一轮科技革命和产业变革同我国转变发展方式的历史性交汇期，既面临着千载难逢的历史机遇，又面临着差距拉大的严峻挑战。"从现在到2035年，是将发生天翻地覆变化的重要时期，中国工业化将从量变走向质变，2020年我国要进入创新型国家行列，2030年中国的碳排放达到峰值将对我国的能源结构产生重大影响，2035年基本实现社会主义现代化。在这一过程中释放出来的巨大的经济社会需求，给工程科技发展创造了得天独厚的条件和千载难逢的机遇。一是中国将成为传统工程领域科技创新的最重要战场。三峡水利工程、南水北调、超大型桥梁、高铁、超长隧道等一大批基础设施以及世界级工程的成功建设，使我国已经成为世界范围内的工程建设中心。传统产业升级和基础设施建设对机械、土木、化工、电机等学科领域的需求依然强劲。二是信息化、智能化将是带动中国工业化的最佳抓手。工业化与信息化深度融合，以智能制造为主导的工业4.0将加速推动第四次工业革命，老龄化社会将催生服务型机器人的普及，大数据将在城镇化过程中发挥巨大作用，天网、地网、海网等将全面融合，信息工程科技领域将迎来全新的发展机遇。三是中国将成为一些重要战略性新兴产业的发源地。在我国从温饱型社会向小康型社会转型的过程中，人民群众的消费需求不断增长，将创造令世界瞩目和羡慕的消费市场，并将在一定程度上引领全球消费市场及相关行业的发展方向，为战略性新兴产业的形成与发展奠定坚实的基础。四是中国将是生态、能源、资源环境、医疗卫生等领域工程科技创新的主战场。尤其是在页岩气开发、碳排放减量、核能利用、水污染治理、土壤修复等方面，未来20年中国需求巨大，给能源、节能环保、医疗保健等产业及其相关工程领域创造了难得的发展机遇。五是中国的国防现代化建设、航空航天技术与工程的跨越式发展，给工程科技领域提出了更多更高的要求。

为了实现2035年基本实现社会主义现代化的宏伟目标，作为与经济社会联系最紧密的科技领域，工程科技的发展有较强的可预见性和可引导性，更有可能在“有所为、有所不为”的原则下加以选择性支持与推进，全面系统地研究其发展战略显得尤为重要。

第二，中国工程院和国家自然科学基金委员会理应共同承担起推动工程科技创新、实施创新驱动发展战略的历史使命。

“工程科技是推动人类进步的发动机，是产业革命、经济发展、社会进步的有力杠杆。”① 习近平总书记在2016年“科技三会”上指出：“中国科学院、中国工程院是我国科技大师荟萃之地，要发挥好国家高端科技智库功能，组织广大院士围绕事关科技创新发展全局和长远问题，善于把握世界科技发展大势、研判世界科技革命新方向，为国家科技决策提供准确、前瞻、及时的建议。要发挥好最高学术机

① 参见习近平总书记2018年5月28日在中国科学院第十九次院士大会和中国工程院第十四次院士大会上的讲话。

构学术引领作用，把握好世界科技发展大势，敏锐抓住科技革命新方向。”这不仅高度肯定了战略研究的重要性，而且对战略研究工作提出了更高的要求。同时，习近平总书记在2018年两院院士大会上指出，“基础研究是整个科学体系的源头。要瞄准世界科技前沿，抓住大趋势，下好‘先手棋’，打好基础、储备长远”；“要加大应用基础研究力度，以推动重大科技项目为抓手”；“把科技成果充分应用到现代化事业中去”。

中国工程院是国家高端科技智库和工程科技思想库；国家自然科学基金委员会是我国基础研究的主要资助机构，也是我国工程科技领域基础研究最重要的资助机构。为了发挥“以科学咨询支撑科学决策，以科学决策引领科学发展”[①]的制度优势，双方决定共同组织开展中国工程科技中长期发展战略研究，这既是充分发挥中国工程院国家工程科技思想库作用的重要内容和应尽责任，也是国家自然科学基金委员会引导我国科学家面向工程科技发展中的科学问题开展基础研究的重要方式，以及加强应用基础研究的重要途径。2009年，中国工程院与国家自然科学基金委员会联合组织开展了面向2030年的中国工程科技中长期发展战略研究，并决定每五年组织一次面向未来20年的工程科技发展战略研究，围绕国家重大战略需求，强化战略导向和目标引导，勾勒国家未来20年工程科技发展蓝图，为实施创新驱动发展战略“谋定而后动”。

第三，工程科技发展战略研究要成为国家制定中长期科技规划的重要基础，解决工程科技发展问题需要基础研究提供长期稳定支撑。

工程科技发展战略研究的重要目标是为国家中长期科技规划提供

① 参见中共中央办公厅、国务院办公厅联合下发的《关于加强中国特色新型智库建设的意见》。

有益的参考。回顾过去，2009 年组织开展的“中国工程科技中长期发展战略研究”，为《“十三五”国家科技创新规划》及其提出的“科技创新 2030—重大项目”提供了有效的决策支持。

党的十八大以来，我国科技事业实现了历史性、整体性、格局性重大变化，一些前沿方向开始进入并行、领跑阶段，国家科技实力正处于从量的积累向质的飞跃、由点的突破向系统能力提升的重要时期。为推进我国整体科技水平从跟跑向并行、领跑的战略性转变，如何选择发展方向显得尤其重要和尤其困难，需要加强对关系根本和全局的科学问题的研究部署，不断强化科技创新体系能力，对关键领域、“卡脖子”问题的突破作出战略性安排，加快构筑支撑高端引领的先发优势，才能在重要科技领域成为领跑者，在新兴前沿交叉领域成为开拓者，并把惠民、利民、富民、改善民生作为科技创新的重要方向。同时，我们认识到，工程科技的前沿往往也是基础研究的前沿，解决工程科技发展的问题需要基础研究提供长期稳定支撑，两者相辅相成才能共同推动中国科技的进步。

我们期望，面向未来 20 年的中国工程科技发展战略研究，可以为工程科技的发展布局、科学基金对应用基础研究的资助布局等提出有远见性的建议，不仅形成对国家创新驱动发展有重大影响的战略研究报告，而且通过对工程科技发展中重大科学技术问题的凝练，引导科学基金资助工作和工程科技的发展方向。

第四，采用科学系统的方法，建立一支推进我国工程科技发展的战略咨询力量，并通过广泛宣传凝聚形成社会共识。

当前，技术体系高度融合与高度复杂化，全球科技创新的战略竞争与体系竞争更趋激烈，中国工程科技 2035 发展战略研究，即是要面向未来，系统谋划国家工程科技的体系创新。“预见未来的最好办法，就是塑造未来”，站在现在谋虑未来、站在未来引导现在，将国家需求同工程科技发展的可行性预判结合起来，提出科学可行、具有中国特色的工程科技发展路线。

因此，在项目组织中，强调以长远的眼光、战略的眼光、系统的眼光看待问题、研究问题，突出工程科技规划的带动性与选择性，同时，注重研究方法的科学性和规范性，在研究中不断探索新的更有效的系统性方法。项目将技术预见引入战略研究中，将技术预见、需求分析、经济预测与工程科技发展路径研究紧密结合，采用一系列规范方法，以科技、经济和社会发展规律及其相互作用为基础，对未来20年科技、经济与社会协同发展的趋势进行系统性预见，研究提出面向2035年的中国工程科技发展的战略目标和路径，并对基础研究方向部署提出建议。

项目研究更强调动员工程科技各领域专家以及社会科学界专家参与研究，以院士为核心，以专家为骨干，组织形成一支由战略科学家领军的研究队伍，并通过专家研讨、德尔菲专家调查等途径更广泛地动员各界专家参与研究，组织国际国内学术论坛汲取国内外专家意见。同时，项目致力于搭建我国工程科技战略研究智能决策支持平台，发展适合我国国情的科技战略方法学。期望通过项目研究，不仅能够形成有远见的战略研究成果，同时还能通过不断探索、实践，形成战略研究的组织和方法学成果，建立一支推进工程科技发展的战略咨询力量，切实发挥战略研究对科技和经济社会发展的引领作用。

在支撑国家战略规划和决策的同时，希望通过公开出版发布战略研究报告，促进战略研究成果传播，为社会各界开展技术方向选择、战略制定与资源优化配置提供支撑，推动全社会共同迎接新的未来和发展机遇。

展望未来，中国工程院与国家自然科学基金委员会将继续鼎力合作，发挥国家战略科技力量的作用，同全国科技力量一道，围绕建设世界科技强国，敏锐抓住科技革命方向，大力推动科技跨越发展和社会主义现代化强国建设。

中国工程院院长：李晓红院士

国家自然科学基金委员会主任：李静海院士

2019 年 3 月

前　言

党的十九大为我们描绘了人民美好生活的幸福愿景，提出了“推动新型工业化、信息化、城镇化、农业现代化同步发展”的新发展理念，指明了“加强水利、铁路、公路、水运、航空、管道、电网、信息、物流等基础设施网络建设”的工作任务（习近平，2017）。从现在到 2035 年，我国面临城镇与基础设施建设的关键转型期和重要机遇期。我国基础设施建设虽然取得了巨大的成就，但在资源能源消耗、环境保护、运维管理、使用寿命、安全可靠、抗灾能力等方面仍存在很多亟待解决的问题，难以满足中国未来城镇发展的核心诉求，因此，我国对未来城镇的高品质需求与当前基础设施建设及运维水平之间存在巨大差距。

中国工程院发布的相关报告显示：2016 年我国的建筑能源消费总量占全国能源消费总量的 20.6%，建筑碳排放占全国能源碳排放的 19.4%（中国建筑节能协会能耗统计专委会，2018）。随着人口聚集度的提高和社会物质财富的不断累积，我国面临的灾害风险日趋严重，2008 年的汶川地震造成 69 227 人遇难，2010 年的玉树地震造成 2698 人遇难，其中基础设施是灾害的最主要载体。人类开展的基础设施建设活动对自然环境影响巨大，对世界可持续发展至关重要，因此对城镇与基础设施领域的相关工程科技问题开展前瞻性的战略研究，不仅有利于解决制约中国未来城镇健康发展的重大难题，还可为解决全球范围内的可持续发展问题提供新的指引。

为全面应对未来 20 年城镇与基础设施领域的空前挑战，2015 年，在中国工程院与国家自然科学基金委员会共同资助开展的“中国工程科技 2035 发展战略研究”项目总体框架下，依托中国工程院土木、水利与建筑工程学部，设立了土木、水利与建筑领域课题组。课题组拟通过两年的战略研究达到如下目标：①把握城镇与基础设施领域国内外科技发展趋势，判断我国 2035 年在该领域的发展图景，识别国家重大战略需求，科学谋划，选择关系全局和长远发展的优先方向，提出重点领域和子领域、优先发展主题和技术群；②筛选出城镇与基础设施领域中的关键技术和共性技术，特别是未来可能出现的突破性与颠覆性技术，提出本领域需建设的重大科技基础设施；③面向应用，研究提出重点发展方向的工程科技发展路径，根据工程科技发展要求，提出需优先开展的基础研究方向；④通过战略研究，为国家城镇与基础设施领域工程科技的系统谋划和前瞻部署提供支撑，为国家在本领域的基础研究部署提供参考，不断增进我国工程科技发展水平和能力，服务于经济社会可持续发展。本书是对土木、水利与建筑领域课题组两年来战略研究成果的系统总结。

土木、水利与建筑领域课题组在“中国工程科技 2035 发展战略研究”领导小组、项目组和项目办公室的领导下，按照总体组的部署要求开展研究工作，研究过程中和技术预见与方法支撑组、需求分析与经济预测组、工作组以及其他领域组及跨领域组密切配合。城镇与基础设施领域涉及的范围十分宽广，为了便于研究和组织，2015 年 1 月中国工程院土木、水利与建筑工程学部召开学部第九届常委会扩大会议 2015 年第 1 次会议，经讨论确定将课题划分为“城市与建筑”“土木与材料”“水利与水资源”“市政与环境”“测绘与区域发展”“交通工程”六个专题，每个专题指定一两位最熟悉该领域的院士负责，由他们邀请相关专家，组成专题研究小组。在 2015 年院士大会期间，经学部院士充分研讨，决定将“市政与环境”专题名称修改为“城市水安全”，同时考虑到城镇与基础设施建设领域工程科技高度交叉与综合集成的特征，补充“智慧城市”作为交叉专题进行研究。课题研究的重要特色是引入技术预见和技术路线图等战略研究的科学方法。2015 年和 2016 年分别进行了全国范围内的大规模技术预见调查活动，每次调查均有 300 余位本领域知名院士和专家积极参加。而在战略研究的后半期，各专题组为了进一步凝练共识，依托清华大学与华中科技大学技术路线图联合开发小组开发的 RoadMapping Version 3.7，深入开展了技术路线图的绘制工作。技术预见和技术路线图的相关工作为战略研究的专家研讨以及核心观点提炼提供了强有力的支撑，也增强了战略研究结论的可信度和科学性。

本书研究的主要成果包括：①通过对本领域的 18 个国际前沿问题和 9 个世界各国正在开展的重大科技计划进行调研和综述，总结了本领域工程科技的国际先进水平，给出了面向 2035 年本领域工程科技的发展方向和趋势，并对 2035 年本领域世界经济社会的发展状况进行预测；②通过对 2035 年本领域我国经济社会发展情景以及工程科技与产业特征进行分析，提出了本领域我国需要解决的 7 个重大问题及其对工程科技的 25 个需求；③通过对本领域我国工程科技技术预见结果进行分析，对本领域技术发展的总体特征进行判断，筛选出本领域最重要的技术方向，提出本领域重要工程科技发展的制约因素；④提出本领域工程科技的发展思路，确定本领域工程科技 2025 年和 2035 年的发展战略目标，给出本领域工程科技发展的总体架构；⑤提出本领域的重点任务、关键技术或技术群及其发展路径、需要优先开展的基础研究方向、需要国家层面部署的重大工程以及重大工程科技专项；⑥提出本领域面向 2035 年工程科技发展的 24 项政策与措施建议。

展望 2035 年的中国城镇，应具备“安全可靠、绿色环保、舒适宜居、智慧便捷”的特征，而基础设施建设应努力实现“高安全性能、高使用性能、高经济性能、高施工性能、高环保性能、高维护性能、高耐久性能、高抗灾性能”等一系列高性能目标，这就需要从规划、设计、施工、运维整个生命周期精心养育，悉心呵护，争取在地球上留下一批经典的不朽作品。为实现这一目标，亟须在城镇与基础设施领域内取得一系列工程科技的自主原始创新，本书的研究成果希望能抛砖引玉，为国家、经济和企业界、学术界等不同层面提供决策和行动参考，为促进我国城镇与基础设施的健康发展做出贡献。

《中国工程科技 2035 发展战略 ·
土木、水利与建筑领域报告》编委会
2018 年 11 月 13 日

目　　录

第一章
面向 2035 年的世界工程科技发展趋势前瞻

第一节　本领域工程科技国际先进水平与前沿问题综述

一、本领域工程科技国际先进水平

1. 世界城镇化进程，特别是以中国为代表的发展中国家的城镇化进程和城镇发展对建筑学科提出了空前的挑战

20 世纪城市发展迅速。据联合国资料，2000 年，全球人口为 60.6 亿，城镇化水平为 47.2%，城镇人口为 28.6 亿。2007 年，世界上有一半人口生活在城镇，人类社会真正进入“城市世纪”（United Nations，2001；王建国，2005）。到 2030 年，全世界城镇人口预计为 49.8 亿，约为全球预计总人口 82.7 亿的 60.2%（许学强等，2009）。如何应对快速城镇化、贫困、资源与环境等方面的挑战将在很大程度上决定世界的未来（赵培红和孙久文，2011）。

中国城市化进程从 20 世纪 80 年代起逐渐加快。到 2002 年年底，全国共有设市城市 660 座，其中特大城市 48 座，大城市 65 座，中等城市 222 座，小城市 325 座。全国有建制镇 20 600 个。1978～2002 年，城镇化率年均增长 0.88 个

百分点；1980～2000年GDP翻两番，有关研究预测2001～2020年GDP还将翻两番，预计总体上城镇化平均增速会达到年均1个百分点，为此，年均需要新增就业岗位830万个，住房3～4亿m^2，建设用地1800km^2，生活用水14亿m^3，建筑耗能64亿kW·h，以及土地开发资金2700～3600亿元，作为国家支柱产业的建筑行业所面临的挑战史无前例（王建国，2005）。

中国城市化进程也存在突出的问题。党的十九大报告提出了"加快生态文明体制改革，建设美丽中国"的目标（习近平，2017），而城镇化的发展模式与生态文明建设密切相关。城市如何克服粗放型的发展模式（如片面地用"以人定地"方式确定城市发展规模，盲目做大做强等），应对超出控制的发展和变化状况，并使其能在地区社会经济、人口、环境和城乡协调可持续发展的框架内良性运作，保护好地域的自然和文化特色，是当今中国城市化和规划建设中遇到的最重要的科学问题（王建国，2005）。

（1）基于对急速消耗的自然资源和可持续发展思想的深刻理解而引发的对城市与建筑设计中生态技术运用的关注。作为国际建筑界基于"可持续发展"认识前提的专业应对策略，被动式和低能耗的绿色建筑设计与城市设计得到广泛关注。这一领域，美国在绿色建筑标准研究方面取得了突出成果并产生世界性的影响，欧洲则在实验性生态建筑和技术方面研究领先（王建国，2005）。该领域的主要发展趋势包括：注重基于可再生能源和要素利用的被动式建筑设计；多元和多样性的生态技术探索，如适宜技术、中间技术、低技术、软技术以及在建筑中的组合应用；相关的评估、检测、鼓励技术政策、行业技术标准的研究和制定等。

（2）以信息数字技术为代表的建筑学科科技平台的创新。建立在以数字技术为代表的各种新技术基础之上的信息化城市，其空间设计方法有两个主要发展趋势：其一，发展新型城市空间，并依托科技进步逐渐更新现有城市空间和活动组织方式；其二，丰富和发展建筑学科，形成新的设计理论与方法及其所依托的数字科技创新平台。这种技术平台将大大提高人们对城市空间的理解能力，加深并拓展空间研究的深度和广度，实现规划设计方案在现实空间中的完全和实时虚拟，对设计方案及其结果进行精确数据分析和预测。近年来，世界上还出现了两类以数字技术为基础的新的建筑形态发展趋势。一类以弗兰克·盖里（Frank Gehry）为代表，在这种趋势中，设计者强调的是施工和建造过程的数字化。另一类以本•凡•伯克尔（Ben Van Berkel）、FOA（Foreign Office Architects）、伯纳德•凯诗（Bernard Cache）和格雷格•林（Greg Lynn）为代表，他们不仅强调施工和建造过程的数字化，他们的设计过程也数字化了（王建国，2005）。从世界范围看，这一领域目前已经成为建筑学科最具成长性的学术前沿领域，并将深刻影响建筑学科的未来发展。

（3）现代城市设计和城市公共空间环境优化。现代城市设计近 20 年的学科发展主要体现在经典理论与方法的完善深化、基于可持续发展思想的学科拓展、结合城市公共空间环境建设的实践创新和数字技术应用等方面。具体发展趋势包括：研究城市设计与建筑设计及城市规划的关系，讨论城市设计作为一门独立学科的概念、理论和方法体系；基于全球环境变迁而考虑的绿色城市设计研究；实践方面主要探讨城镇公共空间环境设计的方法、城市特色的研究、城市历史文化的继承和拓展、城市设计运作管理机制以及结合具体工程型项目的设计优化；数字信息技术的应用和城市设计技术操作过程科学性的改善；基于新型人 - 环境 - 资源关系的“理想城市”模式的追求和探索（王建国，2005）。

（4）全球化背景下城市和建筑设计的地域化与历史文化遗产保护。自 20 世纪 50 年代后期起，城市和建筑文化的地域特色问题一直是建筑界讨论、研究和实践的主题，也是实现人类社会可持续发展的重要内容（Cohen，1999）。相比发达国家，中国虽然经济发展滞后，但目前城市特色缺失这一问题已经非常普遍而严重，说“特色危机”并非危言耸听。不仅是新建筑，历史建筑也被普遍看作人类文明演进的文化载体。中国是世界上历史文化遗存最丰富的国家之一，加强对历史文化遗产的保护，使城市在体现时代精神的同时富有传统特色，是建设现代化城市进程中必然要面临的重要课题（王建国，2005）。从发展看，这一领域的主要科技问题是地域性的城镇环境特色和历史遗产保护技术的现代化。

（5）建筑学概念、原则和规律等属性的界定及其与时俱进、跨学科研究领域的成长和开拓。建筑学中社会人文科学和工程科学技术的相关性及其范围边界问题是经典研究课题之一。这是因为，建筑兼具人文社会科学和工程技术科学的属性，同时有鲜明的民族和地域特征，因而其研究具有显著的复杂性和系统特征。为此，建筑学发展将进一步拓宽视野，加强与各种人文学科的交流与融合。社会学、人类学、经济学、地理学及文化传播理论与方法在城市和建筑设计研究中得到了日益广泛的借鉴及应用，已经构成建筑学科基础理论的重要部分。在此背景下，建筑学科逐渐摆脱原有专业知识和技术领域的局限而开始进行新的开拓，并呈现出研究视野从局部地域日益走向全球化的世界的局面，在重视本土化建筑及技术特色的同时，日益从单一学科走向复合学科，从单纯技术领域走向人文社会与技术科学并举（王建国，2005）。

2. 世界各国土木工程技术特色鲜明，新型结构体系不断涌现，大型复杂结构建造技术显著进步，结构全生命设计理念广泛认同，结构抗震试验、计算和设计技术日臻完善

土木结构工程技术的发展和本国的基本国情与发展阶段密切相关，因此世界各国土木结构工程技术的发展各具特色，理念也各有差异，例如，日本由于长期遭受地震灾害的威胁，在抗震技术方面发展迅猛，世界领先，并且其总体技术风格和发展路径与美国又颇有差异，在世界上独树一帜。从2015年英国教育组织Quacquarelli Symonds（QS）颁布的世界学科排名可以看到，土木结构工程学科排名前十位的高校中，欧洲和美国高校各占3席，中国高校占2席，日本和新加坡高校各占1席。因此，除了欧美发达国家和日本这些传统工程科技强国外，中国近年来在土木结构工程领域所取得的科技成就同样也在一定程度上反映了本领域的国际先进水平。党的十九大报告指出，近五年来，我国高速铁路（简称高铁）、公路、桥梁、港口、机场等基础设施建设快速推进，而且这些基础设施建设项目有力地促进了一系列土木工程新技术的研发与应用，使中国在大型复杂结构建造技术，结构抗震试验、计算和设计技术等方面取得了重要突破。

（1）中国大规模基础设施建设促进结构体系的不断创新和大型复杂结构建造技术的不断进步。中国经历了史无前例的大规模基础设施建设，为我国土木结构工程的科技创新提供了前所未有的机遇。我国自主研发了以钢－混凝土组合结构、大跨空间结构、预应力结构等为代表的系列结构新技术综合指标，居于世界先进水平，在节约资源、提高安全、改善居住品质、减少劳动用工等方面优势显著。我国在大型复杂结构和超高层建筑结构设计、分析与施工关键技术方面取得了一系列具有自主知识产权及国际先进水平的核心技术成果，在材料、设计、施工、运维等方面解决了一系列关键的技术难题（中国工程院土木、水利与建筑工程学部，2012），实现了技术极限与传统认知的不断突破，有力地保障了中国重大标志性工程的高水平建设。

（2）土木工程结构可靠性、耐久性及全生命设计理念得到初步实现，并得到广泛认同。土木工程结构的可靠度理论和方法取得了重要进展（赵国藩等，2000），在可靠性数学（李继华，1988）的基础上，逐步发展了适用于土木工程结构的可靠度设计理论体系，对全面提升土木工程结构的安全可靠性起到了至关重要的作用。随着社会经济的快速发展，可持续发展已成为全球性的重大挑战。在这一背景下，倡导注重结构耐久性进而发展为全生命周期设计理论，综合考虑工程结构设计、施工、运营和管理的各个环节，该方向目前已成为国内外最活跃、最前沿的研究领域之一，是国内外学者普遍关注的焦点和研究热点。

（3）基于性能的抗震设计方法得到应用，抗震试验技术不断革新，大规模结构地震灾变模拟得到推广。土木工程结构抗震是近年来本领域进展最快的方向之一。在美国联邦应急管理署（Federal Emergency Management Agency，FEMA）和美国国家科学基金会（National Science Foundation，NSF）的联合资助下，美国科学家和工程师提出了基于性能的抗震设计思想（Applied Technology Council，1997；汪梦甫和周锡元，2003），这标志着结构抗震设计方法迈向了新的高度。美国发起的地震工程模拟网络（network for earthquake engineering simulation，NEES）计划以及日本建造的世界最大规模振动台 E-Defense 强有力地推动了结构抗震试验技术的进步。振动台试验和拟动力试验作为当今世界最重要的结构抗震试验方法，已被国内外学者广泛接受。在此基础上发展起来的在线混合试验（Pan et al.，2015）等新型试验技术，在揭示复杂结构体系地震灾变机理方面也取得了满意的效果。此外，高性能计算手段的逐步成熟有力地推动了工程结构抗震分析和设计不断向精细化的方向发展。

3. 发达国家水资源利用效率普遍高于我国，并形成了较为完善的水资源综合调控和保护修复体系，但重大水工程建设方面我国处于国际先进水平

（1）在综合节水方面，发达国家水资源利用效率普遍高于我国。国外已经发展推广了第五代高效灌溉技术，灌溉水利用率能够达到 85% 以上，工业节水领域的水资源重复利用率达到 90% 以上，城市管网漏损率降到 6% 以下，污水处理回用率达到 80% 以上。与国际先进水平相比，我国存在差距。一是农业节水方面，在集合多水源调度、高效输配水、水肥一体化智能施配等成套技术，

关键节水设备研发，精准灌溉、智能化灌溉等方面与国际先进水平尚有差距；二是工业节水方面，在高用水行业节水技术、工艺和设备研发与应用推广，工业水循环利用，工业园区节水模式等方面有待加强；三是区域节水方面，在结构节水和管理节水、城市输水管网漏损控制技术、雨水和再生水利用等非常规水资源利用方面有待加强。

（2）在水资源综合调控方向，国外形成了以水量水质联合调控为基础、水资源配置与实时调度相耦合的技术支撑系统。部分先进国家已经实现了由供水管理向需水管理的转变。与国际先进水平相比，我国一是基础理论方法方面，在水循环多过程耦合、尺度匹配、不确定性分析、城镇化影响、气候变化应对、生态环境流量、变化环境下地下水演化与调控、学科交叉研究等方面尚比较薄弱；二是水资源调配技术方面，当前我国的总体发展水平较高，但在面向跨区域调水工程的优化配置、水库群联合调度、生态调度等方面尚有不足；三是水资源信息技术方面，水资源监控技术、智能水网、自主知识产权的水利软件研发等与国际水平和我国实践需求相比尚有差距。

（3）在水生态环境保护与修复方面，国外在清洁生产、面源污染防治、生态需水、河流湖泊水位与流量标准制定等方面的技术和方法已经日益成熟，发展到政策执行阶段。与国际先进水平相比，我国一是水生态系统基础研究方面，对水文和生态复合过程的作用机制与规律的理解还不足，制约了生态－水文模型的发展与模拟精度，对不同尺度水生态系统的发展演化特征、规律及趋势把握不准；二是水污染防治过程涉及的污染物监测评估、污染治理技术、环境修复技术方面与国外存在明显差距；三是在清洁生产和污染源头控制方面较为薄弱，水环境质量标准体系与水平低于发达国家；四是面源污染治理和控制技术只是在少数典型地区与重点区域有所应用，面源污染评估方法及标准体系还没有建立，全国范围系统性的面源污染监控网络建立尚需时日；五是在针对重点流域、湖泊、水库的水环境修复技术方面综合性不强，治理效果远未达到预期。

（4）在重大水工程建设与运行方面，我国整体处于国际先进水平。世界最高拱坝、最高混凝土面板堆石坝、最高碾压混凝土坝都在中国，特别是三峡、小浪底、二滩、小湾、龙滩、水布垭等一批规模宏大的世界级水利水电工程先后建成并正常运行，标志着我国筑坝技术已经跻身国际先进行列。我国虽在重大水利工程的建设方面取得了世界瞩目的成就，但与国际先进水平相比，在部分领域还存在一定差距：一是工程安全管理方面，大多以传统理念为主，缺乏适应我国条件的风险管理理论和分析技术；二是工程建设方面，除险加固技术、环境友好建设技术、生态水工技术、生态环境影响评估技术等方面还存在差距。

（5）在水灾害防治与风险管理领域，转变防治理念已经成为各国治水方略调整的共同趋向。在洪涝灾害防治领域，世界主要国家基本实现了从控制洪水向洪水管理的转变，在干旱灾害防治领域，实施干旱风险管理已经成为共识。与国际先进水平相比，我国在水灾害防治与风险管理领域主要存在以下不足与差距：一是洪涝灾害防治方面，在城市洪涝灾害的孕灾与成灾机理、城市暴雨多尺度联合预报技术、城市极端暴雨洪涝调控技术、洪水保险等基础科学与关键技术研究方面存在较大差距；二是干旱灾害防治方面，我国主要在干旱灾害发生机理与科学应对、干旱管理信息化、干旱地区地表水与地下水联合调配关键技术研究等方面还存在较大差距。

4. 在全球气候变化及水资源短缺背景下，发展水安全保障体系已呈现全球化、多元化趋势，构建智慧水系统已成为一大亮点，基于分质利用的水资源再生技术得到了持续关注，以生态保护优先为原则的低影响型水系统建设颇具规模

地球“三分陆地七分水”的格局，并未使人类对水资源的需求有恃无恐，在近 14 亿 km^3 的水资源总量里，仅有 105 万亿 m^3 的淡水资源可供人类生存使用。而人口和经济的快速增长，使有限的淡水资源在过度消耗和严重污染的双重压力下，日渐短缺，并带来更为严重的水安全问题（王礼茂和郎一环，2002），即便是水资源丰富的南美地区，人们也难以高枕无忧。关乎国计民生的水安全保障已被列入联合国的发展议程，各国依自身国情，分别采取了特色鲜明的水安全保障技术措施和政策，例如，以色列地处中东内陆，沙漠比例大，是淡水资源稀缺的典型代表，其在科学用水、节水技术方面发展迅速，取得了举世瞩目的节水兴国的成就（丁民，2005）；新加坡作为一个岛国，在污水回用及海水淡化技术上独树一帜，在“新生水”的投入上也令大部分国家难以企及（徐海岩等，2013）；欧美发达国家通过严格的立法和管理制度，将水安全保障上升到国家安全的高度（白云霞，2012）；中国围绕节水、供水、水污染防治和水生态修复等方面

的科技创新，提出了水安全创新工程实施方略（科学技术部，2015）。在颇具差异的水安全保障体系中，世界城市水安全领域也展现出一些共性的发展趋势。

（1）基于数据信息与通信技术手段的城市水环境安全诊断与智能响应技术已悄然兴起，在应对突发性水污染、保障水生态安全过程中举足轻重。城市水环境安全诊断从水生态安全出发，将水资源危机、水体污染、水生生物、水利工程等方面的环境和生态因素考虑在内，运用信息与通信技术手段感测、分析、整合城市水环境运行核心系统的关键信息，对各种突发情况做出智能响应。欧美发达国家依靠信息技术的优势，率先提出了建设“智慧水系统”的理念，利用传感技术、大数据分析、诊断与预测分析、决策支持系统等核心技术，对城市水环境突发型和累积型生态风险进行预警，实现了“点－线－面－域”水环境质量监控与城际信息共享。奥地利和德国在多瑙河流域、美国在密西西比河流域、德国在莱茵河流域已经建立了水污染预警系统；美国在纽约市开发了干旱预警系统、洪水预报和灾害预警系统；美国在饮用水安全方面还开发了基于“原水监控－管网监控－威胁水质安全事件监控”的预警技术，该技术通过建立典型有毒污染物数据库，实时监测污染物是否入侵到水系统（李键等，2009）。数字化信息技术给水安全领域带来了革命性的影响，基于数据信息与通信技术手段的城市水环境安全诊断及智能响应技术，已经成为城市应对突发性水污染和保障水安全的最先进手段之一。

（2）污水高效处理及再生利用技术不断进步，可持续的污水处理理念被广泛认可。污水处理领域，在技术上，呈现出以厌氧、好氧生物法为主，以物化法为辅的多元化格局，传统工艺的调控策略不断更新，新型水处理技术纷繁涌现，每一个工艺背后均有许多可选择、研发的技术予以支持，相同的技术也可在不同的工艺中获得应用；在观念上，污水处理从单纯“治污”的传统理念向“可持续污水处理”的角度转变（郝晓地等，2014），将污水作为能源和资源的载体，实现污水处理过程中营养物收集、能源回收与水资源再生利用三位一体的构想（曲久辉等，2014）。在水污染加剧和水资源短缺的背景下，注重新型水处理技术的开发，提倡可持续污水处理，通过统筹规划污水处理过程的设计、运营和管理等环节，合理布局，使污水处理与经济社会发展水平相协调，与水环境安全要求相适应，以此来保障城市水安全，其已经受到普遍关注，并成为研究的前沿热点。

（3）基于低影响开发（low impact development，LID）理念的城市水系统，通过仿生自然水文循环对雨水洪涝与面源污染实现高效管理与有效控制，其已成为构建未来城市的主导方向之一。城市化是保证经济发展的强大引擎，而传统的城市建设开发模式，在保障水安全上已经难以为继，取而代之的是基于低影响开发的城市水系统构建，这一概念于 20 世纪 90 年代在美国的马里兰州首先被提出，如今这一概念已受到世界各国的认可，并作为全球气候变化背景下解决城市内涝灾害、雨水径流污染、水资源短缺等突出问题和修复城市水生态环境的主要举措（住房和城乡建设部，2014），如德国、瑞士、新加坡、澳大利亚等国家，因地制宜，通过科学设计、高效集水、合理排水，率先建成了众多值得借鉴的基于低影响开发的城市，打造了绿色屋面、植被浅沟、雨水花园等系统，有效地保障了城市的水环境安全（梁春柳，2016）。低影响型城市水系统的建设和落成，可使水系统有效适应因气候变化所引起的极端天气的影响，其将作为城市发展理念和建设方式转型的重要标志，也将成为构建未来城市的主导方向之一。

5. 地理空间信息作为信息时代的基础设施，各国正在构建或升级国家基础地理信息设施，建设更先进的全球卫星导航系统、高分辨率遥感对地观测系统，构建全球化、开放的地理信息服务系统，作为“制信息权”，欧美将提升全球地理空间信息获取能力作为长期战略

（1）高分辨率遥感对地观测系统与全球卫星导航定位系统成为发达国家竞相发展的空间信息基础设施。大地测量从静态到动态、从地基到天基、从区域到全球迅速发展，定位精度显著提高，应用领域不断拓宽。重力卫星的发射使得地球重力场观测正在由地基向天基转变，精度和覆盖率不断提高，为统一全球高程基准创造了条件。全球导航卫星系统（global navigation satellite system，GNSS）飞速发展，美国正在实施全球定位系统（global positioning system,GPS）现代化计划，俄罗斯正在着手全球导航卫星系统（格洛纳斯，global navigation satellite system，GLONASS）补星完善，欧盟的伽利略（Galileo）卫星导航系统已经初步组网，我国北斗卫星导航系统目前已经具备向我国大部分地区提供定位、导航以及通信服务的能力。多系统兼容互操作成为 GNSS 应用的主流。基于多种大地测量观测手段的全球大地测量观测系统（global geodetic observing system，GGOS）建设成为新的发展方向。航空航天遥感朝“三多”（多传感器、多平台、多角度）和“四高”（高空间分辨率、高光谱分辨率、高时相分辨率、高辐射分辨率）方向发展，对地观测系统逐步小型化，卫星组网和全天时、全天候观测成为主要发展方向。遥感的应用分析正在由定性转向定量，航空航天遥感数据已经成为地形图测制更新的主要数据源，遥感数据产品呈现出高 / 中 / 低空间分辨率、多光谱 / 高光谱 / 合成孔径雷达共存的趋势。

（2）地理信息处理与管理正在向自动化、智能化方向发展，三维空间数据管理成为研究热点，基于网格计算、云计算的地理信息系统成为发展趋势。美国和欧洲的网格地理信息系统技术处于领先地位。遥感数据快速处理系统不断涌现，如法国研制的像素工厂（Pixel Factory）、美国 PCI 公司的地理影像集成软件系统（GeoImaging Accelerator，GXL）等。国际地理信息系统软件仍以 ArcGIS、数据库管理系统 Oracle 为主要品牌。海量空间数据管理方式发生了重大变化，三维空间数据管理已成为技术发展重点，美国率先推出了 Google Earth、Skyline、Virtual Earth、World Wind、ArcGloble 等一系列基于网络和影像的大型数据管理与服务系统。地理信息服务向覆盖范围更大，服务形式更加灵活、更加网络化，服务内容精度更高、现势性更好的方向发展。美国在大型桌面地理信息系统基础软件领域独占鳌头，ArcGIS、Intergraph 和 MapInfo 约占有全球地理信息系统软件市场份额的 60%，我国大型桌面地理信息系统也主要采用美国的 GIS 软件。微软必应地图（Bing Maps）与谷歌地图（Google Maps）都提供在线地图服务。微软利用 Silverlight 技术重组了地图应用工具，发布了街景图像。Google Earth 开发部发布了新的 API V2 航空影像。用户可以更方便地得到所需的地理信息，获得更多数据、影像以及更好的服务。物联网、云计算等新技术的发展为地理信息随时随地服务奠定了坚实的基础。

（3）我国测绘地理信息工程科技能力取得长足发展，开创了地理信息新型产业。地球重力场、高精度定位导航等技术取得重要突破，我国地心坐标系统 CGCS2000 的建立，有力地促进了测绘基准体系从二维向三维、从静态向动态、从参心向地心的转变。数字航摄仪、大面阵和大重叠度航空数码相机、机载合成孔径雷达系统、低空无人飞行器航空摄影系统等数据获取装备研制成功并投入生产。遥感影像压缩质量验证、影像仿真、卫星地面检校等卫星测绘技术取得了重要进展。开发了地理信息三维虚拟现实系统、遥感图像综合处理系统、机载激光雷达数据处理系统、数字摄影测量网格系统、高分辨率遥感影像数据一体化测图系统等数据处理系统，实现了从地理信息数据获取到输出全程数字化，突破了数据保密处理等数据管理与服务关键技术，研制了自主知识产权的公众版国家地理信息公共服务平台“天地图”、基础地理信息时空数据库管理系统、国务院全国空间信息系统等大量应用系统，为拓展和深化基础地理信息数据应用奠定了坚实的技术基础。

6. 世界高速铁路技术不断发展，高速铁路运营里程不断增加，高速铁路基础设施建造技术日臻完善，高运营速度、高安全性和智能化成为高速铁路发展的主旋律

1964 年 10 月日本东海道高速铁路开通运营，截至 2017 年年底，世界高速铁路运营总里程已超过 3.7 万 km，其中中国高速铁路总里程超过 2.5 万 km，占世界高速铁路运营里程的 66.3%。因此，除了日本、德国和法国这些传统的高速铁路技术强国外，中国近年来在高速铁路领域取得的技术成就也同样能够反映该领域的国际先进水平。

（1）世界各国的高速铁路运营速度和试验速度不断提高。日本高速铁路运营速度从最初的 210km/h 提高到了 300km/h。法国高速铁路运营速度从 1981 年的 270km/h 提高到了 320km/h。1991 年，德国加入了高速铁路运营行列，其高速铁路运营速度为 280km/h，并随后提高到了 330km/h。中国高速铁路的运营速度则从 200km/h 持续提高到了 350km/h。2008 年，我国第一条时速 350km 的高速铁路开通运营。目前中国已研发制造出具备 380km/h 运营能力的 CRH380 系列动车组和时速 400km 检测能力的综合检测列车，为进一步发展运营速度为 350km/h 以上的目标值创造了移动装备试验条件。在试验速度方面，法国高速铁路在试验线跑出了 574.8km/h 的试验速度，中国高速铁路采用运营列车 CRH380AL 在京沪高速铁路跑出了 486.1km/h 的试验速度；另外，日本和德国的最高试验速度分别为 443km/h 和 406km/h。

（2）高速铁路设计与建设技术取得新突破。以中国为引领的高速铁路建造技术持续发展，形成了时速 250～350km、全面系统的且适用于不同气候环境条件和不同轨道结构类型的高速铁路勘察设计、施工及关键装备等建造成套技术，在高寒、风沙地区，大跨度桥梁、特殊地质隧道等高速铁路建造技术领域取得

了新突破，形成了集勘察设计、施工建造、配套装备、专用材料、工程维护于一体的完整产业链。我国建成了世界上标准最高的京沪高速铁路，世界上第一条高寒地区的哈大高速铁路，世界上单条运营里程最长的京广高速铁路，世界上一次性建成里程最长的兰新高速铁路等；成功研制了中国标准板式无砟轨道系统，建造了武汉天兴洲大桥和南京大胜关长江大桥等代表性工程，复杂环境高速铁路路基工程关键技术取得突破，高风险、复杂地质、长大山岭隧道及铁路“穿城入地”隧道等重要技术难题得以解决，水压爆破、防尘降噪、混凝土配合比优化等节能技术以及内卡式千斤顶、变频通风系统等节能装备和综合保温隔热材料的广泛应用，大力推进了节能减排标准化的工地建设。

（3）基于全生命周期和故障预测及健康管理的理念已深入人心。发达国家经过多年的研究，已经逐步建成了综合检测与监测－科学评估－辅助维修的基础设施检测维修管理体制，采取多种手段来保障运营安全。我国交通工程建设走过了一条自力更生、以我为主到技术引进、消化吸收再到注重原始创新、集成创新的技术发展道路，已逐步实现从最基本的注重强度、刚度、稳定性的设计方法向注重全生命周期成本及环保、景观、品质、耐久的现代设计理念转变。我国高速铁路的发展已由大规模设计建造逐步进入安全运营管理、高效养护与维修阶段。高速铁路技术创新的主题也由功能设计逐步转向结构运营安全保障、运营品质提升与维护。

（4）新型交通运输方式不断探索革新。传统的轮轨高铁受空气阻力、轮轨黏着、运行噪声以及弓网关系等问题的制约，速度提升空间有限，采用磁悬浮技术可以解决轮轨黏着、摩擦、振动和高速受流等问题，2004年，中国提出并组织论证了真空管道高温超导磁悬浮交通。目前，磁浮技术制式可分为常导技术、低温超导技术和高温超导技术。日本磁悬浮的研究集中在超导磁悬浮领域，首条磁悬浮运营线路中央新干线已于2014年12月17日开始建设，预计2027年开通运营，最高运营速度达505km/h。德国磁悬浮的研究集中在常导型磁浮领域，德国并未修建磁悬浮铁路运营线路，但其磁悬浮技术已在中国上海投入商业使用。2013年，美国开展了Hyperloop真空管道超级高铁的项目研究，目前已经进行了三个阶段的系统测试，取得积极进展，2017年12月，美国Hyperloop One研究团队在其直径为3.2m、长500m的高架钢制真空管道试验线上实现速度为387km/h样机试验。中国西南交通大学于2014年搭建成国际首个真空管道高温超导磁悬浮列车试验系统。中国中车股份有限公司自 2017 年起也在开展 600km/h 高速磁悬浮系统的研究，同年，中国航天科工集团有限公司也启动了高温超导磁浮加低真空管道的“高速飞行列车”项目。

（5）智能高铁已成为交通方式理念革新的新起点。当前，以人工智能、建筑信息模型（building information modeling，BIM）、物联网、大数据、云计算、移动互联网等信息技术为代表的新一轮科技和产业革命为经济社会的发展注入了强劲动力，也推动了交通运输行业向智能化、智慧化方向发展。国外一些铁路发达国家主动把握新技术发展趋势，积极规划部署铁路科技发展，研究确立适应自身特点的智能化技术发展战略和举措。例如，德国铁路响应德国联邦政府提出的“工业 4.0”战略，推动实施了铁路自身的数字化发展战略，计划构造一个包括运输、基础设施、物流、信息化和生产制造等在内的数字化企业；东日本旅客铁路公司（JR）提出要实现基于物联网、大数据、人工智能等技术的“运输革命”，与该国超智能社会新理念“Society 5.0”相得益彰；法国铁路以数字化项目为依托，正在积极构建联通列车、路网、站房三大区域的铁路工业生态系统。世界科技和铁路技术日新月异，对铁路的持续创新能力、技术迭代能力提出了新的更高要求。我国正在加快交通运输信息化、智能化进程，相继出台了《中国制造 2025》《“十三五”现代综合交通运输体系发展规划》《新一代人工智能发展规划》等一系列指导交通运输发展的规划文件和政策措施，致力于持续提高综合交通运输体系整体运行效率和服务质量，培育发展新业态和新模式，提升交通发展智能化水平。随着以京张、京雄为代表的智能铁路项目的顺利启动和实施，我国高铁开始进入新的智能化引领发展阶段。中国高速铁路的智能化发展将进一步保持中国铁路的领先优势，实现中国铁路网规模和质量、铁路技术装备和创新能力、铁路运输安全和经营管理水平三个世界领先。同时进一步提升中国铁路的体制机制改革创新水平，进一步提升中国铁路在综合交通运输体系中的地位和作用，进一步提升铁路服务国家战略及对经济社会发展的贡献。

7. 智慧城市成为世界主要经济体城市发展的新引擎，复杂城市环境感知、融合与表达技术显著进步，大数据在城市管理中的支撑作用日益凸显，以人为本的城市运行优化与功能提升技术方兴未艾

智慧城市建设受到世界各国的普遍重视。在我国，随着改革开放深入，城

市化步伐加快，城市的各种社会矛盾不断增加，城市发展面临着一些突出的问题，如城市经济发展方式转型迟缓，环境污染严重，交通拥堵问题日益突出，能源供应不足、利用率低，城市应急系统薄弱等。智慧城市是城市信息化的高级形态（王家耀，2014），其强调信息化、工业化和城镇化的深度融合（李新社，2016）。发展智慧城市对城市的经济转型、居民生活方式的变革、环境保护和社会管理具有重要的战略意义。智慧城市作为一个新兴领域，目前为全球各主要经济体研究的重点，在全球范围内，智慧城市相关支撑技术进步显著。

（1）复杂城市环境的感知、融合与表达技术体系不断发展，城市数据空间集成、虚拟仿真与动态模拟能力不断加强。目前，通信技术、存储技术、射频识别技术等新技术不断发展。进入21世纪以来，在日新月异的无线接入、射频识别、网络应用、人际互动等新技术的推动下，能够实现人与人、人与物，乃至物与物之间随时随地沟通的全新网络环境——泛在网正在发展。人与物、物与物之间的通信被认为是泛在网的突出特点，无线、宽带、互联网技术的迅猛发展使得泛在网的应用不断深化。针对不断产生的海量多源化城市数据，已有学者利用数据的动态融合及自动语义关联技术，构建出新型智慧城市数据共享融合框架，实现了智慧城市数据共享和融合。城市空间仿真与优化技术、虚拟城市环境实时构建与动态表达技术快速兴起，城市三维模型可以清晰、直观地对城市进行三维空间立体展示。

（2）大数据在城市空间利用、城市安全、民生服务等城市管理中的支撑作用日益凸显。由城市运行所产生的规划、国土、安全、交通、环境、市政、金融、商业、社交等各领域数据量巨大，这些数据经过合理的分析与挖掘可产生大量传统数据所不能反映的城市运行信息。目前较为常见的城市大数据主要包括：由各类监控摄像头收集的视频数据、由各类物联网传感器收集的自然环境感知数据、由各类浮动车或移动终端收集的交通信息、由社交网站或社交软件贡献的社交信息、由通信运营商收集的手机通话和信令数据等，此外还有诸多隐性或衍生数据在城市运行过程中不断产生，城市大数据在种类和数量上都达到了前所未有的程度。城市大数据在城市安全、应急管理、市政服务、公共服务等领域中的应用已广泛开展，在城市规划、空间利用等领域的作用也日益重要。城市大数据为城市管理和民生服务提供了极大的支撑作用。

（3）人类活动对城市发展的促进作用不断强化，以人为本的城市功能优化与提升技术方兴未艾。未来社会的发展趋势是更人性化、自主化的服务，增强用户体验和用户满意度。当前，世界各国的智慧城市建设，都把民生大众的人性化、智能化服务作为一项主要的建设任务。例如，新加坡的电子政府公共服务架构已经可以提供超过 800 项政府服务，建成了高度整合的全天候电子政府服务窗口；美国联邦政府启动联邦智能交通系统，此系统包括智能基础设施和智能交通工具两大智能子系统，可实现对交通和基础设施的监控、交通控制、道路管理、停车管理、信息传播和自动执法等（陈桂香，2011）；此外，在西班牙巴塞罗那、英国伦敦、荷兰阿姆斯特丹、日本等多个国家和地区，都分别实现了不同种类、不同程度的智能化民生服务。随着近年来移动互联网、云计算、物联网等新一代信息和通信技术（information communications technology，ICT）的蓬勃发展，对人类行为活动的实时动态感知与认知分析的能力进一步得到提升，人类活动与城市发展之间的相互作用范围和效果也日趋显著，城市与人的协调发展也更为紧密与和谐。

二、前沿问题

1. 新型城市化和城镇发展

党的十九大报告指出："我国社会主要矛盾已经转化为人民日益增长的美好生活需要和不平衡不充分的发展之间的矛盾。"（习近平，2017）。"不平衡、不充分"正是新型城镇化建设所亟须解决的关键问题之一，为此，应提出具有特定地域针对性的城市化和城镇发展理论与方法，以达到对中国城市化发展不平衡性的分类科学指导。建构基于可持续性的城市形态优化理论并特别对紧凑型城市发展模式提出研究，通过量化分析途径，研究城镇形态结构描述和边界扩张的量值，构建有效而完整的城乡统筹规划布局体系，促进宜居城镇的健康发展。

2. 绿色城市和建筑设计

基于低碳节能和环境友好的思想，通过在设计理论与方法上融合特定的生物气候条件、地域特征及文化传统，应用适宜和可操作的生态技术，揭示可持续性的城镇空间发展演化机理、探讨绿色城市的空间结构与形态组织模式，适应低碳城市、绿色社区及零碳家庭的城镇建筑设计新方法，制定城市和建筑设计的绿色量度规程以及行业技术标准。

3. 城市和建筑遗产保护与既有建筑改造再利用

通过展拓城市和建筑遗产保护的跨学科研究与数字技术方法，针对遗产廊道、大遗址、文化遗产区等新型遗产保护类型提出技术方法，并在建筑层面开展对建筑遗产材料退化机理、适宜的改造修复技术、既有建筑的耐久性和使用寿命预测及功能提升技术等的研究。其中，基于地域性材料与结构体系以及相关制度文化背景形成纵贯城市与建筑两个尺度的遗产保护理论和方法是关键。

4. 数字技术在城镇建筑学领域的应用

伴随数字信息技术的迅速发展，城镇规划和建筑设计领域将在城乡识别、城镇要素动态监测、城市环境信息集取分析、规划设计技术可视化过程、多目标自动设计技术、多智能体系统中的设计信息管理系统，及计算机参数化和生成建筑设计等方面做出研究开拓。

5. 地球自然灾害作用下城镇基础设施的安全防护

地球自然灾害防护问题的核心是通过先进的土木工程等科学技术来保证人类能够在多灾的地球上更安全地生存、发展。自然无时无刻不在改变着我们的世界，并往往伴随着严重的，甚至毁灭性的灾害，如环太平洋地区的地震、菲律宾的火山、大西洋地区的飓风、印度洋地区的海啸，以及中国中东部地区的洪水等。以美国为例，自1989年以来，由自然灾害造成的直接经济损失为周均10亿美元，并且这一数字随着经济的发展及人类活动的加剧正呈上升趋势（National Science Foundation，2000）；以中国为例，在过去的100年中，三次大地震造成的死亡人数就超过了60万（年均逾6千人），它们是1920年海原地震、1978年唐山地震、2008年汶川地震，分别造成了28.82万人、24.28万人、6.92万人死亡。而这些损失中的绝大多数是由土木工程基础设施的倒塌破坏造成的。因此，作为建立一个保证人类能够更加安全地生存与发展的世界的根本，如何控制并降低地球自然灾害对城镇基础设施的破坏，从而避免造成惨重的人员伤亡与经济损失，已成为土木工程及相关研究领域的重大焦点问题。

6. 可持续土木工程建设

人类可持续发展问题指的是如何建设一个可持续发展的世界。一个可持续发展的世界具有如下特征：人类发展的需求可以在不破坏生存环境的前提下得到合理的满足，并且在这个世界中，每一代人的发展不以牺牲后代人发展的需求为前提条件。因此，建设一个可持续发展的世界便是研究人类可持续发展问题的最终目标（ASCE Steering Committee，2006；葛耀君和项海帆，2010；World Commission on Environment and Development，1987）。土木工程作为基础设施建设的重要载体和支撑，建设一个可持续发展的世界对其科学技术发展提出了极大的挑战。在土木工程基础科学方面，需要切实提高人类开展的土木工程建设活动与当今世界各大复杂系统相互作用的基本科学机理的理解与认识，这些大型复杂系统包括人类社会系统（如城市、城市群）、自然世界系统（如地质、大气、海洋）、自然对人类社会的影响（如能源、灾害），以及人类对自然的反向作用（如气候变化）等。在土木工程关键技术方面，需要在对基础科学问题深入理解的基础上进一步发展用于建设可持续发展世界的土木工程关键技术，由微观尺度到宏观尺度主要包括高性能土木工程新材料、新型高性能土木工程结构体系、可持续城市建设技术等。

7. 水资源 - 能源 - 粮食联动关系分析与安全调控

未来一个时期是我国全面建成小康社会和实现伟大中国梦的关键时期，国家将大力实施新型城镇化、工业化战略，在此过程中国家能源安全、粮食安全与水资源安全的协同保障至关重要。目前，国家能源安全主要依赖于西北能源基地，该地区降水大多在 400mm 以下，是名副其实的“饥渴能源”区；国家粮食安全保障主要立足于东北和黄淮海两大主产区，东北地区农业与生态争水的问题已开始显现，黄淮海流域水资源开发利用早已超出承载能力，“节水增粮”是国家粮食安全保障战略实施的关键所在。

8. 300m 级特高坝安全建设技术

目前，我国大坝建设相关技术规范均仅适用于 200m 以下工程，200m 以上工程需作专门论证。为填补规范空白，亟须结合已有经验和“十三五”工程建设开展 300m 级超高坝安全关键技术研究，包括复杂条件下筑坝土石料和混凝土材料真实变形与强度特性、高坝结构全生命周期性能演化机理、高坝施工监控理论与关键技术、高压水作用下的缺陷扩展致灾机理及防控、复杂坝址环境处理和稳定控制、高水头大容量泄洪消能、大型地下洞室群稳定控制在内的相关研究，以提升科学认识，形成特高坝的安全建设技术。

9. 全球水资源危机背景下污水的再生利用

世界淡水资源日渐短缺，污染日益严重，水、旱灾害愈演愈烈，水生态系统遭到破坏。有专家预测，水安全危机可能比粮食危机和石油危机更早到来，其将成为引发全球冲突的肇端（贾绍凤等，2002），因此，寻求更多的可利用水资源刻不容缓。随着污水排放量的与日俱增，世界各国已经达成将污水作为资源再生利用的共识，再生水可用于工业循环水、区域非饮用供水、农业灌溉、回补地下含水层，作为城市绿化、环境卫生等用水，这对于城市发展而言，具有双重意义：既可增加有效水资源，节约新鲜水的使用，又可减少水污染，由此带来的环境效益、社会效益和经济效益不可小觑。早在19世纪，伦敦、波士顿、巴黎等城市就有关于合法使用再生水的法案出台，美国是世界上最早进行污水再生回用的国家之一（聂梅生，2001）。经过多年的发展，以色列、日本、新加坡、澳大利亚、德国、法国等国家，污水深度处理及回用已经在政策法规、标准规范方面取得了重要进步（顾锦龙，2013）。在全球水资源危机的驱动下，污水再生利用在原理、技术、管理、规范等诸多方面都有更加广阔的发展和进步空间，提升再生水的质量、减少再生水的成本、保证再生水的安全也是水安全领域持续关注的焦点。

10. 可持续的城市水系统构建

随着人类对发展认识的不断深化，可持续发展模式已经成为世界各领域长期发展的指导方针，在城市水安全领域也不例外。可持续的城市水系统构想是将自然界的地下水、地表水、雨水与人工打造的水系统，包括给水系统和排水系统，将人工和自然的力量联系起来，推进水循环的有效进行，减少城市内涝，提高雨水等地表水的利用率，从而保障城市水质、水量和水生态的安全（于立和单锦炎，2004）。工业社会发展之初，人们对水循环和水环境恢复理论缺乏系统的研究，人类的生活和经济活动过度使用水资源并肆意排放污水，更是忽略了雨水的价值，这导致水环境在高价治理的同时仍在恶化。如今，可持续污水处理概念的提出，使污水高效处理后的再生水继续回归给水体系被二次利用，并将污水中的资源和能源同步回收；基于低影响开发的城市水系统，通过合理规划城市绿地建设，统筹设计地下管网系统、开发先进的雨水综合利用技术，大大提升了城市蓄积、收集雨水的能力，使雨水进入人工水系统被有效利用（瓦格纳，2014）。可持续的城市水系统在设计和管理上可以满足现在及将来社会的需求，同时可以维持生态、环境和水力的完整性。这一理念在发达国家的城市建设中已经有所体现，我国也将其纳入多项发展规划。构建可持续的城市水系统是一项复杂的工程，需要考虑社会发展和生态平衡之间的关系，在可持续城市水系统的建设上还要突破污水处理及资源回收和利用技术、城市管网规划设计、基于数据信息与通信技术手段进行智慧管控等关键技术环节。

11. 全球空间基准基础设施

美国为维护其国家安全及在大地测量界的领先地位，在全球大地测量坐标系统（GPS-84）的基础上，又积极倡导推进美国大地基准现代化，将美国国家大地控制网的更多点融入国际地球参考框架（international terrestrial reference frame，ITRF）体系，使得美国在 ITRF 中具有领导地位。

2008 年 7 月 1 日，我国启用了 2000 中国大地测量坐标系（CGCS2000），标志着国家有了统一的、高精度的地心坐标系和地心坐标框架。CGCS2000 与 ITRF 定义一致（历元 2000.0），全球联测精度为 3cm，但是我们还没有构建后续公用地理参考系，空间基准框架点较少，全球覆盖不够，境外没有可控的监测点，没有动态更新机制，影响基准的使用效能，也影响北斗卫星导航系统的卫星轨道测定与控制精度。

对于我国大地基准基础设施建设，应该构建全球参考系统框架，为 CGCS2000 维持与更新提供支持；构建全球多模 GNSS 跟踪系统，提高北斗卫星导航系统的轨道精度，进而提升北斗卫星导航系统的全球服务能力；建立多 GNSS 监测系统，为监测卫星导航系统异常提供实时信息，在多卫星系统监测的基础上，监测各卫星导航系统的系统误差，为确定多系统互操作参数提供支持；建立基于多模对地观测基准维持与更新系统。

12. 导航定位与位置服务网构建

针对行业应用和公众生活对导航定位与位置服务信息的需求，充分利用卫星定位和导航技术并集成移动通信、地理信息、智能传感和互联网技术，研究导航定位及位置服务网构建理论与方法，开展导航和位置服务网总体设计、系统集成及测试技术、广域分米级实时定位技术、业务受控的精密定位信息移动广播技术、导航与位置空间信息内容服务平台、精密单点定位核心算法与通用接收机、导航及位置服务内容信息与公共地理框架信息的集成和管理技术、面向移动终端的地理信息在线服务中间件技术、分布式异构内容服务信息平台构建技术、导航和位置服务的时空信息管理与分析技术及位置服务应用系统技术等关键技术研究，研发面向行业的动态精密导航、交通物流管理、公众位置跟踪服务、土地资源调查与行政执法、突发公共事件处置等业务化示范应用系统，促进导航与位置服务产业发展。

13. 国产卫星数据处理与全球制图

我国遥感卫星和欧美先进国家卫星相比，几何质量和辐射质量还存在明显差距。研究全球数字高程模型（digital elevation model，DEM）/ 数字正射影像图（digital orthophoto map，DOM）三维遥感制图关键技术，发展形成摄影测量与大地测量观测资料紧密组合处理的国产遥感卫星多星联合对地定位理论与方法，充分利用已有多源地理空间信息实现多源控制条件下多星遥感数据的联合对地定位，实现基于多源地理信息的国产遥感卫星在轨几何检校；研究国产光学卫星工程化辐射标校关键技术，突破“地面辐射不变目标”筛选、几何辐射联合标定数据库、多源多时相卫星数据互校正、适应我国地形地貌的双向反射分布函数（bidirectional reflectance distribution function，BRDF）校正和精细地形光照模型校正等技术难题，建立国产光学卫星辐射标校技术体系，实现标准化高效率的辐射校正处理，有效提升国产遥感卫星的全球遥感制图的几何精度和辐射精度；并进行土地利用和大范围突发灾害准实时变化监测，农田、林地、河流、道路、建筑物等专题信息的智能提取与分发服务应用。

14. 全球环境变化监测

充分利用现代测绘地理信息观测手段，研究航空航天遥感数据用于全球地表覆盖、全球环境变化监测的数据处理方法；研究基于多源多尺度测绘地理信息观测数据的全球环境变化与地表覆盖之间的三维耦合关系，建立三维耦合模型；研究极地冰盖变化精密监测的多传感器网络技术，发展冰盖突变事件水平 /

垂直关键要素高精度遥感提取算法、基于卫星重力观测的冰盖融化与海平面质量变化关系的探测技术、海平面变化中极地冰盖消融因素分离技术等。基于多源监测数据，研究环境生态系统碳源 / 汇遥感因子和地形因子提取方法、区域生态系统碳源 / 汇遥感模型，揭示区域生态系统碳源 / 汇的时空格局及其机制，分析碳源 / 汇随时间、空间的变化规律以及空间分布特征，探索碳源 / 汇预测方法。

15. 轮轨高速铁路极限速度研究

高速铁路基础设施是承载高速铁路运输生产的重要基础，正确选择线桥隧等基础设施设计参数和标准是保证高速铁路取得良好经济、社会与环境效益的关键。当前世界高速铁路基础设施在诸多方面取得了显著的进步，基础设施实际施工水平的提高助推了高速铁路向更高速度、更高安全及舒适性和更高标准方向发展。通过多年高速铁路联调联试和综合试验，中国已经验证了 350km/h 及以下速度级高速铁路基础设施的设计、建造和试验技术，形成了完备的高速铁路技术标准，但对于更高速度等级的基础设施技术标准体系研究仍处于探索阶段。中国和国外高速铁路发达国家都进行了 350km/h 速度级以上的更高速度高速铁路的仿真研究和专项试验，但对于更高速度条件下轮轨关系和振动噪声等基础理论及相关关键技术的研究尚处于探索阶段，更高速度条件下基础设施技术标准体系尚未完备，既有基础设施对更高速度运营条件的适应性尚未研究透彻，轮轨高速铁路极限速度有待研究。

16. 基于大数据的高速铁路基础设施故障预测与健康管理技术

高速列车长期运行安全性、平稳性和舒适性对高速铁路基础设施系统提出了苛刻的技术要求，加之基础设施本身在环境侵蚀、材料老化和列车荷载的疲劳效应等因素的共同作用下，将不可避免地导致基础设施损伤累积和抗力衰减，这必然影响其正常使用，从而导致抵抗自然灾害甚至正常环境作用的能力下降，而且有些损伤可能扩展很快，极端情况下可能引发灾难性的突发事故，因此，应建立高速铁路基础设施安全运行成套技术，保障基础设施全生命周期的安全运行。基础设施全生命安全涉及两个核心问题：一个是准确描述损伤演化和失效模式的结构分析理论，另一个是结构当前性态的实时反映。由于高速铁路基础设施线性工程的特点，对监测传感器的长期耐久性、服役可靠性等提出了严峻挑战。因此，基于先进信息手段，发展基础设施整体和局部性态监测的先进传感技术，是实施全生命安全运行的技术基础。由于基础设施损伤演化的非线性和随机性，真实结构状态通常隐藏在监测数据之后，通过数据挖掘、系统辨识、损伤力学、多态失效评估理论和安全评估等多学科理论，深入研究基础设施损伤信息并提取损伤敏感参数指标，是进一步实现损伤识别与安全评估的基础。与此同时，利用长期海量结构和非结构化检测及监测数据，基于大数据分析建模技术，利用数据挖掘、机器学习、预测分析等专用算法库和模型库，发展实时损伤识别与模型修正的理论及方法，揭示大数据与基础设施状态诊断、预测分析和健康管理的依赖关系，建立全生命安全评估与多级预警的理论及技术体系是需要研究的前沿问题。

17. 低真空磁浮高铁系统研发及应用关键技术

我国轮轨高速铁路整体技术水平已处于国际先进行列，部分技术国际领先。但是受轮轨关系、弓网关系、流固耦合、环境与噪声等多方面因素的影响和制约，从目前的技术水平来看，轮轨式轨道交通技术经济速度为 400km/h 左右。采用磁悬浮技术可以解决轮轨高铁存在的轮轨黏着、摩擦、振动和高速受流等问题。事实上，无论是轮轨式或磁悬浮式列车，当车辆处于开放空间大气环境下运行时，车速超过 160km/h 后，均要面临巨大的空气阻力（与速度的平方成正比）和噪声（与速度的 6～7 次方成正比）问题，从而在商业运营上带来经济性和环保性挑战，采用磁悬浮技术与地面脱离接触，消除摩擦阻力，利用内部接近真空的管道线路大幅度减少空气阻力，可实现高速列车“近地飞行”。低真空磁浮高铁须在列车运行控制、管道真空保持、车站设计、基础设施建设与平顺度控制、新材料技术、安全保障体系等方面开展研究。

18. 智能高铁关键技术综合应用

新一轮的科技革命和产业变革正在兴起，世界铁路不断创新发展，为铁路技术的进步提供了新动力和新挑战。中国将全面推进信息化、数字化、智能化的铁路建设，通过新一代信息技术与高速铁路技术的集成融合，全面提升高铁智能建造、智能装备、智能运营技术。以全生命周期管理为目标，进一步研发应用基于 BIM、信息化、自动化、监测量测等铁路工程智能管控、智能设计、工程化制造、自动化施工、基础设施智能感知、灾害自动预警等技术，形成铁路智能建造技术体系；通过研发智能列车与控制、智能供电、智能调度、智能运维、新一代移动通信等技术，形成绿色、节能、环保、低排放的铁路智能装备技术体系；通过研究实现智能票务、智能旅服、智能车站等，形成面向旅客的智能运营服务技术体系。

智能高铁是一个综合性强、复杂度高、涉及面广的系统工程，主要包括智能工程建设与运营维护、智能列车、智能调度指挥、智能客运、智能经营管理、智能安全保障等领域。需要研究智能高铁总体框架及系统组成，明确智能高铁用户主体及服务主体，分析高铁智能化建设运营需求；基于服务框架设计智能高铁系统功能；基于逻辑框架，按照聚合原则形成满足智能高铁功能的多个物理子系统；研究提出智能高铁发展目标及技术路线图；开展各领域关键技术及综合应用研究；研究构建智能高铁评价指标体系，提出智能高铁评价模型。

19. *复杂城市环境的感知与表达*

城市作为人类的聚集中心和交易中心，是人类文明进步的标志，城市化是人类社会发展的必然趋势，同时在此过程中，各类城市问题不断出现，如交通拥堵、环境污染、人口失控、公共安全隐患、低效管理等。解决这些城市化问题所面临的首要问题就是城市各类信息的及时准确感知、获取和表达。从技术体系上说，城市泛在感知网络是实现复杂城市环境感知和数据获取的重要手段，是智慧城市实现“万物互联”的信息基础设施。通过各类感知数据的融合挖掘，结合相关领域知识，构建全空间全要素表达的虚拟城市环境，作为理解和表达“城市”这个复杂巨系统的载体。

20. *以人为本的城市功能优化与提升*

城市是一个复杂的有机生命体，城市发展与生活在其中的人类活动密切相关、彼此相互作用，通过对人类行为在时间和空间上的研究可以发现城市的地理特征与发展状况，为城市区域规划及评价提供支持。随着传感器技术的广泛应用和智能手机的普及，人们能够获取大量关于用户地理位置的信息，大量的用户位置和行为轨迹数据隐含了丰富的时空结构信息和用户的行为规律，研究构建人类社会关系网络、行为模式、传播流向的时空模型，认知和模拟城市系统中人类群体的交互方式、行为方式、传播方式等对城市发展包括创新能力、生产能力、幸福指数、社会安全等的影响与作用机理，以人为本，从人类生存质量角度出发，探索研究优化城市设计、改善城市结构、转变城市治理模式、提升城市运行效率、促进城市发展的新路径和新方法。

三、本领域世界各国正在开展的重大科技计划及其预期成果

1. 欧美数字智慧城市计划

（1）发起机构：欧盟生活实验室（Living Lab）、美国国际商业机器公司（International Business Machines Corporation，IBM）等。

（2）主旨与措施。通过智能计算技术的应用，使城市规划建设、运营管理、教育医疗、交通运输、公用事业和公众安全等城市关键基础设施组件与服务更交互及智能。这些信息技术的应用能够使城市变得更易于被感知，城市资源更易于被充分整合，在此基础上实现对城市的精细化和智能化管理，从而减少资源消耗，降低环境污染，解决交通拥堵，消除安全隐患，最终实现城市的可持续发展。①城市数字化。应用计算机、互联网、3S、多媒体等技术将城市地理信息和城市其他信息相结合，形成传统城市系统数据的数字化集成平台，并存储于城市虚拟空间。②城市交互化。城市空间全面链接物联网，通过社交网络、综合集成法等工具和方法的应用，实现以用户创新、开放创新、大众创新、协同创新为特征的信息社会环境下的可持续创新。③城市智慧化。通过移动智能设施、物联网基础设施、云计算基础设施、地理空间基础设施等新一代信息技术以及全媒体融合通信终端等工具和方法的应用，实现全面透彻的感知、宽带泛在的互联、智能融合的应用，综合采用包括射频传感技术、物联网技术、云计算技术、下一代通信技术在内的新一代信息技术，因此能够有效地化解“城市病”问题（彭继东，2012；陈桂香，2011）。

（3）预期成果评估。欧盟 Living Lab、美国 IBM 等组织希望通过数字智慧城市计划实现如下成果：高度集成和整合城市的各类信息并在此基础上实现对城市的智慧管理，使城市宜居、低碳、可持续发展。

2. 地球自然灾害防护计划

（1）发起机构：美国国家科学基金会。

（2）主旨与措施。地球自然灾害防护（disasters and hazard mitigation，

DHM）计划旨在提高人类对于自然灾害成因与作用的理解，并进而为建立一个更加适合人类安全生存与发展的世界提供技术支撑。通过研究地球上最具摧毁性的灾难，如地震、飓风、洪水、海啸等，美国国家科学基金委员会希望通过地球自然灾害防护计划使得重大灾害防护与减轻成为可能。地球自然灾害防护计划按逻辑主要划分为两部分内容：①自然灾害研究，美国国家科学基金委委员会希望科研工作者在地球自然灾害防护计划中首先研究清楚各大自然灾害背后的物理机理；②灾害防护研究，鉴于自然灾害损失的绝大部分是由土木工程（包括建筑、桥梁等基础设施）在灾害中的倒塌、损毁与破坏造成的，美国国家科学基金委员会希望科研工作者在地球自然灾害防护计划中，基于已知的各大自然灾害背后的物理机理研究其对土木工程基础设施的影响力、破坏力及防护措施。DHM 计划按灾害类型主要划分为两部分内容：①地质类型灾害，包括地震、洪水、海啸、火山等；②气候类型灾害，包括飓风、台风、雷暴、龙卷风等，且由于近年来人类活动使地球气候产生了明显的变化，这将加剧气候灾害的产生。

（3）预期成果评估：美国国家科学基金委员会希望通过地球自然灾害防护计划实现如下成果：①更加深入地了解地球上的重大自然灾害的形成机理及其特点，并建立完善其预测模型与预报措施；②更加准确地了解各大自然灾害对于城镇基础设施的破坏效应，并提升其抵御自然灾害的能力。

3. 万物皆流动——变化中的自然与社会水文循环（panta rhei—change in hydrology and society）

（1）发起机构：国际水文科学协会（International Association of Hydrological Sciences，IAHS）。

（2）主旨与措施。该计划旨在研究自然与社会水文循环系统之间的相互作用机理，水文系统作为人类和环境之间的连接纽带，对其开展预测与模拟研究，以应对不确定性变化带来的挑战。该计划专注于采用跨学科的方法来研究水文活动，涉及横跨自然科学之间（水文、地貌、生态），自然科学与社会科学之间（经济、政治、政策科学）及科学和实践之间（水文学家、水资源管理者和从业人员之间）的协作与互动。计划包括六部分内容：①构建自然与社会水循环系统相耦合的综合框架；②为了反映自然与社会水循环系统共同演化中的变化，模型中应考虑自然水文过程、流域特征、社会和生态系统等之间的互馈响应；③考虑自然水循环系统的变化对社会水循环系统所带来的影响；④考虑自然和人类活动影响带来变化之间的相互作用关系；⑤富有前瞻性地利用新技术和新数据时代创新监测技术；⑥考虑多学科相耦合的方法。

（3）预期成果评估。①将为解决全球水危机提供先进的方法，作为促进水文学的创新发展被研究和应用，在论坛、研讨会与从事相关领域的学术组织开展的活动中，将融合多学科领域，特别是社会科学；②更加强调理论应用于实践，通过鼓励政策制定者、业务人员和研究机构的广泛讨论与参与，增强政府组织、非政府组织、水资源管理者以及地方政府之间的联系。

4. 未来城市计划

（1）发起机构：国际水协会（International Water Association，IWA）。

（2）主旨与措施。未来城市（cities of the future）计划旨在通过统筹规划和基于水的决策制定来保障城市水安全。该计划指出随着人口增长、城镇化进程加快、全球气候变迁，城市发展的新陈交替随之改变，这要求水领域及其他相关领域的工作者要对城市的水管理模式重新思考，使城市水系统具有以下功能特征：最低限度地使用稀缺水资源，保障人类健康，提高社会公平性和城市舒适度，减少能源消耗和温室气体排放，提高城市对气候变化的适应力。未来城市计划分为三个层级：第一层级为再生水系统构建。其目标是保证人类健康，并通过高效用水和水资源再生回用保障水质、水量安全。为此提出了“5R”实施策略，即补给（replenish）水体及其生态系统、减少（reduce）水和能源的使用、分质再利用（reuse）水资源、从废水中回收（recovery）能量和资源、循环（recycle）利用水资源。第二层级为水敏感城市设计。对整个城市的水循环从管理、保护和保存上进行一体化管理，打造对水资源可持续性、可恢复性和宜居性敏感的城市环境。其包含四个建议和策略，即规划水敏感城市空间及城市设计、降低干旱洪涝风险、提高水的价值、改良和调整城市材料以减少对水污染的影响。第三层级为智慧水城市。借助全面的措施、强大的联盟和广泛的公民参与推动城市水章程的实施；通过发挥人的能动性和组织管理才能，凭借其专业优势，促成水相关领域的合作，最终实现智慧水城市的构想；通过以下策略，使智慧水城市超越传统的城市组织和管理框架：①全民参与；②强化水安全与规划、建筑、园林、能源等领域的融合协作；③加强学科交叉创新；④利用政策激励和奖励科技创新；⑤跨尺度、跨学科协作治理。

（3）预期成果评估。国际水协会希望通过未来城市计划获得如下成果：①降低城市水循环的负面影响，提升城市供水效率和卫生服务，以及城市适应气候变化的能力；②通过智慧水城市建设促进创新和投资，催生持续的影响力、合理的制度与富有弹性的规划及基础结构；③促成公共机构、金融机构、技术及生产机构对水敏感城市的支持，完善水质规范纲要，强化洪水和干旱应急策略。

5. 全球大地测量观测系统

（1）发起机构：国际大地测量协会(International Association of Geodesy，IAG)。

（2）主旨和措施。全球大地测量观测系统（Global Geodetic Observing System, GGOS）就是要通过整合各种大地测量观测手段及各种技术方法，在大地测量的三个基本领域，即地球表面的几何形状和运动状态、地球方位和自转、地球重力场及其时变特征等方面，形成新一代大地测量产品。这些大地测量成果可以被广泛地应用于科学、实际应用和社会各领域，除此之外，在如全球变化、自然灾害和灾害预报等方面为政府决策与经济发展提供基础性支持。在过去数十年里，随着卫星技术的不断发展，大地测量随着现代空间技术的引入发生了革命性的变革。随之而来的大地测量观测数据获取、数据处理的全球化趋势，使得建立国际科学机构（服务中心）成为一种需求。这些服务中心在过去一般都基于单一的观测手段，其组织国际大地测量观测计划，确保数据的公开获取，组织由各数据分析中心进行数据分析，并且向科学研究和社会应用提供各种成果。GGOS 实际是适应国际大地测量学科发展的一项重要工程，是在全球大地测量观测数据和成果推广的全球化前提下，旨在推动全球大地测量一体化的一项系统工程。它体现了规范性、标准化和现代化特点，其成果则体现了现势性、可用性和一体化的特点。

（3）预期成果评估。GGOS 的预期成果包括：①维持具有时序特征的几何和重力参考框架的稳定性；②确保大地测量标准和在各地球科学领域应用的大地测量协定的一致性；③为满足现代精密观测的要求，改善大地测量模型；④考虑在所有领域的几何和重力产品的一致性；⑤ GGOS 与联合国相应办公机构合作，例如，综合全球观测战略（integrated global observing strategy，IGOS）计划；⑥ GGOS应代表IAG参与政府机构的组织，特别是对地观测集团（group on earth observations）。

6. 哥白尼计划

（1）发起机构：欧洲委员会（Council of Europe）和欧洲太空局（European Space Agency，ESA）。

（2）主旨和措施。哥白尼计划（Copernicus programme）原称全球环境与安全监测（Global Monitoring for Environment and Security，GMES）计划（2003～2030年）。哥白尼计划是继伽利略计划之后又一个以著名科学家命名的重大科技发展计划，主要完成5项目标，包括对陆地进行监测、对海洋进行监测、对大气进行监测，以及相关应急管理和安全服务。其中，陆地监测、海洋监测、大气监测主要是对陆海空进行全方位的、立体形态的监测，而应急管理则针对灾难之后的处理，安全服务则是对相关状态下欧盟的政策支持。哥白尼计划数据主要由“哨兵”系列卫星提供。“哨兵”系列卫星是欧洲哥白尼计划空间部分（GNSS Service Centre，GSC）的专用卫星系列，由欧洲委员会投资，欧洲太空局研制。“哨兵”系列卫星主要包括2颗哨兵-1卫星、2颗哨兵-2卫星、2颗哨兵-3卫星、2个哨兵-4载荷、2个哨兵-5载荷、1颗哨兵-5的先导星——哨兵-5P，以及1颗哨兵-6卫星。

（3）预期成果评估。欧洲委员会和欧洲太空局联合倡议，从2003年开始，目前已规划到2030年。通过对欧洲及非欧洲国家（第三方）现有和未来发射的卫星数据及现场观测数据进行协调管理和集成，实现环境与安全的实时动态监测，为决策者提供数据，以帮助他们制定环境法案，或是对如自然灾害和人道主义危机等紧急状况做出反应，保证欧洲的可持续发展及提升国际竞争力。

7. 车辆-基础设施健康状态监测技术

（1）发起机构：欧盟“地平线2020”（Horizon 2020）科研规划。

（2）主旨和措施。“地平线2020”科研规划几乎囊括了欧盟所有科研项目，分基础研究、应用技术和应对人类面临的共同挑战三大部分，其主要目的是整合欧盟各国的科研资源，提高科研效率，促进科技创新，推动经济增长和增加就业。作为有史以来最大的欧盟研究和创新计划，其可用资金近800亿欧元

（2014～2020 年），其旨在将伟大的想法从实验室推向市场，以带来更多的突破，争创世界第一。

车辆 - 基础设施健康状态监测技术（system for vehicle-infrastructure interaction assets health status monitoring，SIA）属于“地平线 2020”科研规划的其中一项科技项目（项目号 776402）。SIA 的目标是开发四项即用型新服务（iWheelMon, iRailMon, iPantMon and iCatMon），针对最关键的车轮、轨道、受电弓和接触网四部分，提供维修费用方面的健康状态预测信息。另外，SIA 也将为新服务投入市场应用作铺垫。

（3）预期成果评估。SIA 开发的新服务将有助于减少 15% 的铁路维修费用，25% 的计划外维修和 15% 的与轮轨相互作用相关的列车脱轨事件。该项目还将开发适应并集成现有产品和技术的终端 - 终端服务系统，提高基于铁路环境的欧洲地球静止导航重叠服务（European geostationary navigation overlay service，EGNOS）和伽利略卫星导航系统的定位精度，还将建立 EGNSS 标准和最佳实践指南，促进 EGNSS 在铁路环境中的应用。

8. 欧洲铁路运输管理系统

（1）发起机构：欧盟（European Union）。

（2）主旨和措施。为进一步提升铁路部门的竞争力，欧洲铁路运输管理系统（European Rail Traffic Management System，ERTMS）作为欧盟战略的重要组成部分，将为欧洲铁路提供统一的信号系统和列车控制系统，以降低成本，提高运输安全性。20 世纪 90 年代，在欧共体资助的研究框架计划中，ERTMS 作为首批项目投入研究开发，其中包括两个主要部分：一是地对车（track-to-train）系统，由 GSM-R 移动无线传输语音和数据；二是车载欧洲列车控制系统（European Train Control System，ETCS），该系统提供如超速防护（Accelerator Technology Platform，ATP）等功能。欧盟与欧洲铁路运输和基础设施公司共同体、国际铁路联盟、欧洲铁路工业联盟、欧洲铁路基础设施管理机构等签署了谅解备忘录，确立了欧盟发展战略的基本原则，创建了一个指导委员会负责对 6 条泛欧铁路货运通道推广应用 ERTMS 进行指导和监督。

（3）预期成果评估。该系统包括地对车系统与车载系统两部分，由西门子（Siemens）、阿尔斯通（Alstom）、安萨尔多（Ansaldo）、阿特兰兹（Adtranz）、庞巴迪（Bombardier）等公司参与研发，从 20 世纪 90 年代至今，已经基本覆盖了欧盟所有国家，并发布了本领域的相关标准。根据ERTMS通道的分析研究中提出的一般方法、技术和假设条件，其目标就是确定铁路为应对其他运输模式的竞争而提高效益所需要的投资，以及通道战略和实施规划的效果。该研究考虑了提高运输能力、运营效益，以及改善准入条件和方法，具体地说，包括标准化接口参数，增强指令、控制和信号系统，以及减少通道沿线业务需要的车载设备成本等，在显性成本－效益分析的基础上，每项研究提出了采用ERTMS的战略建议，以及为实现竞争性铁路通道目标需要的相关投资。成本效益的计算还需要考虑每个股东受到的影响并将其量化，为此，还需要进一步研究因资本投资而产生的线路使用费的任何变化，或者是基础设施运营成本的变化。这份通道战略研究涉及2007～2013年和2014～2020年十几年的时间，既考虑了商业目标，也考虑了已经规划的ETCS布局。

9. 未来城市远见计划

（1）发起机构：英国技术战略委员会（Innovate UK）。

（2）主旨与措施。联合国预测2030年70%的地球人会生活在城市中，今天的创新中心城市和经济中心城市提供约80%的世界生产总值。这些大型城市的结构、氛围和政策将严重影响世界各地相通的生活，会影响自然环境，并会影响国家和国际经济。至关重要的是，政府和专家学者积极主动地理解人们对未来城市的期望与人民的需求，并以可持续及综合的城市发展方式来与未来的需求达到平衡状态。英国未来城市远见计划（Foresight Future of Cities Project）的任务是预测英国城市在未来50年内遇到的机遇和挑战（促进经济增长、增加住房需求、社会不平等的挑战）并制定相应的应对举措与政策。英国技术战略委员会联合创新人员、知名企业和大学成立未来城市研究中心，多个实验室与多学科团队为城市创新提供尖端设施；为了支持当前的城市规划和城市决策者，政府办公室开展未来城市项目，探讨“未来城市”是如何随着时间被设计，以及如何对目前的发展做出解释。这直接影响城市在未来是如何被设计、建造和理解的，有助于更好地为本国公民和国家的需求制定政策。研究结果会详细说明和诠释“未来的城市”“智能城市”，并且有助于集中资源发展个人最希望的生活、工作的城市和旅游研究。

（3）预期成果评估。该项目一方面是为英国政府决策时提供有力的证据支持，从长远来看这将对城市的发展产生积极的影响；另一方面是为城市的未来发展提供解决方案，以英国城市为样本构建城市未来发展专家知识库，并与世界各地的城市共享解决方案。

第二节　面向 2035 年本领域工程科技发展趋势及影响

一、面向 2035 年本领域工程科技的发展方向和趋势

1. 城市与建筑一方面将向绿色、低碳、生态、可持续和高性能方向发展，另一方面将与信息、材料、能源等多领域深度交叉融合，同时将在日益紧密的全球化背景下更加强调地域及文化特色

（1）绿色建筑和生态城市将在未来很长一段时间里继续成为发展的主流，同时更加强调高性能的综合品质。党的十九大报告指出：人与自然是生命共同体，人类必须尊重自然、顺应自然、保护自然。绿色建筑和生态城市是建筑类学科对人类社会共同面对的能源资源短缺和环境恶化等严峻挑战做出的回应。进入 21 世纪以来，绿色建筑和生态城市已成为被世界各国普遍接受并实践的共识，在未来相当长时间里仍将是城市与建筑领域的发展主流。绿色建筑将以综合与集成的设计为引领，强调绿色技术在地域、文化、环境、经济等条件下的适宜性，突出性能指标的要求，并不断更新和发展绿色建筑标准体系。生态城市将形成社会、经济、文化和自然高度协同和谐的复合生态系统，其内部的物质循环、能量流动和信息传递构成环环相扣、协同共生的网络，具有实现物质循环再生、能力充分利用、信息反馈调节、经济高效、社会和谐、人与自然协同共生的机能。

（2）城市与建筑领域将广泛吸收信息、材料、能源等相关领域产生的科技成果，通过深度交叉融合推动本领域的创新和进步。城市与建筑是综合性较强的领域，面向 2035 年的城市与建筑工程技术发展将同信息、材料、能源等相关学科深度交叉融合，从而推动本领域的科技创新。信息与城市的结合将

推动智慧城市的发展，数字技术在建筑上的应用将显著提高设计效率和设计品质，同时给设计创作提供新的视角与可能性。新材料的发明与应用将支撑建筑在空间、形式和功能上的大胆探索，同时有效降低能耗、改善人居环境、延长使用寿命。可再生能源将更加广泛深入地与建筑、社区和城市集成，在消耗能源的同时产生能源，近零能耗乃至零能耗建筑技术将日渐成熟并实现大规模应用。

（3）地域和文化特色将成为全球化背景下世界各国城市与建筑发展追求的共同目标，中国尤其突出。全球化的持续发展将使世界更加扁平化，但另一方向的趋势同样具有重要意义，即对地域和文化的差异性与特色的尊重及强调。城市与建筑作为科学技术和人文社会交叉的领域，面向2035年的发展必将呈现两种既对立又统一的态势：一是在全球化背景下具有学科共识的理念、方法和技术的运用，二是在设计创作和建设实践中对地域与文化特色的彰显。中国作为一个建设大国和文化大国，这一规律在城市和建筑上的体现尤其突出。如何在尊重客观规律和科学理性的基础上，在城市与建筑的规划设计中注入地域和文化特色，将成为建筑类学科长期持续关注的问题。在这一方向上的探索和实践大有可能代表中国城镇化为世界贡献出成功的经典范例及模式。

2. 土木结构工程技术将向可持续、高性能和长寿命方向发展，特别关注土木结构工程抵御多重灾害的综合能力，并与多学科与多领域深度交叉融合

（1）高性能可持续土木结构工程将成为未来发展的主旋律。近年来，伴随着我国土木工程建设规模空前扩大，资源和能源消耗大、环境污染严重、使用寿命短、安全可靠性低、抗灾能力弱等问题已成为我国结构工程领域面临的重大挑战，严重制约着我国社会的可持续发展。面向2035年土木结构工程所暴露的问题，将从结构的安全性转移到工程结构的耐久性、使用寿命、抗灾能力及危及地球生态的资源、能源与环境等。因此，土木结构工程技术未来将以全生命设计理论及方法为主要突破，重点发展高性能结构工程，实现土木结构工程领域的可持续发展（聂建国，2016）。高性能结构工程针对不同工程结构在不同环境或使用要求下对其性能的不同要求，应具有不同的性能特点和表现形式，例如，面向2035年我国亟须在大型立体城市集群构建、深海工程建设、新型能源开发利用、战略物资储备、军事防护设施革新等领域取得颠覆性突破，这些领域中的土木结构工程具有巨型化、复杂化、超高化、系统化的突出特征，因

此对高性能可持续结构工程提出了更加综合且更复杂的性能需求。

（2）提升抵御多重灾害的能力是未来土木结构工程科技发展的重要任务。土木工程给人类带来了无限的文明，同时也给人类带来了无限的灾难，这个灾难就是土木工程灾害。土木工程是灾害的主要载体，而土木工程手段是防灾减灾的主要手段。全球地震、台风、洪水等自然灾害频发，爆炸、火灾、武器打击等人为灾害危机潜伏，这些都对土木工程结构的综合防灾减灾提出了更深层次的需求。一方面，土木工程结构抗震技术作为长期的研究热点，预计未来仍将成为重点攻关的方向，从过去的安全单一原则设计法，到现在普遍接受的基于性能的设计法，未来将向可恢复功能乃至可控的目标迈进，工程结构的抗震设计理念仍有广阔的革新空间；另一方面，某一灾害引起的次生灾害以及多灾种的耦合作用，将对土木工程结构的防灾减灾技术提出全新的挑战，多灾种的物理模型及全球气候灾变条件下土木工程结构灾变模拟与控制将成为该方向的主要难题。

（3）多学科交叉与多领域协作助推土木结构工程技术创新。党的十九大报告提出的“加快建设制造强国，加快发展先进制造业，推动互联网、大数据、人工智能和实体经济深度融合”，对推动传统土木结构工程领域的全面创新具有重要意义。土木结构工程技术是一项古老的传统工程技术，其大规模、粗放式、以消耗大量人力资源为特征的运作模式将越发与世界经济社会的发展模式和需求格格不入，未来土木工程产业结构必将发生翻天覆地的变化，并将以崭新的面貌展现在世人面前。面向 2035 年，土木结构工程技术将表现出显著的精细化与智能化特征，多学科的交叉融合将为古老的土木结构工程技术注入新的活力。先进材料科学与土木结构工程的有机融合，或将引发高性能土木结构工程材料的革命；先进自动化技术、信息技术、机械技术与土木结构工程的有机融合，将实现土木结构工程建造过程的自动化与智能化，土木结构工程工业化程度将显著提升；先进控制技术、机械技术、电子技术、网络技术与土木结构工程的有机融合，将推动精细化土木结构工程试验方法和健康监测技术的深度发展；先进计算技术、软件工程技术、基础力学的发展与土木结构工程的有机融合，将为土木结构工程的高性能计算注入新的活力。此外，土木结构工程技术不再局限于在传统建筑、桥梁、隧道等领域，在和清洁能源、海洋工程、国防工程等新兴领域的广泛合作中，将催生出一系列全新的技术增长点，这些技术增长点将成为面向 2035 年土木结构工程科技进步的不竭动力。

3. 未来一段时间水资源领域的科技发展方向与趋势主要体现在综合节水、水资源调控、水生态环境保护和修复、重大水工程建设与运行、水灾害防治与风险管理 5 个方面

（1）针对全面贯彻“节水优先”方针政策的要求，要加强缺水地区节水潜力的分析，加强水价、水权转换、蒸腾蒸发量（evapotranspiration，ET）管理、虚拟水等一系列综合节水措施的研究。针对农业节水的需求，要进一步加强多目标现代高效灌溉技术与关键设备研发，提出智慧化的灌区综合节水调控技术体系；针对城市综合节水需求，要进一步加强清洁生产节水技术、工业水资源优化调配技术、工业废水深度处理回用技术的研发，加强雨水和再生水利用技术研究，加强城市输水管网漏损控制技术研发。

（2）针对实行最严格水资源管理制度的要求，需强化用水总量、用水效率和水功能区纳污能力的监测与评价，尽快形成最严格水资源管理支撑技术体系。针对全球气候变化和人类活动对于水循环与水资源的影响，亟须开展变化环境下的气－陆耦合作用机制、流域水循环演化机理与资源效应评价。随着南水北调东中线一期工程的陆续建成和通水及国家对于京津冀一体化的战略部署，需要对南水北调东中线通水后的调度管理、受水区地下水压采和生态效应评估、京津冀水资源安全保障进行研究。随着国家水安全战略的逐步实施，国际河流的协同开发与管理也越发重要。

（3）针对水生态文明建设的要求，需要开展面向生态系统健康的水资源“量－质－生态－效益”联合配置研究。开展村镇饮用水安全保障关键技术研究与示范、受损水生态系统修复与生态廊道建设、坡耕地水土流失综合整治与高效利用技术集成及示范、河口海岸治理和滩涂资源保护与利用等方面的研究。针对频发的地下水污染和华北地区地下水大面积超采问题，要加强地下水污染防治和生态修复研究。针对水环境整体向好的发展趋势，要加强以水生生物为代表的水生态系统结构和功能整体恢复的研究。

（4）针对当前水利工程调度运行中存在的安全问题，创新调度理论与模式，建立大型、复杂水利工程群风险调度理论与技术体系。开展以梯级水库安全防控与高效调度、特大水利工程对下游影响评价、南水北调工程水量调配等重大

问题研究，支撑重大水利工程科学调度运行。针对当前水的能源属性未得到应有重视的问题，建议将水能资源列入水资源主题的研究范畴，开展复杂条件下的高坝建设技术、生态水工技术、水能资源的高效利用与调度技术、国际河流的水资源（包括水能）开发利用等研究。

（5）针对当前洪涝干旱风险管理的需求，需要研究大流域超标准洪水的国家应对战略，包括优化调度方法、应急响应机制、损失评估模型等。加强城市化区域极端暴雨引起的城市洪涝灾害防治的基础研究和相关防灾减灾技术研究；开展洪水资源利用关键技术、中小流域复杂下垫面洪水运动基本规律、与社会经济背景相适应的社会化减灾模式研究等。针对突发性水污染事故频发的问题，亟须开展水污染事故的风险评估、多级防控与应急调度研究，支撑和加强突发性水污染事故的事前防控及应急监测体系建设，建立突发性水污染事故的应急处置决策支持系统。

4. 城市水安全保障技术将以科技创新为支撑，以保障水质、水量和水生态安全为核心，以打造低影响开发的城市水系统为重点，以可持续发展为目标，并与多领域深度融合，通过国际合作实现共赢

（1）以科技创新带动城市水安全保障技术的深刻变革将是未来发展的主要任务。城市水安全关系到民众的生命健康和社会经济发展，德国、美国、新加坡、日本、以色列等国家节水兴国的事实证明，只有依靠科技创新才能走出水危机的困境。科技创新是推动水安全保障技术进步的强大引擎，是解决城市水安全问题的关键。面向 2035 年，城市水安全领域将以科技创新为支撑，在水安全保障技术上寻求突破：污水处理及再生利用技术的进步将成为城市水安全可持续发展的不竭动力，并大力推进城市污水再生处理集成技术、高品质再生水深度处理关键技术、再生利用生态风险控制技术、高品质再生水补充饮用水水源等技术的创新，提升新生水的公众认可度，可有效解决城市水危机及矛盾；研发综合节水、水资源综合利用、水利工程建设、水资源综合调度、非常规水资源开发利用等方面的先进技术，可显著提高水资源的供给和利用效率；构建新型的城市水系统，借鉴低影响开发的理念，设计更多先进的城市水安全保障系统模式，可为推动城市绿色生态环境建设提供战略性和前沿性技术支撑。

（2）以科学规划及合理布局为导向的可持续城市水系统建设是保障城市水安全的重要手段。城市水系统对城市的稳定和发展起着重要的作用，随着世界城镇化进程的加速，城市水系统的安全保障也成为城镇化建设面临的重要课题。在大部分国家，城市水系统建设忽略了水源、管网和管理的系统性，城市多源管水、多源治水、多源污染、多源监督处于低效运行和水质功能安全保障率低的状态，水系统应对突发事件的调控优势无法实现。面向2035年，以科学布局、合理规划为导向，可持续的城市水系统建设将有以下热点问题值得探索：城市新型水系统的统筹规划设计，促进不同时空条件下水源、水量、水质与供需的动态调控；城市水系统动态平衡控制的均衡供给保障技术方案及节水减排措施，保障水系统的节水、减排、高效和安全运行；城市涉水系统的整体性与时空关联性研究，实时监控城市外源和内源对水系统的污染及影响程度；研发仿真系统、水体（绿色能源）动力循环、生态净化和修复模式；城市水系统监管与预警管理网络平台，建立科学合理的城市水系统评估、规划、设计、建设和运行管理技术体系及标准规范；雨水资源化利用将成为重要导向，基于低影响开发理念，探索雨水减量、调蓄净化与生态景观均衡利用关键技术，将城市景观设计与城市水系统建设有机融合，造就生态和谐的城市水环境。

（3）以学科交叉、多领域融合及国际合作为发展模式将推动城市水安全的利益共赢。城市水安全是20世纪全球水危机背景下应运而生的全新领域，涉及不同空间区域、不同形态的水资源。其概念包含了人类生存、经济发展和社会稳定多个层面的内涵，决定了城市水安全的保障是一个复杂的全球性问题，水安全技术将依赖更多学科和领域的融合而发展。面向2035年，城市水安全技术将与多学科交叉、多领域融合，展现出先进、高效、智能化的特征，在解决水质、水量和水生态安全问题上取得了重大突破。化学工程和材料科学与水安全保障技术的交叉，将催生更多污水治理及回用技术的革新；数字化信息技术与城市水安全保障系统的结合，将使水安全系统向着自动化控制、智慧化管理的方向发展，可以有效地应对突发性水污染、监测预警水环境灾害并实现信息及时共享；金融、土木、建筑、管理等领域与城市水安全领域的融合，将促进水安全技术的有效转化、实现示范应用、保证设施的有效运行；双边及多边国际合作将成为全球城市水安全技术发展的必然趋势，通过技术合作、人员交流、信息共享，促进水安全技术在世界范围内的推广，同时，可统筹国际资源，深入研究全球变化对水环境、水资源、水生态的影响，并通过建立国际公约，降低水安全面临的风险，最终实现各国城市水安全的利益共赢。

5. 测绘技术发展将向全球统一测绘基准、网络化对地观测系统、实时化对地观测数据处理、泛在化地理空间信息服务方向发展，具备全球化、实时化、网络化、智能化地理信息服务能力。量子导航与实时三维成像技术促使测绘领域发生颠覆性的技术革命，全球空间信息基础设施建设将成为发达国家信息控制权的战略性资源

（1）量子导航和空间三维数字成像与视频遥感将成为具有广泛工程化应用前景的颠覆性技术。为了克服卫星导航系统无法在水下和室内进行导航定位的缺陷，新的导航技术不断出现，其中最有可能产生颠覆性影响的是美国麻省理工学院最先提出的量子导航。量子导航定位技术是一种利用量子效应来实现的新的定位技术，涉及量子时钟同步和量子测距技术。由于信号的量子特性，基于该技术的定位精度在原理上可以突破经典理论极限，具有很好的潜在应用价值。量子导航技术涉及量子通信和量子信息处理等基础理论，学科交叉特征显著，技术关联度广，应用领域宽，其重要性认可度高。量子导航技术可能产生的最大影响是微型化以后用在潜艇和未来武器上，以及汽车与智能手机上，应用领域非常广泛，有可能颠覆现有的导航定位技术。此外，通过数字影像感知世界是必然的。目前，遥感对地观测以及其他目标探测均采用二维成像技术。采用立体成像或者序列影像恢复目标三维信息，这种从 2D 到 2.5D 再到 3D 的理论和技术体系导致了一系列复杂而且低效处理的问题。三维数字成像将实现实时的直接目标感知，将改变世界的认知方式。

（2）全球空间信息获取与处理实时化、智能化理论与技术成为发展主流。面向 2035 年，本领域工程科技发展将重点在量子导航定位技术、基于混杂场效应的全天时立体无缝导航、立体导航与无人驾驶汽车导航、空间三维数字成像与视频遥感、合成孔径声呐（synthetic aperture sonar，SAS）技术、合成孔径激光雷达、高精度航空矢量重力测量技术、光声耦合海底地形测量技术、地理世情监测技术、时空大数据数据库管理系统技术、测绘机器人、地球协同感知与地球归一化工程、强震震源机制解的准实时 GNSS 反演技术、地下空间与深水工程全生命期的几何测控技术等方向取得突破。

动态监测、目标识别、定量反演是遥感应用的发展主流。以凝视卫星、浮空器、悬停无人机等平台获取的多尺度遥感视频为数据源，突破实时高精度三维环境感知、环境参量实时反演、动态目标识别、动态目标实时跟踪与行为识别等关键技术，实现自然和人工变化现象的直播式监测、态势分析与决策支持，从传统的事后静态遥感监测提升到实时动态遥感监测，为生态环境监测、军事侦察、市政工程管理、灾害应急、大众消费等应用提供新一代遥感数据处理与分析技术，提高遥感服务的实时性、自动化和智能化。

（3）Geo+ 地理信息知识服务技术促使地理信息产业空前发展。20 世纪 90 年代以来，以地理信息系统、航空航天遥感等技术为代表的现代测绘地理信息技术得到了空前发展，并已经渗透到国民经济和社会发展的各个方面，从而推动了地理信息产业的迅速发展。全球科技飞速发展为测绘地理信息科技创新带来新动力。全球卫星导航技术的快速发展与重力卫星的成功应用促使大地测量技术迅速向高精度、动态、全球化方向发展。航空航天遥感技术的发展丰富了地理信息获取手段，提高了地理信息更新效率。网络技术、信息技术加速渗透和深度应用，将引发以智能、泛在、融合和普适为特征的新一轮信息产业变革，对测绘地理信息生产服务体系将产生革命性的影响。学科交叉和技术融合加快，测绘地理信息创新要素与创新资源在全球范围内加速流动。物联网、数字地球和智慧地球的快速发展，为测绘地理信息科技开拓了更加广阔的发展空间。

（4）全球空间信息基础设施建设将成为发达国家信息控制权的战略性资源。世界各国争夺信息化制高点的竞争十分激烈，世界许多政府和组织也认识到空间信息基础设施在经济、社会和环境等方面产生的价值与效益。“美国创新战略”报告提出“赢得未来”的战略目标，以保持美国在创新能力、教育和基础设施等方面的竞争力。欧洲正在实施的空间信息基础设施计划，旨在建立欧洲空间信息基础设施建设和运作的政策与法律框架，从而在地方、地区、国家和世界范围内制定、实施、监管与评估欧共体政策。谁拥有制信息权，谁就拥有未来。作为一个正在崛起的发展中大国，我国需要利用全球的资源和市场支撑经济的持续发展。随着我国国家利益和经济的全球化发展，以及大国责任地位战略思维的改变，国家对空间信息的需求由国内延伸至周边及重要区域，这个需求必然拓展至全球，以空间信息设施为基础，集成全球性的各类海量空间专题数据，形成全球空间信息基础设施，使我国在世界范围内的各层次竞争中具有“制信息权”。

6. 高速铁路技术将向智能高铁、绿色高铁、更高速度方向发展，全面提升高铁技术体系和技术经济性，强化安全保障和灾害预警控制，深入研究轮轨高铁极限运营速度，探索并发展时速 600km 及以上的低真空磁浮高铁技术

（1）高速铁路基础设施全生命安全运行评估与健康管理体系将逐步建立。拓展产业发展空间，加强信息技术、智能制造、高端装备等在交通工程产业优化升级的地位。以泛在网络与空间信息技术为前提，为基础设施健康状态评估与管理技术提供新的数据获取渠道和先进的数据处理方法，突破传统预测方法的局限，达到快速、及时、动态预测预警的目的，从而有效地保证基础设施安全运行，实现管养模式的创新。结合大数据技术原理，融合泛在网络中多源异构信息，利用时空语义关联信息获取技术、时空信息处理与存储技术及时空动态分析、评估技术，构建一种基于泛在网络的全方位、多视角、多层次、深入快捷的全生命周期信息立体获取途径，与已有系统融合，促使产业链的创新和变革，构建地震和泥石流滑坡等自然灾害预警与治安防范报警的综合安全保障体系，为搭建高速铁路基础设施健康状态评估、故障诊断和健康管理体系提供新的技术及手段。

（2）满足更高运营速度的高速铁路成为未来发展的主旋律。高速铁路对社会经济的发展起着重要的推动作用。随着高速铁路的不断发展，高速铁路路网效应不断增强，高速铁路的发展要求整个路网必须具备更高的运营速度和组织效率。面向 2035 年高速铁路工程所暴露的问题将逐步转移到路网的运营速度、运营的安全性、组织能力以及整体能耗的环境问题。因此，高速铁路工程技术未来将以提高列车运营速度与加强安全管理为主要突破点，重点提高更高速度条件下基础设施服役水平，实现智能出行、绿色出行的现代交通领域可持续发展。基础设施服役水平针对不同的工程结构在不同的环境和使用条件下具有不同的要求与表现形式，例如，更高速度条件下降低高速运营振动噪声水平的基础设施减振降噪理论、轮轨关系理论和空气动力学理论，节能降耗的节地技术、双层车辆技术和双层桥梁技术，保障高速运营安全和舒适性的大跨桥梁及道岔关键技术等均是高性能基础设施工程体系的代表。

（3）新型交通运输方式不断探索革新。目前我国原有的“中心城市 + 卫星城”的区域性产业经济布局将逐步向以“超级城市群”为代表的全国性经济布局过渡，合理整合原有城市的资源要素，使资金、人才、技术加速聚集，形成巨大的聚集经济效益，带动我国国民经济的转型升级和加速发展。新一代轨道交通技术如管道高铁系统的出现将推动“超级城市群”的资源优化配置，降低“超级城市群”空间距离对人员、产品自由流通的限制，形成覆盖全国范围、半径 1000km 以上的“1 小时经济生活圈”。同时，以磁悬浮高速铁路系统为纽带，可实现丝绸之路经济带中心城市的快速连接，促进亚欧大陆命运共同体的快速形成和紧密连接，支撑“一带一路”倡议深入推进。此外，磁悬浮高速铁路作为新一代交通工具，将带动大量技术自主创新，能够抢占未来交通领域的科技制高点，成为新的“国家名片”。

（4）智能高铁实现高铁技术引领发展。新时代要求铁路要有新作为，无论是满足人民日益增长的美好生活需要，还是保持中国铁路的领先优势、持续引领世界铁路的发展，中国铁路必须开启智能化发展，更加注重安全性、经济性、环保性。广泛应用云计算、物联网、大数据、人工智能、下一代通信等新技术，通过对高铁移动装备、固定基础设施及相关内外部环境信息的全面感知、泛在互联、融合处理和科学决策，高效综合地利用高铁所有移动、固定、空间、时间和人力等资源，实现高速铁路全过程及全生命周期的高度智能化，打造更加安全可靠、经济高效、温馨舒适、方便快捷和节能环保的新一代高铁运输系统。

7. 智慧城市建设关键技术将与多学科、多领域深度融合，向促进城市感知实时化、集成空间化、表达动态化、决策科学化、管理智慧化方向发展，特别关注以人为本的城市功能优化与提升的综合能力

（1）复杂城市环境的全面感知与透彻表达将成为解决城市问题的关键。从本质上讲，城市问题是由于传统的城市管理方法难以应对城市这个复杂巨系统的需求所造成的。无论是大城市，还是中小城市，都无法避免城市问题的出现。显而易见，城市的复杂巨系统这一根本特性无从降低，反而会随着城市规模的扩大而不断增加，那么就必须找到一种大力提升城市管理能力和水平的方法与途径。智慧城市是目前破解城市问题、提升城市管理能力的有效途径，这一观

点已得到世界各国的广泛认同。建设智慧城市、破解城市问题，其首要任务是解决对城市这一复杂巨系统的感知认知问题，即对复杂城市环境的全面感知和透彻表达问题，需要在城市范围内建立多重综合智能的泛在感知网络，以便实时、全面、透彻地掌握城市运行的状态。泛在感知网络作为一种能够实现人与人、人与机器、人与物、物与物之间直接沟通的泛在网络架构，通过各类传感器网络可同时对现实物理世界和虚拟网络世界进行感知，建立全数字平台，实现城市环境、规划方案、建筑设计、设施配置、路网布局以及各类城市空间决策的模拟、仿真与优化成为解决城市问题的关键技术之一。

（2）以人为本的城市功能优化与提升将成为城市发展的主要任务。智慧城市是推动政府职能转变、推进社会管理创新的新手段和新方法，是城市走向集约、绿色、低碳、可持续发展的本质需求（顾大伟，2013）。面对城镇化发展带来的严峻挑战，为破解我国城市的“城市病”困境、实现城市可持续发展目标，必须坚持“以人为本”的城市发展。一方面，需要通过倾听群众声音、汇聚群众意见，真正了解人们的需求；另一方面，需要根据城市内人类行为活动的感知认知，进行客观分析和科学预判。以城市自身特性为基础、以城市发展定位为目标，充分考虑人们的需求、结合人类行为活动规律和趋势，不断提升城市管理能力、改善城市管理方式、优化城市布局、提升城市功能，最终实现城市与人的和谐发展、智慧发展。

（3）多学科、多领域深度融合助推智慧城市建设支撑技术创新。智慧城市是新一代 ICT 技术与城市转型发展的深度融合，是我国面向新型城镇化发展、推进国家治理体系和治理能力现代化的主要内容。面向 2035 年，智慧城市建设工程科技关键技术将表现出显著的精细化与智能化特征，多交叉学科的深入融合将为未来的智慧城市建设注入新的活力：城市泛在感知网络及其集成整合与数据挖掘技术，将为获取城市运行状态的第一手数据资料提供支持，为智慧城市的应用分析提供数据保障；虚拟城市环境实时构建与动态表达技术将为实现城市行为和状态的集成表达、推演预测、评估调控提供新的模式，为提升利用地理知识理解城市海量数据和演化机制开辟道路；城市土地资源立体化利用管理技术，将为城市土地资源节约集约利用和城市可持续发展提供理论指导与技术支撑；大数据技术将为研究城市人类行为轨迹、社会关系、创新能力、运行态势等提供新的模式。此外，在与云计算、人工智能、移动计算、物联网、“互

联网 +”等新兴领域的广泛合作中催生出一系列全新的技术增长点，其将成为面向 2035 年智慧城市相关领域科技进步的不竭动力。

二、2035 年世界相关领域经济社会发展状况

1. 世界主要发达国家城市与建筑的发展将保持稳中求优与求新的态势，中国的城市与建筑发展将继续保持中高速增长直至相对稳定

（1）城市与建筑行业将在中国未来经济社会发展中继续扮演重要角色。至 2035 年，中国经济较有可能保持中高速稳定增长，从以规模扩大为主向规模和质量并重转变。社会发展面临劳动力成本增加、老龄化、环境治理压力大等挑战。在这样的经济社会发展大背景下，城市与建筑行业将继续扮演重要角色，除创造 GDP 与就业外，还将在节能环保、繁荣文化、推动和谐社会构建方面发挥举足轻重的作用。

（2）环境、能源、资源的压力和劳动力成本上升将促使城市与建筑相关产业不断以绿色低碳、工业化和精细化为目标转型升级。环境、能源、资源的压力是世界各国普遍面临的问题，中国尤其突出。劳动力成本上升倒逼城市与建筑产业转型升级。因此，面向 2035 年，城市与建筑相关产业将在绿色低碳理念的引领下不断推陈出新，寻求转型升级。在此过程中，工业化是有效手段，精细化是必然要求。经过 20 年的持续发展，粗放式手工劳动在城市与建筑产业中的占比不断下降，信息化、机械化、智能化的生产将成为主流。

（3）城市与建筑的创新将在彰显历史文化特色等国家软实力方面继续做出重大贡献。城市与建筑不仅是单纯的物质生产，同时也是人类传承文化和创造美的重要手段，一些经典建筑甚至成为一座城市乃至一个国家的象征与形象符号。面向 2035 年，中国的城市与建筑在科技创新的同时不可忽视文化内涵的凸显。千城一面、建筑设计盲目崇洋媚外、文化遗产破坏严重等困局应得到明显改善。城市与建筑的形象和内涵作为软实力的重要组成部分，将成为代表中国面向世界的一扇窗口，彰显不同于西方却同样伟大的历史与文化。这就要求城市与建筑领域在发展硬技术的同时，重视软性的理论、思想和方法的创新。

2. 土木工程产业表现出高度工业化与智能化的特征，绿色低碳可持续、空间资源能源利用效率高将成为土木工程产业发展的基本原则，土木工程技术成为更广泛领域的支撑技术，与其他领域先进技术高度融合集成创新

（1）土木工程行业在应对全球生态环境持续恶化的进程中担当重任。随着世界范围城市化与全球化的高速发展，全球生态环境将持续恶化，资源能源紧缺、大气污染等环保问题将越发严峻。土木工程的建造过程往往伴随着消耗资源能源、污染环境、挤占土地、排放温室气体等一系列“副作用”，但这同时也表明土木工程行业将在应对全球生态环境持续恶化中更有作为的空间。面向 2035 年，土木工程行业的发展主旨将逐渐凝聚到“绿色低碳可持续”这一共识，通过科技创新在土木工程的全生命各个阶段节约资源能源、减少环境污染，为全世界人民带来福祉。

（2）劳动力紧缺逼迫土木结构工程产业不断转型升级。面向 2035 年世界经济社会发展的总体趋势是老龄化问题日益突出、劳动力持续减少、人力资本显著提高。这些趋势将对土木结构工程产业形态产生极其深远的影响。传统的土木结构工程产业模式将越发无所适从，破解难题的核心在于提升土木结构工程产业的劳动生产率。随着劳动力价格的不断攀升，劳动力缺口将逼迫土木结构工程产业持续转型升级，向工业化和智能化方向发展。预计到 2035 年，传统土木结构工程行业分散的、低水平的、低效率的手工业生产方式将完全被现代化、智能化、柔性化的制造、运输、安装和科学管理的生产方式所取代，劳动生产率将大幅度提升，建设速度将显著加快，工程成本将逐步降低，工程质量将更易控制。

（3）土木工程科技创新将在更广泛的领域中发挥重大支撑作用。技术集成性是工程科技的本质特点，集成创新将成为工程科技突破的重要途径，而土木工程的科技创新也必将遵循这一规律。土木工程作为传统工程技术，以往多在建筑桥梁等基础设施建设中发挥作用，和其他领域尤其是新兴领域的交流较少。但随着技术创新的内驱力不断减弱，土木工程必将打破和其他领域的壁垒，呈现出更开放的姿态，以寻求交叉融合后的创新灵感。因此，面向 2035 年，土木工程技术将成为更普惠的技术，土木工程的高科技成果将向其他领域涌入。例如，太空与海洋资源的开发利用、新一代核电设施的建设、清洁能源的开发、军事防护设施的升级换代等都将为土木工程科技创新提供广阔的空间。这一趋势从美国研发的第四代核安全壳结构即可看到端倪，钢板－混凝土组合技术等土木工程领域的最前沿技术得到了美国能源部的青睐，成为新一代核反应堆安全壳建设的首项主推技术。

3. 水资源问题是一个全球性的问题，世界上许多发达国家在水资源安全保障方面也曾面临突出的挑战，开展了大量的科学探索和治理实践

（1）美国水资源总量和分布情况与我国比较接近，东部是湿润与半湿润地区，西部为干旱和半干旱地区。20 世纪 70 年代以前，美国通过加大水资源开发利用来满足不断增长的用水需求，全美最大的 10 个水库有 9 个是在 1970 年前竣工的，水库总库容接近年均径流量的 60%，科罗拉多河流域的水库库容甚至超过河流年均径流量的 5 倍，1980 年全美供用水量达到 6143 亿 m^3（与我国现状用水总量大体相当）。随着水资源开发利用率的增高，一些地区水资源承载能力不足问题逐步凸显，水生态环境问题日益突出，供水成本也不断攀升。1975 年美国国家水资源委员会开始调整水资源安全保障战略，提出了针对全社会的需水管理战略及措施，采取法律、经济、技术和管理等综合措施，降低用水需求，提高用水效率，成功遏制住了取用水总量增长势头，到 1995 年提前完成总取水量减少 9% 的目标，目前全国取用水总量稳定在 5000 亿 m^3 的水平，基本实现了用水零增长，成为通过需求侧管控实现水资源供需平衡和安全保障的成功典范。

（2）以色列多年平均降水量为 435mm，水资源量极少且分布不均，水资源自然禀赋条件很差。为保障国家水资源安全，以色列采取了五大综合措施：一是建设覆盖全国的水资源配置（national water carrier）系统，该系统将加利利湖湖水和中部的地下水连接成为一个整体，根据各处用水需求进行统一调度，实行计算机联网控制，处理污水供农业利用，同时又能收集雨水补给地下含水层。二是大面积推广节水灌溉技术。以色列目前 80% 以上的灌溉农田为滴灌，普遍建设了自动控制系统，按时按量将水、肥料直接送入作物根部。自 20 世纪 60 年代以来，以色列农业用水总量一直稳定在 13 亿 m^3，而农业产量却翻了 5 倍，农业产值增加更多。三是充分利用非常规水资源。以色列政府在 1972 年制定了“国家污水再利用工程”计划，现在城市再生水回用率超过 90%，同时还积极开发和利用地下咸水与海水。四是实施严格的用水节水管理制度，不仅颁布了

《水法》《水井法》《水计量法》，而且实行水资源开发利用许可证制度、用水配额制度等。五是在国家层面实施“虚拟水”政策，以色列国内不生产耗水量大的粮食，而以出口耗水少、产值高的水果、花卉、蔬菜、棉花换取粮食。并根据单位水应当产生的最大效益分配水的使用权。

（3）新加坡降水丰沛，但由于国土面积狭小、人口密集、地表地下水资源量少且利用困难，水资源安全保障难度很大。政府将水资源视为关系国家存亡的命脉，制定了包括进口水、收集雨水、淡化海水和新生水在内的四大“水喉”战略，以保障国家供水安全。除与马来西亚的供水协议外，新加坡大力建设覆盖广泛的雨水积蓄系统。首先，雨水积蓄系统已经发展到第四代，基本实现了国土面积上降水的全部收集，雨水积蓄能力达到 60 万 t/d；其次，新加坡不断提高再生水处理品质和回用比例，目前全国共有 5 座新生水厂，每天可满足 30% 的用水需求，其水质远远高出世界卫生组织规定的国际饮用水标准；最后，实施“向海水要淡水”计划，通过自行设计、建造和营运计划，鼓励私人企业参与海水淡化行动，积极扩大海水淡化的规模。新加坡 2011 年供水约 6 亿 m^3，其中进口水约占 40%，雨水积蓄利用约占 20%，再生水回用约占 30%，海水淡化约占 10%。

（4）澳大利亚年均降水约为 470mm，水资源总量约为 4430 亿 m^3，人均水资源量多但单位国土面积产流少，年内分配不均且年际变化大，属于水资源相对短缺的国家。澳大利亚在保障水资源安全上主要采取四方面措施：一是建立健全水资源管理体系，包括对水资源实行统一管理，建立水权和取水许可制度，充分利用协商机制，实施流域综合管理，建立水资源信息库并推行水资源分配。二是充分利用经济手段，不断提高水资源利用效率。积极推进水价制度改革，全国供水企业水费收入由原来的 15% 增加到 60%，原本持续增长的工业用水量 5 年内减少了 16%。此外，澳大利亚积极推行水权交易，建立水权交易市场。经过多年的培育，水权交易市场基本形成，农牧业用水交易较为活跃，同时政府也积极参与到水权交易当中。三是重视科研开发，广泛利用节水技术，重点是污水处理和回用技术。在首都堪培拉，居民全部普及自动化污水处理设备，再生水回用于草坪灌溉；农业用水也普遍采用了节水灌溉设备。四是在旱季实行用水管制，强化节水宣传教育，现已初步建成节水型社会。

4. 城市水安全保障成为国民生存和经济发展、城镇化推进、经济建设和公共安全等领域发展的关键支撑

（1）城市水安全在推动社会经济稳定发展中扮演重要角色。随着世界经济发展的突飞猛进，环境污染和资源短缺接踵而至，其中，水环境恶化、水资源短缺和水生态灾害导致的水安全危机，已经成为限制经济与社会可持续发展的瓶颈，解决这一问题需要经济发展理念及方式的根本转变，也需要政策、管理体制和科技等方面的不断创新。面向2035年，城市水安全的核心工作是达成“绿色经济可持续”的共识，通过实施“源头合理取水，过程节约使用，末端高效处理，水质分级回用”等措施，合理分配和使用水资源。借助水安全科技快速崛起的契机，发展智能、环保节约的绿色技术，为安全用水提供重要的支撑，使经济发展摆脱水安全危机带来的束缚。

（2）城镇化建设的推进对城市水安全体系提出了更高要求。城镇化和工业化的发展导致人口与工业过度集中在中心城市及产业园区，局部地区的水资源需求负荷和污染物排放负荷陡增，同时随着人口的快速增长，城镇人均水资源占有量不足，由此带来的冲突和矛盾迫使城市水安全体系持续升级。预计到2035年，除了部分发达国家，世界大多数发展中国家和第三世界国家的城镇化进程仍将继续攀升，为了满足更多地区发展与人民生活的需求，城市水安全体系将在水安全战略决策、水工程规划设计、水设施建设运营和水务监督管理等诸多方面寻求突破创新，向着技术集成、自动化控制、数字化运行、智慧化管理、全球合作的方向发展。

（3）城市水安全体系的构建对完善公共安全保障系统至关重要。随着全球气候变化，水旱灾害频发、水资源危机加剧，国家安全观念发生重大变化，水安全已成为国家安全的一个重要内容，与国防安全、经济安全、金融安全有同等重要的战略地位。由水资源危机引发的龃龉和争端不容小觑，城市水安全体系的构建，在解决当前问题的同时，更应当未雨绸缪，高瞻远虑，将水安全作为公共安全保障的重要内容。面向2035年，城市水安全体系将进一步完善，并渗透到公共安全的更多层面：污水产能技术的发展，将为能源紧缺提供解决方案，保障能源安全；废水资源回收技术的进步，减少经济发展对自然资源的消耗，保障资源可持续利用；污水深度处理回用技术的推广，减缓新鲜水的消耗，保障水资源安全；城市雨污分流，雨水收集利用，普及低影响开发建设理念，

将有效保障城市生态安全。

5. 地理空间信息成为我国信息化建设基础设施，以地理信息资源开发利用为核心的地理信息产业，作为高技术产业、现代服务业和战略性新兴产业，市场潜力巨大，发展前景广阔

（1）我国初步建成数字城市地理空间框架。地理空间信息基础设施是城市信息化不可或缺的、基础性的、根本性的信息资源，发展以法定的、统一的地理空间框架为基础，整合人口、法人、经济、社会、文化等信息内容，是城市信息化的必然要求。数字城市、智能城市都离不开地理空间信息基础设施的支撑。我国自 2006 年，特别是 2009 年加快推进数字城市地理空间框架建设以来，311 个地级市、100 多个县级市开展了建设工作，其中 158 个地级市、60 多个县级市地理空间框架建成并投入使用，全国累计开发了 2000 多个应用系统，惠及国土、规划、房产、公安、消防、环保、卫生等众多领域。地理空间框架已经成为领导科学决策的重要工具、城市信息化建设的基础平台和提高人民生活质量的便利帮手，在经济社会发展、工业与信息化进程中发挥了重要作用。

（2）地理信息产业将成为国民经济发展新的增长点。下一代互联网、移动互联网、物联网、云计算等新技术与地理信息技术的不断融合，为地理信息产业的持续发展提供了有力的支撑。预计到 2035 年，将形成结构优化、布局合理、特色鲜明、竞争有序的测绘地理信息产业发展格局。科技创新能力显著增强，核心关键技术研发应用取得重大突破，形成一批具有较强国际竞争力的龙头企业和较好成长性的创新型中小企业，拥有一批具有国际影响力的自主知名品牌。

国家发展和改革委员会与国家测绘地理信息局组织编制的《国家地理信息产业发展规划（2014—2020 年）》提出，到 2020 年，地理信息产业保持年均 20% 以上的增长速度，2020 年总产值将超过 8000 亿元，成为国民经济发展新的增长点。

2013 年，Google 公司发布了一份由 Oxera 咨询公司完成的报告，报告阐述了地理信息服务带来的经济影响。根据 Oxera 对地理信息产品和服务的定义，每年全球的产值预计为 1500 亿～2700 亿美元。2700 亿美元的预估值是将波士顿咨询集团对美国与世界经济规模的预测结果进行了放大。Sanjay Kumar 引用摩根大通集团对专业地理信息市场规模的估计价值为 1000 亿美元。加拿大的研究报告发现，地理信息技术对加拿大经济的影响力已经凸显，应该寻求地理信

息产业为经济发展做出更大贡献的机会。该报告指出，将地理信息进行整合将会在未来成为颇具潜力的主要增长点，例如，将位置服务与垂直行业进行整合。

（3）地理信息产业装备国产化进一步增强了我国地理信息产业内涵式发展的能力。①在测绘遥感数据服务领域，未来将以增强测绘卫星遥感数据获取及服务能力、加强测绘遥感数据的社会化应用为核心，大力推动国产测绘卫星遥感数据的公益性服务和商业化应用，提升国产卫星遥感数据的市场占有率和高分辨率卫星遥感数据自主保障率。②在测绘地理信息装备制造领域，将优先发展高端遥感技术装备和高端地面测绘装备，引导和推进现代高端测绘地理信息技术装备制造业的资源整合，推动相关企业由单一的装备制造向提供完整的装备集成解决方案转变，建设若干自主创新能力强的工程技术研发中心。切实加强自主品牌构建，研发一批具有自主知识产权的测绘地理信息高端装备，推进“中国制造”向“中国创造”转变。③在地理信息软件领域，将促进高技术在地理信息软件开发中的应用，加强地理信息软件技术与数据库、高性能计算、网格技术、云计算、物联网等通用信息技术的融合，大力推动地理信息获取、处理、管理和网络化分发服务软件产品的集成。发展大型地理信息平台软件，持续推动地理信息系统通用软件开发应用，重点发展基于下一代互联网、移动互联网等，适应云计算技术、时空技术、三维技术等的地理信息系统软件产品。推进高性能遥感数据处理软件系统的商业化应用，发展立体影像软件，引导数字摄影测量从单机向集群、协同方向发展。④在地理信息与导航定位融合服务领域，将大力发展地理信息位置服务。依托现代化测绘基准体系基础设施，积极发展在环境监测、水资源调查、气象、航空航天、工程建设、车辆导航、城市规划、个人位置服务等领域的测绘基准信息服务。发展导航电子地图和互联网地图服务，从覆盖范围、信息含量、精确程度和表现形式等方面不断地提高导航电子地图的质量，积极发展附带门址信息的三维导航电子地图。

6. 交通工程产业出现新的变革，伴随着高速铁路的发展，将涌现出以信息化、智能化为基础的新兴产业，全生命管理理念将成为交通工程产业发展的基本原则，高速铁路产业的发展将成为社会生产力进步的一支强大力量

（1）高速铁路建设带动全方位经济发展，可以加强地区的经济辐射与带动效应，带动铁路及其相关产业的技术进步，进而促进相关产业快速发展乃至国

家经济的全面快速增长。高速铁路建设具有产业链长、投资和需求拉动作用大的突出特点，不仅可以带动沿线地方建材、农副产品和日用品的消费，还可拉动与高速铁路建设相配套的机械、电子、通信、信息、环保等多个行业的发展。高速铁路建设带动了机械、冶金、建材等产业链的升级。

（2）构建铁路综合发展体系，以高效和绿色的铁路运输促进热点地区产业转型升级以提升其整体实力和国际竞争力。随着区域经济的快速发展，一些特大型及大型城市以及其周边地区逐步形成了城市群，这类地区城际交通的需求越来越高。党的十九大报告提出了“以城市群为主题构建大中小城市和小城镇协调发展的城市格局”的工作任务。此外，随着中国“一带一路”倡议的提出，跨国运输需求日益强烈。因此，铁路综合发展体系应根据城市空间形态、旅客出行等特征，合理布局不同层次、不同功能的客运枢纽。实现城市轨道交通、地面公共交通、市郊铁路、私人交通等设施与干线铁路、城际铁路、干线公路、机场等紧密衔接。为配合跨国运输需求，铁路基础设施实现互联互通，根据“一带一路”倡议，陆上依托国际大通道，以沿线中心城市为支撑，以重点经贸产业园区为合作平台，共同打造新亚欧大陆桥、中蒙俄、中国－中亚－西亚、中国－中南半岛等国际经济合作走廊。

7. 智慧城市支撑技术将推动城市管理向精细化、科学化与智慧化发展，将成为城市建设发展更为广泛领域的支撑技术，与城市相关其他领域技术可以高度融合集成创新

（1）智慧城市将是我国新型城镇化进程的必由之路。我国现处于新型工业化、信息化、城镇化、农业现代化同步推进的重要历史阶段，随着新型城镇化进程的推进，我国面临着城市人口剧增，土地、能源和清洁水等自然资源紧缺，交通、医疗、教育等社会资源紧张，环境污染、就业压力、城市安全等城市问题显著的诸多难题。传统的城市管理方法和技术手段已经难以应对和解决这些问题。根据党中央的统一战略部署，分级分类推进新型智慧城市建设，已成为解决我国城镇化发展所面临的严峻挑战、破解我国城市面临的“城市病”困境、实现城市可持续发展目标的重要抓手和核心手段，是新型城镇化发展、推进国家治理体系与治理能力现代化的主要内容，对逐步解决发展中的问题将有重大意义。

（2）人类行为分析在预测和城市管理中发挥重要作用。人类行为活动深刻影响着周围的环境，同时自然和社会环境也在影响着人类行为。深入挖掘人类行为活动背后的动机和规律，对于城市管理有着极为重要的意义。通过人类行为轨迹数据的动态实时感知及与地理空间实体的动态匹配，可以准确识别、判断、统计、分析、预测小到个体、大到群体的行为态势，为城市精细化管理与智能化应对提供必要的数据支撑；通过人类通信数据、社交数据、舆情数据等挖掘分析，可以认知和模拟人类群体的交互方式、行为方式与传播方式等，对城市的创新能力、生产能力、安全指数、民生幸福等作出判断及预测。依托城市人类行为分析，将有望对城市治理模式转变、城市运行效率提升、城市健康和谐发展等方面探索新的路径和方法。

（3）虚拟环境下城市仿真实时表达将在城市管理和绿色、低碳发展中担当重任。当前我国城市当中，尤其是特大城市中，交通拥堵、资源紧缺、环境恶化、生态失衡等问题日益突出，难以有效解决。到2035年，我国城镇化率预计超过70%（乔文怡等，2018），如果不采用行之有效的城市管理治理模式，届时所面临的城市化问题将会更加突出。基于城市大数据，结合专业模型，建立全数字化的智慧城市大数据平台，实现城市环境、规划方案、建筑设计、设施配置、路网布局以及各类城市空间决策的模拟、仿真与优化是智慧城市的基础性关键技术之一，也是大数据技术进入智慧城市并发挥作用的最佳切入点之一。虚拟环境下城市仿真实时表达技术可使城市运转和空间利用更智能、更高效、更敏捷、更低碳、更和谐。

（4）智慧城市建设将更充分地服务于社会运转和居民生活。城市为人类提供生产繁衍、经济发展、社会交往和文化享受四大类职能（周成虎，2014）。预计到2035年，我国人口老龄化比例将达到29%（陆杰华和郭冉，2016），老龄化问题日益突出，将直接导致社会劳动力持续减少、人力资本显著提高，这些趋势将对未来智慧城市产业形态产生极其深远的影响。未来智慧城市建设和产业模式也必然会充分考虑社会人口结构的形态，既要致力于高效智能的社会生产，维持社会的安全高效运转，如智能制造、智慧工业、智慧能源等，又要提供便捷舒适的民生服务，满足人类的社会和文化需求，如智慧养老、智慧医疗、智慧家居等。

第二章
国家经济社会发展对领域工程科技的需求

第一节　2035 年本领域相关的经济社会发展情景/领域工程科技与产业特征

1. 新型城镇化、文化兴国及“一带一路”等国家重要战略为城市与建筑的可持续发展提供了关键引领；同时，城市与建筑的科技创新是这些国家战略得以实现的重要保障和支撑

城市与建筑既是支撑经济社会发展的科学技术，也是创造人居环境、传承历史文化的物质载体。新型城镇化、文化兴国及“一带一路”等国家重要战略及“一带一路”倡议为城市与建筑领域的工程技术和产业发展指明了新的方向，也提出了新的要求。面向 2035 年，本领域相关的经济社会发展情景以及工程科技和产业特征表现如下。

（1）中高速发展的新型城镇化对城市与建筑的工程科技有持续强劲的需求。当前，我国城镇化率约为 55%，在 2020 年预计将达到约 60%，至 2035 年预计将达到约 70%。因此，在未来很长一段时间里，我国城镇化将以中高速发展，

对城市与建筑的工程科技仍然有持续强劲的需求。一方面，新城、镇、区的规划设计和建设任务继续大量存在；另一方面，城市更新与功能提升的比重将稳步加大。乡村建设的重要性日益凸显，住宅产业平稳发展，新建建筑和建筑改造的需求仍然巨大。这些经济社会发展的基本格局决定了城市与建筑领域的需求仍将比较旺盛。同时，迅速扩张的城镇化将转向量与质并重的阶段（徐匡迪，2013），以绿色生态为目标，追求高品质人居环境，强调文化特色将成为城市与建筑科技发展和建设实践的方向。

（2）"一带一路"倡议将推动量大面广的欠发达城镇的发展，为城市与建筑工程科技发展提供新的契机。党的十九大报告指出要以"一带一路"倡议为重点，推动形成全面开放新格局。中国东部发达地区的城镇化率明显高于全国平均水平，城市与建筑的发展速度已逐渐趋稳。然而，在"一带一路"倡议的推动下，西部欠发达地区将成为未来城市与建筑领域发展的热点。同时，中国相关技术向"一带一路"关联国家的输出也不容忽视。这些因素都将成为城市与建筑工程科技发展的新契机。在环境、资源、地域文化不尽相同的条件下，如何因地制宜地运用相关技术，科学合理地推动城市与建筑的发展，成为本领域需要解决的重要课题。中国城市与建筑发展的经验和模式如何向世界做出贡献也将成为关注的焦点。

（3）城市与建筑行业是实现绿色低碳社会的重要行业，也是创造高品质人居环境的主要行业，相关工程科技发展的潜力巨大。城市与建筑行业消耗的能源资源及产生的排放巨大，是实现绿色低碳社会的重要行业。面向2035年，我国的总体经济社会发展要求城市与建筑领域走资源节约和环境友好的道路。同时，创造高品质人居环境也主要依赖于城市与建筑行业。为了实现这些战略目标，城市与建筑工程科技必须提出有效的策略，在现有理论、方法和技术的基础上坚持创新发展，为我国实现绿色低碳的总体目标做出应有的贡献。

（4）文化兴国战略要求城市与建筑领域做出明确呼应，通过科技创新在增强硬实力的同时提升软实力。不同于纯粹的工程技术学科，城市与建筑兼具科技属性和人文属性。在文化兴国战略的指引下，城市与建筑行业需要在增强硬实力的同时提升软实力。一方面，吸收国际相关学科发展的最新成果和经验；另一方面，结合中国自身特点提出可与世界发达国家平等对话的思想和理论体系，并以之指导城市与建筑的规划设计及建设。

2. 新型城镇化建设战略与“一带一路”倡议为土木工程技术发展提供持续动力，可持续社会的建设压力和人口红利的减退迫切要求传统土木工程产业变革与创新

土木工程是直接面向经济社会发展的科学技术，它深刻影响着人居环境、城镇化进程乃至社会可持续发展。面向2035年土木工程科技与产业特征将与国家经济社会发展的总体形态和重要战略密切相关，具体表现为如下发展情景。

（1）城镇化率的显著提高对土木工程技术的需求依然很大。党的十九大报告指出近五年，我国城镇化率年均提高1.2个百分点，8000多万农业转移人口成为城市居民。推动新型工业化、信息化、城镇化、农业现代化同步发展是新时代中国特色社会主义建设的重要战略。我国城镇化将从快速推进转为稳步发展，但总体上城镇化率仍将显著提高，2020年我国城镇化率预计达到60%左右，2035年预计达到70%左右，到2050年预计达到75%左右。土木工程建设是城镇化的重要载体和标志，为每一个居民创造了人居环境，因此城镇化率的不断提升意味着我国对各类建筑桥梁的建设需求以及城市地下空间开发利用的需求仍然非常旺盛。另外，我国未来20年的城镇化将逐步从规模扩张过渡到质量提升阶段，土木工程建设的质量在很大程度上影响着城镇化建设的质量，土木工程科技将为城镇化的质量提升提供核心关键科学技术，如何通过土木工程科技创新提高城镇土地利用率、提升城镇生活空间的生态宜居程度、减少城镇化过程中的资源消耗、提高城市综合抗灾能力等将成为新型城镇化建设背景下土木工程科技发展需要面对的重要命题。

（2）基建互通作为“一带一路”倡议的主要突破口，为土木工程科技发展提供新机遇。“一带一路”倡议将成为中国未来重点实施的发展政策之一，推进“一带一路”倡议将把基础设施的互联互通作为优先发展的领域，通过加强各国之间基础设施建设的规划、技术标准体系的对接，逐步形成连接亚洲各区域以及亚非欧之间的基础设施网络。一方面，经历国内大规模基础设施建设所积累的土木工程技术发展的宝贵经验教训和最新科技成果将为“一带一路”倡议实施过程中的基础设施建设提供强有力的支撑保障，并在世界范围内更广泛地展示我国土木工程领域的科技成就，促进我国土木工程科技国际竞争力的提升；

另一方面，如何在基础设施建设中合理协调各国资源禀赋的差异、考虑气候变化的影响、强化绿色低碳化建造和运营管理等将成为土木工程技术面临的新挑战。此外，党的十九大报告提出应加大对发展中国家特别是最不发达国家的援助力度，而这一要求也为我国土木工程科技的发展与推广提供了前所未有的契机，提升了我国土木工程科技在世界范围内的影响力。

（3）可持续发展和低碳社会的建设压力巨大，土木工程行业责无旁贷。党的十九大以来，推进绿色发展已成为我国土木工程建设的重要任务。2015～2035年，城镇化进程将带来能源资源的大量消耗和巨大的污染物、温室气体排放压力，其中土木工程建设将成为主导诱因。按照我国目前土木工程的发展模式和发展趋势，基础设施建设过程中的能耗量、碳排放量及建筑垃圾量占全国总量的比例都将突破30%。因此，土木工程行业的科技进步和节地、节能水平，在很大程度上决定可持续发展与低碳社会的建设成效，进而决定我国经济增长方式的转变及未来国民经济整体发展的速度和质量。土木工程行业将通过不断创新，努力实现“四节一环保”的目标，为发展低碳社会提供重要科技支撑。

（4）人口红利减退迫使土木工程产业结构转型升级。2013年我国劳动人口数量达到高峰后，开始逐年下降，与此同时劳动力价格却不断攀升，传统土木工程产业因劳动力供给充足、成本低带来的经济增长效益（人口红利）将不再延续，土木工程产业持续发展的动力将逐步依赖科技进步和产业结构的转型升级。因此，面向2035年土木工程产业发展路径是：调整产业布局，优化产品结构，改善劳动条件，大幅度提高劳动生产率，降低人力成本，加快建设速度，避免重复低水平建设，土木工程企业综合效益显著提高，土木工程行业将由劳动粗放型向技术密集型转化，并将快速走向质量效益型道路。

3. 未来一个时期是我国全面建成小康社会和实现伟大中国梦的关键时期，国家将大力实施新型城镇化、工业化战略，切实推进生态文明建设，经济社会和生态环境用水的需求量及其保证率的压力还会进一步加大

（1）在用水总量上，预计我国需水高峰将在2035年前后出现，为实现国务院确定的7000亿m^3用水总量控制红线指标，未来需水增量的65%要通过节水和水源替代来消化，35%则要通过增加供水能力和科学调配来满足。

（2）空间布局上，国家正在积极推进京津冀协同发展、“一带一路”倡议、长江经济带等一系列重大区域发展战略，水资源安全保障也面临巨大的挑战，如水资源是京津冀地区的基础性“短板”，“陆上丝绸之路”途经世界上最干旱缺水的地区。

（3）重点领域上，国家能源、粮食分布不平衡的特点日益显现。国家能源安全主要依赖于西北能源基地，该地区降水大多在400mm以下，是名副其实的“饥渴能源”区；国家粮食安全保障主要立足于东北和黄淮海两大主产区，东北地区农业与生态争水的问题已开始显现，黄淮海流域水资源开发利用早已超出其承载能力，“节水增粮”是国家粮食安全保障战略实施的关键所在。

（4）在演变趋势方面，全球气候变化可能会使我国水资源的基础条件进一步朝着不利方向发展，包括极端水事件发生频率增加，北方地区水资源可能会持续衰减，江河源头区冰冻圈蓄水能力下降等。在未来可以预见的一个较长时期内，我国水资源安全保障将面临更为严峻的挑战。

4. 城镇化建设的推进为水安全技术发展提供持续的动力支持，人民群众提升水资源占有量的愿景、工业发展节能减排的要求，亟须城市水安全技术加快革新；可持续发展型国家战略的实施，为城市水安全技术的发展提供新的机遇

（1）城镇化率的显著提高对水环境安全需求巨大。目前我国城市缺水现象已十分普遍而严重。据《2012中国环境状况公报》，在198个城市的4929个地下水监测点位中，优良、良好、较好水质的监测点仅占42.7%，而较差、极差水质的监测点则高达57.3%。水污染加剧了本已严重的水资源短缺矛盾，城市取水日益困难，城市水安全问题日益突出。在城镇化发展进程中，粗放及效率低下的水资源利用方式导致城镇生活污水排放量增加。目前，城市生活污水排放量仍以5%的速度逐年递增，生活污水排放总量已超过工业污水排放量，且城镇化发展过程中各类新型化学品和药品使用日益广泛，水中污染物质不断增加并且更加复杂，增强了对城市水环境质量的威胁。我国城镇化进程中，水资源开发程度越来越高，城市供水有限，不时发生缺水、断水事件。国家监察委员会资料显示，近几年，每年水污染事故都在1700起以上。全国城镇中，饮用水源地水质不安全涉及的人口约1.4亿人。仅2014年生态环境部调度处理并上报的98起重大及敏感突发环境事件中，就有60起涉及水污染，其严重影响人民

群众的生产生活。因此城镇化进程对水环境质量的需求使水环境安全问题更加突出。

（2）人均水资源占有率下降亟须水资源再生利用技术的革新。我国是典型的缺水国家，被联合国确立为13个贫水国之一。水利部资料显示，全国2/3城市供水不足，其中110个城市严重缺水；32个百万人口以上特大城市中有30个长期受困于缺水，14个沿海开放城市中9个严重缺水。国际上一般认为，年人均水资源量少于1700m^{3}即为用水紧张的国家。而根据《中国统计年鉴2011》和《中国统计年鉴2014》数据，2011年我国人均水资源总量为1730.4 m^3，仅为世界平均水平的28%，位列世界第125位；正常年份全国缺水536亿m^3、城市缺水近百亿m^3，相当部分城市甚至还没有专用水源地。根据国家统计局发布的数据，2011年末，城镇人口首次超过农村人口，城镇化率突破50%，2014年我国城镇化率达到54.77%，2011～2014年城镇人口每年增加近2000万人，而据统计城镇人口人均日常生活用水量是农村人口的3倍，这就意味着随着城市化的推进，城市人口的人均水资源占有率将进一步降低，因此，为解决城市水资源严重短缺问题，发展水资源再生技术至关重要。

（3）工业快速发展与节能减排的要求对污水分质收集和高效处理净化技术提出了挑战。随着我国经济的高速发展，我国工业化快速发展的进程对城市水安全产生一定的影响。据统计，2008年全国废水排放总量为571.7亿吨，其中工业废水排放量为241.7亿吨，占废水排放总量的42.3%。工业生产所排放的污水是水环境中污染物的主要来源之一，虽然其排放量较生活污水低，但其危害要比生活污水大得多，若工业废水不经处理直接排到自然水体中，将对生态环境造成严重破坏。工业废水主要来自造纸业、冶金工业、化学工业以及采矿业等。虽然工业废水排放量大，但是污水处理率低，废水处理率约为80%，达标排放的只有60%。因此，针对目前水体污染严重和水资源短缺现象，应大力发展高效水处理净化技术，使废水达标排放率大幅提高，同时应大力推行废水的资源化，即将经净化处理后的工业废水依据使用需求的不同分质回收，回用于工业冷却水、冲洗水、农业及城市绿化灌溉水、地下含水层等，以解决工业快速发展所导致的城市水资源问题。

（4）可持续发展的生态型社会建设的需求为水环境安全技术提供新的发展机遇。建设生态型城市是全面贯彻落实科学发展观的内在要求，党的十七大提出了建设生态文明的重要战略任务。建设生态型城市是推进生态文明的有效途径，有利于进一步提升科学发展、和谐发展理念，促进资源节约型和环境友好型社会的建设。生态城市水环境的治理和建设保护具有综合性特点，必须强调统一性，并要遵循习近平提出的“节水优先、空间均衡、系统治理、两手发力”的思路，实现城市水资源保护管理现代化，加快转变用水方式，保障城市饮用水安全和生态安全，实现生态城市经济社会绿色可持续发展。这就对城市水安全技术提出了更高的要求，我们应综合考虑经济、社会、生态、环境等对水资源的需求，有效与合理地开发、利用、配置水资源，达到开源节流的目的，加强节水设施建设，发展城市供水系统管网漏失控制与用户端节水技术、城市污水再生处理与综合利用的安全保障技术等城市水安全技术，使有限的水资源发挥最大效益，实现城市水资源的可持续利用和发展，从而促进城市的长期和谐与稳定发展。

5. 作为国家长期发展战略，重点建设卫星导航定位系统、遥感对地观测系统，旨在建设国家、区域、全球空间信息基础设施。地理空间信息和传统生产工具与生产方式结合，催生了新经济形态

随着信息技术的迅猛发展，以及经济社会、生态环境等的发展对地球空间信息的需求，传统测绘领域已转向地理空间信息乃至地球空间信息的广泛领域。但测绘的根本还在于地球空间信息的采集、分析和服务，未来测绘领域在这三方面的发展形态和特征在于数据或信息采集规模化、自动化，数据分析集中化、智能化，测绘服务泛在化、个性化。

（1）地理空间信息采集规模化、自动化，地理世情监测技术与信息化技术深度融合。国际科技竞争日趋激烈，科技制高点向深空、深海、深地推进。天基与地基相结合的观测系统、大尺度星座观测体系等立体和全局性观测网络将有效提升对地观测、全球定位与导航、深空探测和综合信息利用能力。导航定位和空间遥感等观测技术手段取得重大突破，规模化卫星组网立体导航，以凝视卫星、悬停无人机等为平台的多尺度遥感技术逐步实现，更多高效能、低成本、自动化、微小型空间信息采集设备开始涌现。由于互联网技术的巨大进步和广泛应用，结合个人智能设备通过影像测绘实现大众测绘、动态测绘技术。上述大规模、多尺度、自动化和全局性服务的各项测绘基础设施趋于完善，基

准建设多样化，地面基准、物理基准、卫星基准共存，并保持动态统一和维持更新，区域型乃至全球型的新型基础测绘保障体系基本形成。地理世情监测技术与信息化技术深度融合，迈向规模化、准实时动态和自动化时代。同时，信息网络和先进制造等领域孕育的颠覆性技术将催生地球空间信息采集产业的重大变革，如量子导航定位技术的精度在原理上可以突破经典理论极限，应用领域非常广泛，真正实现全天时精准无缝的立体导航定位。

（2）地理空间信息大数据化、集中化，数据分析智能化。规模化、自动化的地理信息采集方法带来海量、多元、快速变化的大数据集，大众测绘、动态测绘使消费者也成为数据的生产者，传感器和存储技术的发展大大降低了数据采集和存储的成本，使得可供分析的数据爆发式增长。测绘地理信息数据处理方法发生革命性转变，与此相关的各类测绘产业和产品生产方式将面临前所未有的挑战。如何将大数据集成协同分析，如何有效地挖掘大数据的价值成为新一代信息技术发展的重要方向。大数据技术成为普遍采用的主流技术，结合云计算技术，围绕智慧地球、智慧城市、智慧物流、智能生活等现代化生活，智能化分析并生成测绘服务所需各类相关产品，盘活用好基础地理信息资源。充分挖掘基础地理信息蕴藏的知识和价值，基础地理信息资源与重大战略任务、重大改革措施、政府公共管理、社会生产生活深度融合，使地理信息公共产品供给个性化、智能化。

（3）测绘公共服务泛在化、个性化，服务能力得到全面提升，服务领域得到全方位拓展。智能化数据分析产生个性化多元地理信息服务产品，测绘公共服务能力得到全面提升。智慧地球、智慧城市、智慧物流、智能生活等都需要全天时精准无缝的位置服务。通过测绘技术的规模化融合和智能化快速协同处理，深度融合信息化技术，提供“互联网+”思维的泛在测绘信息服务，深入到工业化、农业现代化、环境生态和人类生活的各个领域。工业革命4.0和先进制造等将推动工业品由大批量集中式生产向定制化分布式生产转变，需要更多的实时数据跟踪，并依靠数据分析帮助实现快速决策，利用规模化、自动化采集技术和智能化数据分析技术，结合无人驾驶汽车、快速无人机等开展个性化精准导航服务，实现智慧物流。全球性和区域性环境问题仍然不断加剧，面向环境变化的新挑战，智慧环境建设需要精准化管理，由遥感遥测、在线监测等构成的立体监测系统得到完善。大数据存储与融合处理系统将提供精准、立体、全局和动态的环境信息。社会化和大众化的环境消费者也将促进精细化的环境管理。全天时精准立体无缝导航在直接提供时间和位置信息的同时，无形中还间接提供了电离层、大气、海洋和地面反射信号带来的环境信息。融合空间观测的实时地理信息，通过个人智能设备，将大大拓展普通人的视野，获得准实时的、世界范围的视觉，并将催生众多相关技术的发展和新的应用。

6.“一带一路”倡议与交通强国等国家重大战略对高速铁路发展提出新的要求，城镇化建设、环境压力增加和信息化技术的进步，与高铁技术及产业发展不断融合促动

高速铁路作为国家经济发展有力的带动力量，深刻影响人们出行、城镇化进程和社会的可持续性发展。面向 2035 年高速铁路基础设施科技与产业特征将与国家经济社会发展的总体形态与重要战略密切相关，具体表现为如下发展情景。

（1）互联互通作为“一带一路”倡议的主要突破口，为交通科技发展提供了新机遇。“一带一路”是中国新时代重要的发展政策之一，党的十九大报告指出，要以“一带一路”建设为重点，形成陆海内外联动、东西双向互济的开放格局（习近平，2017）。“一带一路”贯穿亚欧非大陆，一头是活跃的东亚经济圈，另一头是发达的欧洲经济圈，将欧亚广大地区连接在一起。推进“一带一路”发展，将极大地促进各国基础设施的互联互通，逐步形成亚欧非之间的基础设施交通网络，这个过程无疑对高速铁路基础设施带来巨大的机遇与挑战。一方面，我国高速铁路建设经历了长足发展，积累了大量的工程实践经验，通过“一带一路”倡议的实施，可以在世界范围内展示我国高速铁路基础设施的科技水平；另一方面，由于国家跨度较大，各个国家环境、气候和资源状况差异较大，运营管理水平也不尽相同，如何实现绿色建造和协同发展等将成为基础设施工程技术面临的新挑战。

（2）城镇化进程促使我国路网建设规模不断扩大，高速铁路服务能力和服务水平需求日益提高。改革开放以来，我国城镇化快速发展，预计 2035 年我国城镇化率将达到 70% 左右，我国城镇化进程以大城市为依托、以中小城市为重点，逐步形成辐射作用大的城市群，促进大中城市和小城镇协调发展。未来 20 年，伴随着城镇化进程，城镇居民收入较快增加，经济要素流动更为频繁，百

姓出行需求更加旺盛，客货运输需求持续增长。同时消费结构和运输需求结构升级对交通运输安全性、便捷性、舒适性、时效性、均等性等提出新的更高要求。为适应我国城镇化发展需要，尽快形成高速铁路、区际干线、城际铁路和既有线提速线路有机结合的快速铁路网络，满足大流量、高密度、快速便捷的客运需求，为拓展区域发展空间、促进产业合理布局和城市群健康发展提供基础保障，同时也为广大城乡居民提供大众化、全天候、便捷舒适的基本公共服务。

（3）资源节约型和环境友好型的低碳绿色交通运输体系是技术转变的必经之路。我国能源资源相对不足，生态环境承载能力弱。随着经济社会持续快速的发展，资源环境约束日趋加剧，需要加快转变经济发展方式，加快构建“两型”社会，增强可持续发展能力。目前社会运输成本较高，能源消耗快速增加，节能减排压力大，交通拥堵严重，需要优化交通运输结构，促进我国交通运输又好又快地发展。未来20年是转变交通发展方式的重要时期，我国将更加注重统筹各种运输方式协调发展，加强各种运输方式的有机衔接和综合枢纽建设。高速铁路在节能、节地、环保、经济等方面具有明显的比较优势，进一步发展高速铁路运输，形成分工合作、优势互补、协调发展的运输体系，是落实国家节约资源、保护环境基本国策的重要体现，也是以较低的社会成本和资源环境代价满足经济社会发展对运输需求的客观需要，对加快转变交通发展方式、促进经济社会可持续发展具有重要作用。

（4）信息化不断推进为交通工程行业技术革新带来新的机遇。随着计算机技术的迅速发展及基于物联网、云计算等信息技术的广泛应用，为设计、建造和管养水平的进一步提升提供了基础。为实现我国交通工程基础设施走出去的整体智慧输出，切实增强软硬实力，通过信息技术、高端制造、智能制造等应用实现产业链的变革，可支持决策者对项目进行合理的协调、规划和控制，提升基础设施技术创新，信息化和智能化水平将成为新形势下交通工程科技发展需要面对的重要命题。

7. 国家新型城镇化建设战略为智慧城市建设发展提供持续动力，“城市病”问题的日益严重迫切要求传统城市管理模式和手段的变革与创新

“十三五”及此后的时期，我国将全面进入城市时代，城市将成为真正意

义上的经济社会主导。城市增长的驱动因素将由劳动、资本、土地等传统要素转向知识、信息、技术等创新要素，城市发展更富有创新活力，城市运行更具“智慧”。面向 2035 年，智慧城市发展与产业特征将与国家经济社会发展的总体形态及重要战略密切相关，具体表现为如下发展情景。

（1）城镇化率的显著提高对智慧城市技术起到推动作用。我国现处于新型工业化、信息化、城镇化、农业现代化同步推进的重要历史阶段，截至 2017 年，我国城镇化率已超过 58%，预计到 2020 年城镇化率将达到 60% 左右，2035 年将超过 70%（乔文怡等，2018）。随着新型城镇化进程的推进，我国面临着城市人口剧增、自然资源紧缺、社会资源紧张等诸多城市问题，传统的城市管理方法和技术手段已经难以应对与解决这些问题。高度城镇化的国情将对我国未来智慧城市的建设和发展提出更高与更为迫切的要求，从而大力推动并促进我国智慧城市建设工程科技的探索研究。

（2）相关产业的发展将为智慧城市带来重要技术基础。我国正在推行的“宽带中国”战略、国家大数据战略等都将为智慧城市的发展带来重大机遇。预计到 2020 年，我国宽带网络基础设施发展水平与发达国家之间的差距大幅缩小，宽带网络将全面覆盖城乡，城市和农村家庭宽带接入能力分别达到 50Mbit/s 和 12Mbit/s，发达城市部分家庭用户的宽带接入能力可达 1 Gbit/s（国务院，2013）。在大数据领域，预计在 2020 年，将形成一批具有国际竞争力的大数据处理、分析、可视化软件和硬件支撑平台（国务院，2015a）。依照摩尔定律，大数据所依赖的存储技术也将在彼时有大幅提升。上述相关产业的发展必将为智慧城市带来重大机遇。

（3）“互联网 +”战略推动经济和社会的创新发展。党的十九大报告提出要推动互联网、大数据、人工智能和实体经济深度融合，支持传统产业优化升级。“互联网 +”利用信息通信技术以及互联网平台，让互联网与传统行业进行深度融合，创造新的发展生态（国务院，2015b）。智慧城市是新一代 ICT 技术支撑下的未来城市形态，而“互联网 +”被认为是智慧城市的基本特征之一，有利于形成创新涌现的智慧城市生态，从而进一步完善城市的管理与运行功能，实现更好的公共服务，让人们生活更便宜、出行更便利、环境更宜居。

第二节 需要解决的重大问题及其对工程科技的需求

1. 在城市方面，特色缺失、交通拥堵等“城市病”严重，规划不尽科学，历史文化名城、镇、村遭受的破坏与冲击严重；在建筑方面，能耗高，人居环境质量较低，设计崇洋媚外，缺乏文化自信，建造方式粗放浪费，耐久性低下，遗产保护形势严峻；在学术上，缺乏原创的城市规划与建筑设计的理论方法和相关技术工具，研究的前沿性和探索性不足

自改革开放以来，我国城镇化取得了举世瞩目的成就，2013～2018年，我国城镇化率从53.73%提升到59.58%。尽管如此，在城市与建筑相关领域仍然存在诸多突出的问题，面临严峻的挑战。千城一面的城市特色缺失，交通拥堵等“城市病”的广泛存在，城市与建筑遗产遭受的建设性破坏，建筑设计乱象丛生，建筑建成品质低下，这些问题的背后既有制度、政策和思想的原因，也有科技与学术的原因。党的十九大报告指出群众在居住方面面临不少难题，也对推动新型城镇化的发展提出了更高的要求，因此，面向2035年将基本完成新型城镇化的中国，城市与建筑工程科技的发展必须解决如下重大需求。

（1）彰显中国历史文化和山水人居环境的城市空间特色规划方法需求。城市空间特色融合了自然环境、历史和现代文化、社会经济、空间景观等多种要素，积极培育和塑造城市空间特色也是完善城市功能、提升人民生活品质、延续城市文脉与提高城市综合魅力的重要途径。未来我国城镇化建设活动也逐步由数量向质量转型，传统历史文化的传承和山水人居环境的提升成为发展建设的重点，自身的特色优势及可识别度越来越受到关注，对城市空间特色的追求也日益受到关注。在城市规划与城市设计中更加注重城市空间品质，技术方法应针对实际感知层面的城市空间形态等外显特色以及城市空间品质中内涵的特色等目标，探寻科学合理的、可具体操作的，同时又具有普适意义的研究切入

途径和技术方法，以应对“望山见水忆乡愁”的时代诉求。

（2）既有城市区的综合性能提升与集约再开发关键技术。在我国城镇化进程进入中后期以后，城市再开发将成为主要建设类型，既有城市区功能提升与再开发关键技术显得尤为重要。既有城市区功能提升与再开发向多学科深度结合的集约化、立体化、协同化、智能化、一体化、绿色化方向发展。发达国家尤其是欧盟大城市已基本形成既有城市区功能提升与再开发为主的城市发展模式，针对经济社会活动的复杂性以及公共交往方式全面数字化的趋势，未来的核心需求包括以下内容：①土地集约高效利用，既有城市区“结构－形态－街坊－街巷－建筑”的多重尺度精细大模型支撑下的功能提升与空间紧凑发展模式。②空间立体开发，既有城市区地下空间的深度开发与空中慢交通系统的联合建设，使得既有城市区人－车－轨彻底立体分流，高效后台通勤交通体系与绿色宜人步行空间体系相互嵌合。③先进数字化的复合协同管制，基于大数据数字地图建构，通过海量数据的即时交互处理，形成跨工种、多部门协同监测与全程管制体系。④数控智慧综合体，多学科技术集成的大型智慧综合体建筑，实现日常业务运营、通勤交通导流、物业后勤管理操作的全面智能化。⑤建筑交通一体化，轨道站点等公共交通与既有城市区各种大型公共建筑高效无缝连接，实现建筑、结构、市政、交通、设备、物联网等集成技术支撑。⑥绿色低碳的物理环境全面优化，既有城市区微气候环境（包含热环境、风环境、声环境指标以及污染物扩散场、生态效应场、天空可视场等指标）的优化，通过建筑与交通的低能耗实现既有城市区整体的绿色化。

（3）以绿色为指导思想，通过多学科的交叉与合作，建立绿色建筑从设计到建造再到运营管理的全生命周期技术体系，推动建筑产业的转型升级。绿色建筑自概念的出现至今已超过 10 年，面向 2035 年，绿色建筑仍将是世界包括中国建筑行业发展的主流方向。绿色建筑的发展，一方面将更加强调建筑、结构、机电、能源、材料、信息等多学科的交叉与合作，另一方面将高度重视从设计到建造再到运营管理的全生命周期的绿色理念的落实和绿色技术的运用。性能化的绿色建筑设计、工业化建筑体系的研发和推广、多专业的绿色建筑整合设计、先进数字技术在建筑上的应用等都是绿色建筑发展的方向。相关的工程科技研究与应用将有效地改变建筑行业的现状，在设计与建造更高品质的绿色建筑的同时，推动整个建筑行业技术的进步和产业的转型升级。

（4）基于国际建筑学科的发展潮流和中国独有的地域与文化特色，建立起本土的建筑和城市设计理论及方法体系，并产生大量高水平的建筑与城市创作作品。同时，加强城市及建筑遗产保护，在改善人居环境的同时传承中华文明。当代中国建筑类学科的理论基础和方法体系大量源自西方。在过去近20年的大规模城市建设中，伴随巨大成就的还有盲目求新求奇、铺张浪费、崇洋媚外等弊病。因此，建筑类学科一方面需要顺应国际发展潮流，吸收先进的理论、方法和技术；另一方面更需要立足中国独有的地域和文化特色，建立起属于自己的建筑与城市设计理论及方法体系，与西方平等对话。与此同时，中国建筑师要奋发图强，在优化创作环境的基础上，不断创作大量高水平的建筑与城市设计作品，为中国城镇化贡献成功的典型范例。在设计与建造新的建筑和城市的同时，还必须加强城市及建筑遗产的保护，消除或缓解快速城镇化进程中普遍存在的建设性破坏。城市与建筑遗产的保护和适应性再利用不仅能有效改善人居环境，同时还能将其中承载的历史文化有效地传承下去。

2. 土木工程产业结构落后，节能环保及综合防灾减灾技术水平较低，缺乏原创性土木工程理论、方法与软件，规范标准体系严重滞后工程实践的需求，大量既有土木工程结构的安全维护和性能提升问题凸显

我国土木结构工程领域面临着可持续发展的严峻挑战，土木工程发展质量和效益还不高，创新能力不够强，其背后的原因是：产业结构落后，创新机制匮乏，原创性土木结构工程理论和方法不足（中国工程院土木、水利与建筑工程学部，2012），缺乏自主知识产权的土木结构工程计算机辅助工程（computer aided engineering，CAE）软件（钟万勰和陆仲绩，2007），规范标准体系无法起到引领技术创新的作用。面对2035年基本实现社会主义现代化的迫切需求，土木结构工程科技的发展必须首先着眼于解决如下问题。

（1）大力发展高性能结构工程技术，实现土木工程行业的可持续发展。2009年，中国工程院设立的战略咨询项目综合报告《土木学科发展现状及前沿发展方向研究》（中国工程院土木、水利与建筑工程学部，2012）指出：我国是世界上土木工程资源能源消耗最多的国家，土木工程行业已经成为国家单项能耗最大的行业，每年我国消费全球大约一半的钢铁和水泥用于基础设施建设，而水泥和钢铁的碳排放量占总排放量的30%以上，我国大规模基础设施建设还

产生大量垃圾，土木建筑垃圾数量已占城市垃圾总量的 30% 以上。资源能源约束矛盾日益突出，环境生态承载能力逐步逼近极限，这些都对高性能结构工程技术的需求与日俱增。所谓高性能结构工程，即土木结构工程在规划、设计、建造、运营、拆除等全生命周期的各个阶段，具有高安全性能、高施工性能、高使用性能、高环保性能、高耐久性能、高维护性能和高经济性能，是土木工程可持续发展的重要途径（聂建国，2016）。

（2）建立完善的土木结构工程综合防灾减灾科技体系，大幅度降低土木结构工程灾害风险。中国工程院战略咨询项目综合报告《土木学科发展现状及前沿发展方向研究》（中国工程院土木、水利与建筑工程学部，2012）研究结果表明：尽管中国一直以来对土木工程防灾减灾给予了极大的重视，但随着人口聚居度的提高和社会物质财富的不断积累，防灾减灾的形势却日趋严峻。一方面，从近年来灾害频发可以看到，灾害有越演越烈的趋势；另一方面，为了缓解资源、人口、环境等压力，不得不向地下空间、海洋等自然条件更为恶劣复杂、灾害风险更大的区域发展。灾害面前，土木结构工程科技工作者虽然竭尽全力，但仍然难以达到预期的目标，因为有太多的科学问题和技术难题没有攻克。面向 2035 年，国际化的中国要求在灾害防治这一国际重大危机事件的处理中有重要的话语权、发挥关键作用并做出自身贡献，安全的中国要求构建对事故和灾难有较强防御能力的社会基础设施，为此，建立完善的土木结构工程综合防灾减灾科技体系刻不容缓。

（3）构建高度现代化与智能化的土木结构工程建造技术体系，加速土木工程产业结构转型升级。到 2035 年，中国将是高度智能化的中国，土木结构工程建造技术将逐步展现出现代化、工业化、智能化的特征。随着信息化技术、3D 打印技术以及大数据、互联网等手段的不断涌入，土木结构工程将实现高水平与智能化的建造过程，并由此带来节水、节能、节时、节材、节地、节人等一系列效益，绿色建造以及可持续建造理念也将随之得到普及。此外，土木工程产业结构也将加速转型升级，传统意义的量大面广的混凝土结构由于能效低、劳动力成本高、资源能源消耗大、环境污染严重等问题将受到挑战，标准化和工业化建造的混凝土结构以及钢结构、组合结构等一系列更符合绿色低碳要求的结构形式，将逐步成为结构工程领域的主流。

（4）突破原创性土木结构工程理论、方法与软件，构建引领先进科技潮流的土木结构工程规范标准体系。我国虽然在大规模基础设施建设的实践中解决了诸多土木工程技术难题，但正如欧进萍和崔俊芝等学者的呼吁（中国工程院土木、水利与建筑工程学部，2012）：我们解决这些难题的基础大多是发达国家最早建立的土木工程理论、方法与软件。例如，一方面，目前在结构工程抗震分析和设计中最常用的结构动力学、地震反应谱等理论方法都由欧美学者原创，基于仿真的工程科学（simulation-based engineering science）（Oden et al.，2006）已成为未来各国工程科技抢夺的全新制高点，但我国土木结构工程的分析和计算对国外CAE软件的依赖程度很高；另一方面，规范标准作为土木工程建设的重要技术依据和准则，对引领技术方向、保障工程质量安全、推广应用先进技术、提升核心技术竞争力具有不可替代的重要意义。党的十九大报告要求坚持打开国门搞建设，积极促进"一带一路"国际合作，加大对发展中国家特别是最不发达国家的援助力度。但我国土木工程建设标准体系在顶层设计和编撰机制方面存在诸多不足，严重制约了标准的先进性及其引领作用的发挥，进而制约了"一带一路"的建设发展。因此，只有突破原创性土木结构工程的理论、方法与软件，构建引领先进科技潮流的土木结构工程规范标准体系，才能逐步使我国迈向土木工程强国之列。

3. 水是生命之源、生产之要、生态之基。人多水少，时空不均，与耕地、能源、矿藏资源分布不适配的基本水情，决定了我国水资源安全保障问题的复杂性和任务的艰巨性

我国年均降水量为648mm，水资源总量为2.84万亿m^3，人均水资源量仅为世界平均水平的28%。在水资源总量中有35%是难以有效控制和利用的洪水量，35%是河道内基本的生态需水，河道外经济社会水资源可利用水量仅占30%。受季风气候影响，我国水资源的时空分布很不均匀，年内降水主要集中在汛期，河流的连续4个月最大径流量占到全年的50%～90%，且年际波动较大；空间分布上，我国水资源南多北少，与耕地、矿藏和能源分布不相匹配，北方地区土地面积占64%，人口约占60%，耕地约占50%，而水资源量仅占19%。随着气候变化和人类活动的影响，北方地区水资源呈现衰减趋势，以2000～2011年统计，北方地区水资源量占比进一步降至16%，南北分异特征进一步加剧。与此同时，全球气候变化引起的极端事件发生频率增加，这致使我国水资源安全

保障难度进一步加大。此外，我国特大城市（群）人口规模聚集和农村人口分散居住，也给区域生活和生产供水保障带来巨大挑战。

相对于国家水资源安全保障现实需求和国际水资源科技领域发展现状，我国水资源科技需求主要体现在以下 4 个方面。

（1）环境下水文循环和流域水资源问题变得更加复杂，水资源高效开发利用的基础认知与方法体系尚不完善。包括自然 – 人工综合影响下的流域水循环演变机理与伴生效应、区域水资源高效利用理论与模式、国家和流域水资源宏观调配格局、江河水资源科学调控理论与方法、非常规水资源开发利用方向与方法等，均需要深入研究和完善。

（2）我国水资源节约与开发的许多关键技术与设备主要依赖于进口，存在成本高、壁垒障碍等问题。如农业大型高效节水精准灌溉设备、高耗水工业行业节水减排技术、海水淡化与综合利用技术、再生水回用及风险控制技术、水利工程自动化控制设备等。

（3）重大水利工程建设和安全运行面临新挑战。包括满足环境友好要求、适应复杂建设条件、降低成本造价的重大工程技术和材料设备难以满足实践需求，以及高寒、高震等条件下技术支撑不足等。

（4）国家实行最严格的水资源管理制度改革配套管理技术与规范标准滞后。如水循环信息智能采集设施与精准测报技术、复杂水资源巨系统多目标综合调度技术、水经济计量技术等。

4. 我国污水处理及安全回用技术缺乏自主创新，城市水资源再生利用率低，城市水系统建设理念落后，自动化控制进步迟缓，管网设计和景观规划有待提高，既有城市水系统应对突发性灾害能力不足

（1）构建面向节能、低碳与资源回收的新型污水处理模式，开发针对不同回用途径的再生水制备技术，实现污水中可用资源的最大化回收与高效利用。随着国民经济的迅速发展和城市化进程的加快，许多城市已经陷入用水紧张的局面，城市污水量大、集中、水质较为稳定，把经过处理的污水回用于工业、市政、农业等领域，实现城市污水资源化，可以减少新水开发总量，是弥补水资源不足的有效手段，同时可减少污染物排放总量，实现水资源在自然系统与社会系统之间的良性循环（刘洪彪和武伟亚，2013）。资料显示，我国的污水再

生利用率只有10%左右，而发达国家的再生利用水平已达70%，我国再生水资源的开发利用潜力非常巨大。再生水的合理回用既能减少水环境污染，又可以缓解水资源紧缺的矛盾，是贯彻可持续发展的重要措施。因此，应在政府部门引导下，制定详细的再生水利用规划，配套再生水利用的优惠政策，不断提高再生水利用率。污水回用同时可以促进围绕污水处理发展起来的技术研发、设计、新材料、成套设备制造、相关服务等环保产业的发展。我国城市中存在大量的污水处理厂，过去水处理厂的目标是水质达标排放，但从生态环境的可持续发展考虑，污水处理不仅要求能保护水环境，而且要最大限度地减少资源损失，加强营养物质的循环利用，减少能源使用及废物的产生，使之对总环境影响最小，甚至产生环境效益。污水中的有机物和氮磷营养物质，以及生物处理单元产生的剩余污泥都是可回收利用的资源。因此，需要改变传统污水处理观念，实现水质、节能、低碳和资源回收。因此基本思路应为，在满足水质目标前提下，减少污水处理过程中所需的能耗和物耗，减少温室气体释放等环境足迹，并借助回收技术对污水及活性污泥中的有机物和营养物质进行多途径的回收利用，同步实现污水处理的节能、低碳与资源回收等多项目标。污水回收和资源再生利用具有可观的社会效益、环境效益与经济效益，其已经成为世界各国解决水问题的必选方式。

（2）城市水系统整体规划设计，构建绿色安全的智慧水系统，打造可持续型海绵城市。近年来，伴随着城市人口的快速增长，各城市用水量激增，城市被迫从自然界获取更多水资源，大量自然水资源由自然循环转移到各类市政管道，加之我国降水在季节上分布不均匀，城市调蓄能力下降；同时由于城市建设过程中，忽视城市空间应具有的生态功能，农田、林地变为硬质铺地，大量河流变为管道暗渠，湖泊湿地变为高楼大厦，自然界积蓄降雨的各类海绵体被硬质地面所取代，城市整体生态功能退化；再者系统性水管理机制与整体规划缺乏，导致城市在面对大暴雨的强大冲击时，排水泄洪系统难以承受其负荷，出现“城市看海”的现象（鹿健，2015年）。为此，以径流和污染物总量削减、峰值流量削减、雨水资源化利用为目标导向，构建与市政、道路、绿地、建筑等协调衔接的绿色雨水基础设施已成为今后城市排水系统发展的重要方向，也是建设具有“自然渗透、自然积存、自然净化”功能的海绵城市的重要内容。因此，积极建设城市“海绵体”，提升基础设施服务能力，恢复城市河道活力，改善城市水生环境，结合雨水利用、防洪排涝、景观再造、生态恢复、水资源综合利用等因素，合理布局设施体系统筹建设；同时研发适合我国国情的城市建成区雨水减量、调蓄净化与生态景观均衡利用关键技术，地下模块化雨水调蓄池构建技术、城市雨水低能耗建筑生态利用技术、绿地灌溉技术、湿地保养和景观利用等技术，提高我国城市水系统适应气候变化的能力，推动其向海绵城市的快速转变与发展。推动智慧水系统的建设与完善，利用信息和通信技术，采取可持续发展的方式对水系统进行管理与消费，通过不断监测及诊断，确定问题的优先级并进行管理维护，同时使用数据全方位地优化水资源分配网络，更好地对水资源进行分配、管理和安置，从而改善当前许多城市的水资源管理的不良状况。例如，卫星遥感、云计算、语义传感器网络和地理信息系统等，用于追踪实时的水使用信息，预测并查明新的淡水来源等，从而促进社会的经济健康和发展。但由于目前信息化水系统处于初始发展阶段，存在水务基础信息要素欠缺、资源共享服务有待提高、智能化水平相对偏低等问题，我们应提高社会各界对智慧水系统的认知，加快推进其建设与完善。

5. 我国对地观测系统的水平与国外先进水平之间存在超过10年的差距，空间信息系统仍处于“一星一站一系统”的烟囱式结构发展阶段，这严重制约了我国全球空间信息获取与产业化建设的能力，其严重滞后于我国乃至全球对空间信息的需求

我国已实施了高分专项和二代导航专项建设。高分专项将建设基于卫星、飞机和平流层飞艇的高分辨率对地观测体系，星载空间分辨率最高可达0.3m，与其他中、低分辨率地面覆盖观测手段相结合，形成时空协调、全天候、全天时的对地观测系统。北斗卫星导航系统作为我国自主发展、独立运行的全球卫星导航系统，具有独立自主、开放兼容、技术先进、稳定可靠、覆盖全球的特点，其促进卫星导航产业链的形成，是完善的国家卫星导航应用产业的支撑。面对全球空间信息快速获取能力建设的迫切需求，优先着眼解决如下问题。

（1）基于北斗卫星导航系统的高精度动态时空基准体系建设。建立基于北斗卫星导航系统并兼任其他GNSS的、厘米级以及未来达到毫米级的地心坐标参考框架与坐标修正技术体系。围绕我国局部区域几何与物理场的、协调统一

的三维地心坐标框架构建和维持问题、全球地球质心确定/地球定向参数确定问题、速度场模型建立问题等，研究地心坐标参考框架的数据处理、兼容转化与管理发布的标准化问题、日常运行维护管理规范化问题，设计我国自主的全球动态地球参考框架的实时服务平台和服务体系。

（2）协同高分辨率遥感对地观测网络技术体系。遥感对地观测系统正朝着多平台、多传感器、多角度、高空间分辨率、高时间分辨率、高光谱方向发展。针对空天对地观测的航空飞行器机动性与移动性、载荷和任务的多样性与协同性等特点，解决航空飞行器遥感探测平台、载荷和多飞行器等协同控制关键技术；针对天地一体化对地观测数据具有多平台（航天、航空和地面）、多载荷（光学、激光、雷达）、多尺度(米、分米、厘米)、多角度（垂直、倾斜、地面）和多时相（同一地区不同时间）的特征，研究天地一体化的高精度对地观测数据快速处理方法体系；发展多传感器数据自动化、智能化实时处理的新理论新方法，突破数据密集和计算密集导致的一系列性能瓶颈问题；研制星上/机上嵌入式遥感数据实时处理系统，实现大规模遥感数据的实时化、自动化、智能化处理；利用大气辐射模型和地物辐射观测值整体地、全定量地反演和推算观测目标的物理特征，为遥感影像分析和目标识别研究奠定理论基础。

（3）空间信息网络技术。空间信息网络的目标是实现天基、空基、地基节点的互联互通。相对于地面信息网络，空间信息网络将面对海量、多维、协同信息的传输，具有大容量、多层次异构网络的特点，完成实时、高动态通信等功能，比现有的地面信息系统具有更高数量级的信息、更多的信息类型和表现形式以及更复杂的时空关联关系。由此导致的科学问题包括：传输理论从点到点传输的香农信息论发展至多点到多点的网络信息论，网络理论从静态规划发展至任务驱动可重构的动态网络理论，协议设计从无时空约束到发展动态时空尺度下的空间网络协议等。这需要研究空间网络动力学特性、从物理连接到协同应用的体系结构模型，针对各种应用服务/任务，实现异构网络的互联互通，保持网络的可用性和高效性，解决分布式异构自治网络在整体网络构架下的协同通信和开放环境中多任务约束的灵性服务问题，为空间探测与服务等重大应用提供不间断、可扩展、高效、安全的网络环境。

6. 高速铁路技术将向智能高铁、绿色高铁、更高速度方向发展，轮轨关系、减振降噪、空气动力学等基础理论尚须深入，轮轨高铁极限运营速度还须研究，时速 600km 及以上的低真空磁浮高铁技术有待突破，智能高铁技术体系尚须不断创新与发展

经过多年的高速铁路联调联试、综合试验和载客运营，我国已经验证了 350km/h 速度等级高速铁路基础设施的设计、建造、试验、运营和养护维修技术，形成了完整的时速 350km 及以下速度级高速铁路基础设施技术标准体系，但对于更高运营速度等级的铁路基础设施的研究尚未深入，技术标准体系也未形成。面对 2035 年建设综合交通运输体系的要求，保持我国高速铁路在世界相关领域的技术领先优势，高速铁路基础设施的发展需要优先着眼解决如下问题。

（1）基于大数据的高速铁路基础设施故障预测与健康管理。由于高速铁路基础设施涉及多个专业、多种材料，运营环境和外界荷载的复杂多变，使得高速铁路基础设施各种病害或故障的发生机理及其演变规律非常复杂，特别是高速轮轨动态作用下高速铁路线路结构各种病害、不良状态出现的征兆和辨识技术，轨道几何不平顺和轮轨动态响应敏感的钢轨波浪磨耗、钢轨接头不良、岔区不平顺、桥梁徐变上拱等典型伤损故障处理技术，这些都可通过大数据技术进行分析优化，寻找各种故障特征的预测模型与演变规律，构建性能评估、故障预测与健康管理体系。

（2）大力发展更高速度铁路基础设施服役状态技术研究，提高更高速度条件下相关工程设计施工建造水平。提高运营速度是高速铁路提高运输能力和运输效率的重要手段。中国高速铁路总里程占世界高速铁路总里程的一半以上，基础设施规模极为庞大。随着列车运营速度的提高，新建基础设施如何合理修建成为日益重要的问题。使用超长寿命结构，并应用新材料、新工艺和新技术提升既有基础设施的服役能力具有重大的经济效益，是今后的重点发展方向。更高的运营速度对基础设施的减振降噪能力和运营舒适性都提出了更为严格的技术需求。

（3）以 BIM 技术为核心的新一代信息技术在全生命周期内广泛应用。目前，高速铁路基础设施建设全生命周期依旧要经历设计－施工－管养相对独立的三个阶段，面对不同的管理者，相关信息数据在传递过程中会出现丢失甚至失真，这种传统的建设模式存在诸多可以进一步改进的地方，建设模式的改进需要配套的智慧基础设施、智慧产品、智慧技术、智慧设备和智慧管理。伴随 BIM、移动互联、物联网、云计算及大数据等技术的广泛应用，通过打破信息断层，有效控制工程信息的采集、加工、存储和交流，构建信息的创造、传递、评估和利用的良性循环机制，为提高交通工程信息化和智能化水平提供了支撑。

（4）开展磁悬浮高速铁路关键技术研究。磁悬浮高速铁路或低真空管道高速铁路是目前国际研究的前沿和热点问题，我国在磁浮技术制式选择、系统设计、技术标准、基础设施建设和安全保障等方面还需进一步研究；磁悬浮高速铁路复合多物理场耦合作用、系统安全及可靠性控制、结构振动与控制、空气动力学等理论还有待突破，特别是长距离低真空管道设计建造、管下基础设施设计与建造、线路高平顺性保持、管道抽空和真空保持、运行安全与防灾救援等技术还制约着磁悬浮高铁的工程化应用。磁悬浮高速铁路系统涉及多方面关键技术，其系统技术研发可带动相关学科和技术的发展，推动行业进步。

7. 智慧城市建设关键技术相关技术理论亟待提升，城市数据资源过度分散、城市数据实时感知、表达技术体系还未完整建立，城市精细化管理应用水平较低，相关规范标准体系严重滞后于现实需求

智慧城市理念为未来城市发展展现了一幅美好蓝图，然而作为一种以科技为核心推动力的城市发展战略，要顺利开展智慧城市建设将面临一些问题。面对2035年智慧城市建设领域的迫切需求，智慧城市的发展必须首先着眼于解决如下问题。

（1）大力发展城市感知与表达技术，实现复杂城市环境全面感知与透彻表达。建设智慧城市，城市大数据是基础，也是保障。泛在感知网络把网络空间（信息空间）、社会空间和人们生活的物理空间集成一个整体，通过各类传感器网络实现三元世界的全方位多重感知，从而使感知网络作为必要和必需的重要信息基础设施，融入人们的生产、生活、生存当中。面向2035年的智慧城市领域建设，需要重点支持针对城市的泛在感知网络研究，同时开展实时感知数据分析挖掘的理论与方法研究，为智慧城市的应用分析提供理论及方法支撑。

（2）城市立体化发展与精细化管理，需要创新城市空间利用技术体系。城市的本质问题是空间利用问题。空间利用决策的不合理，将会造成空间规划不科学、资源配置不合理、区域发展失衡等，严重影响和制约城市的健康发展。同时，随着我国城镇化率的持续提升，城市人口大幅增加，城市发展也必然从

粗放式向精细化转变、从平面式向立体化转变。城市的立体化发展与精细化管理，需要创新城市空间利用技术体系。通过探究城市空间仿真与优化技术、城市空间规划在线协同技术、城市土地资源立体化利用管理技术等，可使城市运转和空间利用更智能、更高效、更敏捷、更低碳、更和谐。

（3）建立完善城市安全科技支撑体系，构筑安全保障型城市管理长效机制。城市安全是最基本的民生需求，也是城市可持续发展战略的重要组成部分。我国是各类自然灾害频发的国家，城市中的安全事件时有发生，在城市人口大幅增加的背景下，城市安全保障的要求日益提高，城市安全预测预警与应急管理体系的建设已经十分迫切。构建智慧城市需要研究构建融合公众认知与智慧的城市安全与应急管理的众筹群智新模式，建立开放、共享的在线参与决策机制，建立城市空间开发安全评价与预测预警体系，突破城市多部门协同的安全监测和保障技术，从而提升城市防灾减灾应急管理能力，完善城市安全科技支撑体系，构筑安全保障型城市管理长效机制。

（4）创新以人为本的城市功能优化与提升技术，探索城市可持续发展的新路径。城市是一个复杂的有机生命体，城市发展与生活在其中的人类活动密切相关、彼此相互作用，城市人类行为模式深刻影响着城市的运行与发展。充分运用“互联网+”思维，借助大数据、云计算、传感网、空间分析等技术，认知和模拟城市系统内人类群体的交互方式、行为方式、传播方式等对城市发展的影响和其作用机理，研究促进城市发展的新路径和新方法，对优化城市设计、改善城市结构、转变城市治理模式、提升城市运行效率有重要意义。

第三章
本领域我国工程科技技术预见结果与发展能力分析

第一节　技术预见工作开展

一、备选技术清单征集

2015 年 1 月 27 日，中国工程院土木、水利与建筑工程学部召开学部常委会，经充分讨论，确定设立“城镇化与基础设施”领域，下设“城市与建筑”“土木与材料”“水利与水资源”“市政与环境”“测绘与区域发展”5 个子领域。2015 年 5 月 20 日，分别对 5 个子领域征求专家意见，初步形成 117 项备选技术，其中，“城市与建筑”子领域 18 项、“土木与材料”子领域 25 项、“水利与水资源”子领域 25 项、“市政与环境”子领域 24 项、“测绘与区域发展”子领域 25 项。2015 年 6 月 20 日，经过广泛征求学部院士意见，形成第一轮技术预见备选技术清单，共分 6 个子领域 80 项技术，其中“城市与建筑”子领域 15 项、“土木与材料”子领域 15 项、“水利与水资源”子领域 15 项、“城市水安全”子领域 13 项、“测绘与区域发展”子领域 15 项、“智慧城市”子领域 7 项。2016 年 5 月 22 日，基于第一轮专家调查结果，删减了部分实现时间较近、重要程度较低的技术，新增了部分专家提议以及更具前瞻性的技术，并对第一轮清单中存在颗粒度不一致、表述不准确的问题进行了修改与完善，形成城镇化与基础设施领域第二轮调查的备选技术清单，如表 3 - 1 所示，共分 6 个子领域 80 项技术，其中“城市与建筑”子领域 15 项、“土木与材料”子领域 14 项、“水利与水资源”子领域 15 项、“城市水安全”子领域 13 项、“测绘与区域发展”子领域 15 项、“智慧城市”子领域 8 项。

表 3-1　城镇化与基础设施领域技术预见备选技术清单

技术项代码	技术方向名称
子领域 1：测绘与区域发展	
701001	量子导航定位技术
701002	全天时无源立体无缝导航
701003	立体导航与无人驾驶汽车导航
701004	空间三维数字成像与视频遥感
701005	合成孔径声呐技术
701006	合成孔径激光雷达
701007	Geo+ 地理信息知识服务技术
701008	高精度航空矢量重力测量技术
701009	光声耦合海底地形测量技术
701010	地理世情监测技术
701011	时空大数据数据库管理系统技术
701012	测绘机器人
701013	地球协同感知与地球归一化工程
701014	强震震源机制解的准实时 GNSS 反演技术
701015	三轴分层地球自转模型及气候变化
子领域 2：城市与建筑	
702001	智能高性能建筑围护体系与材料
702002	结构功能一体化建筑材料

续表

技术项代码	技术方向名称
子领域 2：城市与建筑	
702003	基于先进数字技术和性能数据的绿色建筑全生命周期优化关键技术
702004	旧城更新与既有建筑改造功能提升技术
702005	城市中心区功能提升与再开发关键技术
702006	国家重大文化遗产区域性资源保护规划与技术
702007	城镇群空间治理决策支持系统技术
702008	城镇群发展增长预测模型与区域要素配置优化技术
702009	基于多规融合的城乡规划方法技术
702010	新型城镇化城乡协同发展要素配置与监测技术
702011	村镇聚落体系演变模拟与新农村社区建设规划技术
702012	村镇规划与建设改造综合数据库和管理平台
702013	市政基础设施的网格化扁平化智能平台
702014	虚拟现实与增强现实
702015	面向 BIM 的大数据关键技术及解决方案
子领域 3：城市水安全	
703001	城市水环境生态安全诊断与功能优化技术
703002	海绵城市建设关键技术
703003	绿色城镇水污染综合整治集成技术
703004	典型区域水生态与水环境一体化治理与适应性管理
703005	基于城市水环境承载力的综合管理技术及支撑平台
703006	城市水环境综合整治工程建设模式与信息管理系统
703007	城市新型水系统规划设计与水质保障技术
703008	城市供水系统管网漏失控制与用户端节水技术
703009	水源水体微污染防治与水质安全保障技术
703010	工业集聚区水污染治理模式与环境风险评估技术体系
703011	城镇污水再生处理与综合利用的安全保障技术

续表

技术项代码	技术方向名称
子领域 3：城市水安全	
703012	基于多目标管理的城市污水处理新型技术体系
703013	城市污泥过程减量、稳定化、无害化、分质资源化处理处置成套化技术
子领域 4：水利与水资源	
704001	流域水循环及其伴生过程的综合模拟与调控技术
704002	变化环境下水资源量 - 效 - 质综合评价与管理技术
704003	水资源环境生态经济一体化核算技术
704004	水资源 - 能源 - 粮食联动关系分析与安全调控技术
704005	城市水资源精细化配置技术
704006	干旱风险评估与预警预报技术
704007	地下水资源保护与受损系统修复技术
704008	河流生态流量核定与水利工程生态调度技术
704009	复杂水资源系统多目标联合调度技术
704010	复杂条件下跨流域调水工程高效安全建设和运行关键技术
704011	复杂水工构筑物及超高坝全生命周期真实性态智能监控和安全防护机理研究
704012	大坝安全智慧管理关键技术
704013	生态环境友好的水利工程新型建设技术研究
704014	现代高效节水灌溉技术与关键设备研发
704015	河口区风暴灾害预警与防灾关键技术
子领域 5：土木与材料	
705001	新型高性能结构体系关键技术
705002	基于全生命期性能的建筑结构设计、施工与运维技术
705003	建筑工程综合防恐防爆技术
705004	土木工程综合防灾减灾技术
705005	基于资源高效利用的绿色建造技术
705006	建筑工程的 3D 打印（建造）技术

续表

技术项代码	技术方向名称
子领域 5：土木与材料	
705007	基于信息化技术的装配式建造技术
705008	近海及海岛工程绿色建造技术
705009	建筑结构的质量与安全监控预警技术
705010	建筑工业化的标准化集成设计技术
705011	超高层复杂建筑建造成套技术
705012	新型高效节能与绿色环保材料制备及应用关键技术
705013	环境友好型高性能纤维增强复合材料及其基础设施结构关键应用技术
705014	岛礁建设用特种材料制备及应用技术
子领域 6：智慧城市	
706001	城市空间仿真与优化技术
706002	城市数据自动语义关联和动态融合技术
706003	城市空间规划在线协同技术
706004	城市土地资源立体化利用管理技术
706005	基于众筹群智的城市安全预测预警和应急管理技术
706006	虚拟城市环境实时构建与动态表达技术
706007	城市泛在感知网络及其集成整合与数据挖掘技术
706008	基于人类行为分析的城市运行优化与提升技术

二、专家调查情况

截至2016年5月23日正式启动专家调查前，“城镇化与基础设施”领域共征集技术预见参调专家932人，其中，“城市与建筑”子领域参调专家138人、“土木与材料”子领域参调专家196人、“水利与水资源”子领域参调专家357人、“城市水安全”子领域参调专家160人、“测绘与区域发展”子领域参调专家188人、“智慧城市”子领域参调专家66人。技术预见调查期间，领域工作组通过邮件、短信、电话、会议、亲自拜访等多种途径广泛调动参调专家的积极性，最终有

243 位专家参加调查，共回收 2586 份问卷，达到了预期效果。

三、问卷调查结果的研讨分析过程

领域组首先召开子领域负责人工作会议，详细通报了技术预见组提供的 21 个指标的统计结果和参调专家建议的新增技术方向，并向各子领域提供了各自技术方向重要性排序调查结果。会后，各子领域分别召开工作会议对调查统计结果进行研讨，结合各位院士专家的意见筛选出 1～2 项本子领域最关键的技术方向，并对参调专家建议新增技术方向的重要性及进一步的处理方案进行研讨。最后，将各子领域的意见汇总到领域组进行综合研讨，每个子领域最终确定 1 项最关键的技术方向并进行详细的发展策略分析。

四、技术清单概述

经过多次专家研讨，最终确定“城镇化与基础设施”领域包含 6 个子领域 80 项技术。其中，“城市与建筑”子领域 15 项、“土木与材料”子领域 14 项、“水利与水资源”子领域 15 项、“城市水安全”子领域 13 项、“测绘与区域发展”子领域 15 项、“智慧城市”子领域 8 项。备选技术清单如表 3-1 所示，各子领域技术方向个数如图 3-1 所示。

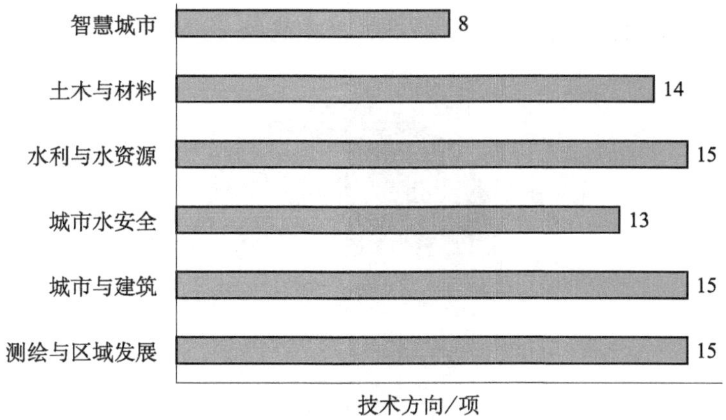

图 3-1 各子领域技术方向个数

五、问卷调查情况概述

截止到2016年5月23日正式启动专家调查前，如图3-2所示，城镇化与基础设施领域共征集技术预见参调专家932人，其中，“城市与建筑”子领域参调专家138人、“土木与材料”子领域参调专家196人、“水利与水资源”子领域参调专家357人、“城市水安全”子领域参调专家160人、“测绘与区域发展”子领域参调专家188人、“智慧城市”子领域参调专家66人。此次共有243名调查专家填写问卷，调查专家参与度为26.1%，共回收2586份问卷，平均每项技术约32位专家作答，达到了预期效果。

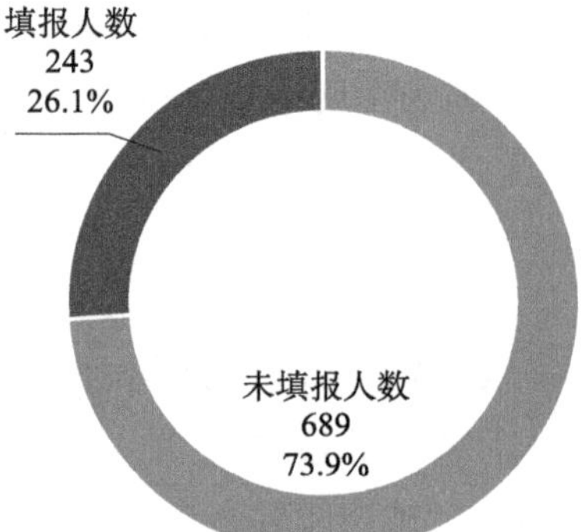

图3-2 “城镇化与基础设施”领域问卷调查参与度

参与调查的专家主要由来自高校、科研院所、企事业单位和政府部门的领域内专家构成，具体比例如图3-3所示，其中高校专家占比最高。

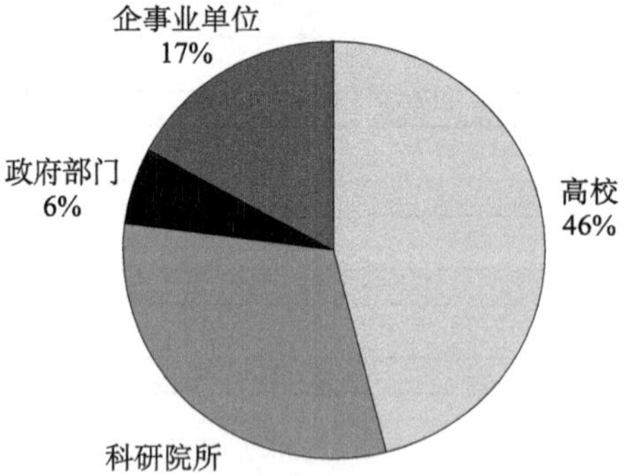

图3-3 填卷专家构成

如图3-4所示，在回收的所有问卷中，针对所填报的技术项，62%的回函专家选择“很熟悉”与“熟悉”，仅1%的专家选择“不熟悉”。在统计分析中，针对“很熟悉”“熟悉”“较熟悉”“不熟悉”四类专家给予不同的权重，以提高统计分析结果的可信度。总体看，回函具有一定的专业性，统计分析结果具有较高的参考价值。

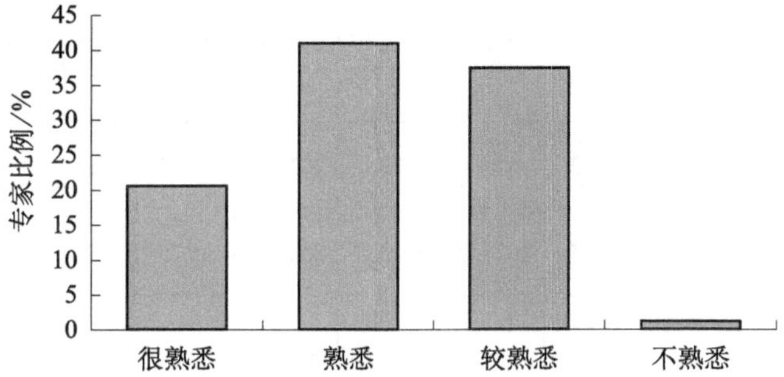

图3-4　回函专家熟悉程度分布

第二节　技术预见结果分析

一、技术方向重要性综合分析

1. 技术本身重要性与技术应用重要性综合指数分析

技术本身重要性综合指数由核心性指数和带动性指数两方面因素综合分析得出。技术应用重要性综合指数由经济发展重要性指数、社会发展重要性指数、保障国家安全重要性指数的加权平均结果给出。

技术本身重要性综合指数位列前10的技术方向如表3-2所示，其中，“智慧城市”子领域占6项，“土木与材料”子领域占2项，“测绘与区域发展”和“水利与水资源”子领域各占1项。其中，“智慧城市”子领域的“城市泛在感知网络及其集成整合与数据挖掘技术”本身重要性综合指数最高。“城市泛在感知网络及其集成整合与数据挖掘技术”“虚拟城市环境实时构建与动态表达技术”“新型高性能结构体系关键技术”位列技术本身重要性综合指数前3位。

表 3-2 技术本身重要性综合指数前 10 的技术方向

子领域	技术方向	技术本身重要性综合指数	实现时间			研发水平	目前领先国家/地区		制约因素	
			社会	技术			第一	第二	第一	第二
				世界	中国					
智慧城市	城市泛在感知网络及其集成整合与数据挖掘技术	91.94	2027 年	2022 年	2025 年	25.00	美国	俄罗斯	研发投入	人才队伍及科技资源
智慧城市	虚拟城市环境实时构建与动态表达技术	90.33	2029 年	2023 年	2027 年	13.27	美国	欧盟	人才	研发
土木与材料	新型高性能结构体系关键技术	85.55	2027 年	2022 年	2024 年	45.70	美国	日本	研发	人才
土木与材料	基于全生命期性能的建筑结构设计、施工与运维技术	83.82	2028 年	2023 年	2026 年	32.14	美国	欧盟	标准	研发
智慧城市	基于人类行为分析的城市运行优化与提升技术	83.70	2028 年	2023 年	2026 年	13.04	美国	欧盟	研发	人才
智慧城市	城市数据自动语义关联和动态融合技术	83.27	2027 年	2023 年	2025 年	22.00	美国	欧盟	人才	研发
水利与水资源	流域水循环及其伴生过程的综合模拟与调控技术	83.11	2027 年	2021 年	2025 年	50.53	美国	欧盟	人才	研发
智慧城市	城市空间规划在线协同技术	83.01	2027 年	2021 年	2024 年	14.00	欧盟	美国	标准	协调
智慧城市	基于众筹群智的城市安全预测预警和应急管理技术	82.78	2027 年	2021 年	2025 年	15.56	美国	日本	法律	研发
测绘与区域发展	立体导航与无人驾驶汽车导航	80.54	2025 年	2021 年	2023 年	47.00	美国	欧盟	研发	人才

技术应用重要性综合指数位列前 10 的技术方向如表 3-3 所示，其中，“水利与水资源”子领域占 5 项，“智慧城市”和“测绘与区域发展”子领域各占 2 项，“土木与材料”子领域占 1 项。其中，“城市泛在感知网络及其集成整合与数据挖掘技术”“立体导航与无人驾驶汽车导航”“土木工程综合防灾减灾技术”位列技术应用重要性综合指数前 3 位。

表 3-3 技术应用重要性综合指数前 10 的技术方向

子领域	技术方向	技术应用重要性综合指数	实现时间			研发水平	目前领先国家/地区		制约因素	
			社会	技术			第一	第二	第一	第二
				世界	中国					
智慧城市	城市泛在感知网络及其集成整合与数据挖掘技术	89.94	2027 年	2022 年	2025 年	25.00	美国	俄罗斯	研发	人才
测绘与区域发展	立体导航与无人驾驶汽车导航	86.04	2025 年	2021 年	2023 年	47.00	美国	欧盟	研发	人才
土木与材料	土木工程综合防灾减灾技术	84.69	2028 年	2024 年	2026 年	44.14	日本	美国	研发	标准
智慧城市	虚拟城市环境实时构建与动态表达技术	84.27	2029 年	2023 年	2027 年	13.27	美国	欧盟	人才	研发
水利与水资源	流域水循环及其伴生过程的综合模拟与调控技术	82.31	2027 年	2021 年	2025 年	50.53	美国	欧盟	人才	研发
水利与水资源	水资源－能源－粮食联动关系分析与安全调控技术	81.47	2029 年	2023 年	2027 年	25.96	美国	欧盟	研发	协调
水利与水资源	复杂条件下跨流域调水工程高效安全建设和运行关键技术	81.40	2027 年	2023 年	2025 年	57.83	美国	中国	研发	人才
水利与水资源	干旱风险评估与预警预报技术	81.12	2028 年	2022 年	2025 年	22.15	美国	欧盟	人才	研发
测绘与区域发展	地理世情监测技术	80.58	2025 年	2021 年	2023 年	45.83	美国	欧盟	协调	标准
水利与水资源	变化环境下水资源量－效－质综合评价与管理技术	80.20	2028 年	2022 年	2025 年	39.24	欧盟	美国	人才	研发

2. 对经济、社会、国防发展具有重要意义的技术方向

分别综合技术本身重要性和社会重要性、经济重要性、国防重要性，筛选出对经济、社会、国防具有重要意义的前 10 位技术项目。

技术与社会发展重要性综合指数位列前 10 的技术方向如表 3-4 所示，其中，“智慧城市”子领域占 5 项，“土木与材料”子领域占 3 项，“水利与水资源”和“测绘与区域发展”子领域各占 1 项。其中，“智慧城市”子领域的“城市泛在感知网络及其集成整合与数据挖掘技术”与“虚拟城市环境实时构建与动态表达技术”位列前 2。

表 3-4　技术与社会发展重要性综合指数前 10 的技术方向

子领域	技术方向	技术与社会发展重要性综合指数	实现时间			研发水平	目前领先国家 / 地区		制约因素	
			社会	技术			第一	第二	第一	第二
				世界	中国					
智慧城市	城市泛在感知网络及其集成整合与数据挖掘技术	92.34	2027 年	2022 年	2025 年	25.00	美国	俄罗斯	研发	人才
智慧城市	虚拟城市环境实时构建与动态表达技术	89.56	2029 年	2023 年	2027 年	13.27	美国	欧盟	人才	研发
水利与水资源	流域水循环及其伴生过程的综合模拟与调控技术	87.12	2027 年	2021 年	2025 年	50.53	美国	欧盟	人才	研发
土木与材料	基于全生命期性能的建筑结构设计、施工与运维技术	85.56	2028 年	2023 年	2026 年	32.14	美国	欧盟	标准	研发
测绘与区域发展	立体导航与无人驾驶汽车导航	85.14	2025 年	2021 年	2023 年	47.00	美国	欧盟	研发	人才
土木与材料	土木工程综合防灾减灾技术	85.06	2028 年	2024 年	2026 年	44.14	日本	美国	研发	标准
智慧城市	城市空间规划在线协同技术	85.03	2027 年	2021 年	2024 年	14.00	欧盟	美国	标准	协调
智慧城市	城市土地资源立体化利用管理技术	85.00	2025 年	2021 年	2023 年	39.00	欧盟	美国	标准	研发
土木与材料	新型高性能结构体系关键技术	84.97	2027 年	2022 年	2024 年	45.70	美国	日本	研发	人才
智慧城市	基于人类行为分析的城市运行优化与提升技术	84.52	2028 年	2023 年	2026 年	13.04	美国	欧盟	研发	人才

技术与经济发展重要性综合指数位列前 10 的技术方向如表 3-5 所示，其中，“智慧城市”子领域占 6 项，“土木与材料”子领域占 2 项，“测绘与区域发展”和“水利与水资源”子领域各占 1 项。其中，“智慧城市”子领域的“城市泛在感知网络及其集成整合与数据挖掘技术”与“虚拟城市环境实时构建与动态表达技术”位列前 2。

表 3-5　技术与经济发展重要性综合指数前 10 的技术方向

子领域	技术方向	技术与经济发展重要性综合指数	实现时间			研发水平	目前领先国家/地区		制约因素	
			社会	技术			第一	第二	第一	第二
				世界	中国					
智慧城市	城市泛在感知网络及其集成整合与数据挖掘技术	90.14	2027 年	2022 年	2025 年	25.00	美国	俄罗斯	研发	人才
智慧城市	虚拟城市环境实时构建与动态表达技术	87.31	2029 年	2023 年	2027 年	13.27	美国	欧盟	人才	研发
测绘与区域发展	立体导航与无人驾驶汽车导航	85.66	2025 年	2021 年	2023 年	47.00	美国	欧盟	研发	人才
土木与材料	基于全生命期性能的建筑结构设计、施工与运维技术	84.88	2028 年	2023 年	2026 年	32.14	美国	欧盟	标准	研发
土木与材料	新型高性能结构体系关键技术	84.58	2027 年	2022 年	2024 年	45.70	美国	日本	研发	人才
智慧城市	城市空间规划在线协同技术	84.01	2027 年	2021 年	2024 年	14.00	欧盟	美国	标准	协调
水利与水资源	流域水循环及其伴生过程的综合模拟与调控技术	83.98	2027 年	2021 年	2025 年	50.53	美国	欧盟	人才	研发
智慧城市	城市数据自动语义关联和动态融合技术	83.38	2027 年	2023 年	2025 年	22.00	美国	欧盟	人才	研发
智慧城市	城市土地资源立体化利用管理技术	82.40	2025 年	2021 年	2023 年	39.00	欧盟	美国	标准	研发
智慧城市	基于人类行为分析的城市运行优化与提升技术	82.35	2028 年	2023 年	2026 年	13.04	美国	欧盟	研发	人才

技术与安全保障重要性综合指数位列前 10 的技术方向如表 3-6 所示，其中，“土木与材料”“测绘与区域发展”“智慧城市”子领域各占 3 项，“水利与水资源”子领域占 1 项。其中，“智慧城市”子领域的“城市泛在感知网络及其集成整合与数据挖掘技术”与“虚拟城市环境实时构建与动态表达技术”位列前 2。

表 3-6　技术与安全保障重要性综合指数前 10 的技术方向

子领域	技术方向	技术与安全保障重要性综合指数	实现时间			研发水平	目前领先国家／地区		制约因素	
			社会	技术			第一	第二	第一	第二
				世界	中国					
智慧城市	城市泛在感知网络及其集成整合与数据挖掘技术	90.34	2027 年	2022 年	2025 年	25.00	美国	俄罗斯	研发	人才
智慧城市	虚拟城市环境实时构建与动态表达技术	85.13	2029 年	2023 年	2027 年	13.27	美国	欧盟	人才	研发
土木与材料	近海及海岛工程绿色建造技术	83.18	2028 年	2024 年	2027 年	26.23	日本	美国	研发	人才
测绘与区域发展	量子导航定位技术	82.87	2028 年	2022 年	2026 年	19.57	美国	欧盟	人才	研发
测绘与区域发展	合成孔径声呐（SAS）技术	81.39	2025 年	2021 年	2024 年	29.41	美国	欧盟	工业	人才
土木与材料	土木工程综合防灾减灾技术	81.28	2028 年	2024 年	2026 年	44.14	日本	美国	研发	标准
土木与材料	岛礁建设用特种材料制备及应用技术	80.10	2026 年	2023 年	2025 年	38.10	日本	美国	研发	人才
水利与水资源	复杂水工构筑物及超高坝全生命周期真实性态智能监控和安全防护机理研究	79.65	2028 年	2024 年	2026 年	60.00	美国	欧盟	研发	人才
测绘与区域发展	立体导航与无人驾驶汽车导航	79.03	2025 年	2021 年	2023 年	47.00	美国	欧盟	研发	人才
智慧城市	基于众筹群智的城市安全预测预警和应急管理技术	78.99	2027 年	2021 年	2025 年	15.56	美国	日本	法律	研发

进一步分析上述统计数据，“智慧城市”子领域中的“虚拟城市环境实时构建与动态表达技术”（技术项代码：706006）、“城市泛在感知网络及其集成整合与数据挖掘技术”（技术项代码：706007）及“测绘与区域发展”子领域中的“立体导航与无人驾驶汽车导航”（技术项代码：701003），在经济、社会、国防三方面均处于重要地位。

3. 重要共性技术方向

综合“技术通用性指数”和“技术应用重要性指数”可以得到“共性技术重要性指数”，用以筛选本领域的重要共性技术方向。共性技术重要性指数前 10

的技术方向如表 3-7 所示，“智慧城市”子领域占 5 项，“土木与材料”占 3 项，“水利与水资源”和“测绘与区域发展”子领域各占 1 项。其中，“城市泛在感知网络及其集成整合与数据挖掘技术”“虚拟城市环境实时构建与动态表达技术”“立体导航与无人驾驶汽车导航”被认为是本领域最重要的 3 项共性技术。

表 3-7　重要共性技术方向

子领域	技术方向	共性技术重要性指数	实现时间			研发水平	目前领先国家/地区		制约因素	
			社会	技术			第一	第二	第一	第二
				世界	中国					
智慧城市	城市泛在感知网络及其集成整合与数据挖掘技术	83.05	2027 年	2022 年	2025 年	25.00	美国	俄罗斯	研发	人才
智慧城市	虚拟城市环境实时构建与动态表达技术	78.25	2029 年	2023 年	2027 年	13.27	美国	欧盟	人才	研发
测绘与区域发展	立体导航与无人驾驶汽车导航	73.99	2025 年	2021 年	2023 年	47.00	美国	欧盟	研发	人才
土木与材料	土木工程综合防灾减灾技术	68.32	2028 年	2024 年	2026 年	44.14	日本	美国	研发	标准
土木与材料	基于全生命期性能的建筑结构设计、施工与运维技术	67.44	2028 年	2023 年	2026 年	32.14	美国	欧盟	标准	研发
水利与水资源	流域水循环及其伴生过程的综合模拟与调控技术	66.55	2027 年	2021 年	2025 年	50.53	美国	欧盟	人才	研发
智慧城市	基于众筹群智的城市安全预测预警和应急管理技术	65.72	2027 年	2021 年	2025 年	15.56	美国	日本	法律	研发
土木与材料	新型高性能结构体系关键技术	64.15	2027 年	2022 年	2024 年	45.70	美国	日本	研发	人才
智慧城市	基于人类行为分析的城市运行优化与提升技术	64.02	2028 年	2023 年	2026 年	13.04	美国	欧盟	研发	人才
智慧城市	城市空间规划在线协同技术	63.88	2027 年	2021 年	2024 年	14.00	欧盟	美国	标准	协调

4. 重要颠覆性技术方向

综合“技术非连续性指数”和“技术应用重要性指数”，可判断选择重要的颠覆性（非连续性）技术，如表 3-8 所示。根据统计分析结果并结合专家探讨，城镇化与基础设施领域未来 20 年基本不存在颠覆性技术，其科技进步并不取决于单项技术的突破，而取决于多项技术的交叉集成创新。

表 3-8 重要颠覆性技术方向

子领域	技术方向	颠覆性指数	实现时间			研发水平	目前领先国家 / 地区		制约因素	
			社会	技术			第一	第二	第一	第二
				世界	中国					
智慧城市	城市泛在感知网络及其集成整合与数据挖掘技术	67.82	2027 年	2022 年	2025 年	25.00	美国	俄罗斯	研发	人才
智慧城市	虚拟城市环境实时构建与动态表达技术	55.89	2029 年	2023 年	2027 年	13.27	美国	欧盟	人才	研发
智慧城市	城市空间规划在线协同技术	53.30	2027 年	2021 年	2024 年	14.00	欧盟	美国	标准	协调
智慧城市	基于人类行为分析的城市运行优化与提升技术	52.85	2028 年	2023 年	2026 年	13.04	美国	欧盟	研发	人才
智慧城市	基于众筹群智的城市安全预测预警和应急管理技术	51.51	2027 年	2021 年	2025 年	15.56	美国	日本	法律	研发
测绘与区域发展	立体导航与无人驾驶汽车导航	49.47	2025 年	2021 年	2023 年	47.00	美国	欧盟	研发	人才
水利与水资源	水资源 - 能源 - 粮食联动关系分析与安全调控技术	47.40	2029 年	2023 年	2027 年	25.96	美国	欧盟	研发	协调
土木与材料	土木工程综合防灾减灾技术	46.81	2028 年	2024 年	2026 年	44.14	日本	美国	研发	标准
测绘与区域发展	空间三维数字成像与视频遥感	46.62	2026 年	2022 年	2024 年	48.46	美国	欧盟	人才	研发
智慧城市	城市数据自动语义关联和动态融合技术	46.24	2027 年	2023 年	2025 年	22.00	美国	欧盟	人才	研发

5. 本领域重要技术方向筛选

综合“技术本身重要性”和“技术应用重要性”两方面得到“技术与应用重要性综合指数”，以此为参考可用于筛选本领域最重要的关键技术方向。表 3-9 所示为本领域“技术与应用重要性综合指数”专家调查排序结果，排名前 10 的主要集中在“智慧城市”“土木与材料”“水利与水资源”“测绘与区域发展”4 个子领域，而“城市与建筑”以及“城市水安全”两个子领域的技术方向由于总体专家打分偏低，未进入前 10 位。排名前 3 的技术分别为“城市泛在感知网络及其集成整合与数据挖掘技术”“虚拟城市环境实时构建与动态表达技术”“立体导航与无人驾驶汽车导航”。

表 3-9　本领域“技术与应用重要性综合指数”专家调查排序结果

子领域	技术方向	技术与应用重要性综合指数	实现时间			研发水平	目前领先国家 / 地区		制约因素	
			社会	技术			第一	第二	第一	第二
				世界	中国					
智慧城市	城市泛在感知网络及其集成整合与数据挖掘技术	90.94	2027 年	2022 年	2025 年	25.00	美国	俄罗斯	研发	人才
智慧城市	虚拟城市环境实时构建与动态表达技术	87.35	2029 年	2023 年	2027 年	13.27	美国	欧盟	人才	研发
测绘与区域发展	立体导航与无人驾驶汽车导航	83.33	2025 年	2021 年	2023 年	47.00	美国	欧盟	研发	人才
水利与水资源	流域水循环及其伴生过程的综合模拟与调控技术	82.71	2027 年	2021 年	2025 年	50.53	美国	欧盟	人才	研发
土木与材料	新型高性能结构体系关键技术	82.32	2027 年	2022 年	2024 年	45.70	美国	日本	研发	人才
土木与材料	土木工程综合防灾减灾技术	81.95	2028 年	2024 年	2026 年	44.14	日本	美国	研发	标准
土木与材料	基于全生命期性能的建筑结构设计、施工与运维技术	81.69	2028 年	2023 年	2026 年	32.14	美国	欧盟	标准	研发
智慧城市	基于人类行为分析的城市运行优化与提升技术	81.42	2028 年	2023 年	2026 年	13.04	美国	欧盟	研发	人才
智慧城市	基于众筹群智的城市安全预测预警和应急管理技术	81.37	2027 年	2021 年	2025 年	15.56	美国	日本	法律	研发
智慧城市	城市数据自动语义关联和动态融合技术	80.54	2027 年	2023 年	2025 年	22.00	美国	欧盟	人才	研发

为了更合理地筛选出本领域最重要的关键技术，首先对每个子领域的技术重要性分别进行分析和筛选。表 3-10 所示为“土木与材料”子领域“技术与应用重要性综合指数”专家调查排序结果，其中，“新型高性能结构体系关键技术”“土木工程综合防灾减灾技术”“基于全生命期性能的建筑结构设计、施工与运维技术”位列前 3，可见这三项技术得到了本次技术预见调查专家的普遍认可。经子领域专家研讨，认为这一结果和大部分专家的判断是一致的，总体上是合理的。结构体系的创新作为结构工程学科进步的根本源动力，应当作为土

木工程领域未来发展最重要的突破口，发展“新型高性能结构体系关键技术”是实现结构工程领域的可持续发展以及产业结构转型升级的根本途径，应当作为未来土木结构工程的战略发展方向，而土木工程综合防灾减灾技术和“基于全生命期性能的建筑结构设计、施工与运维技术”是实现“新型高性能结构体系”的重要支撑技术，也将成为土木结构工程领域持续关注的热点方向。经子领域专家研讨后，最终筛选出“新型高性能结构体系关键技术”和“土木工程综合防灾减灾技术”作为“土木与材料”子领域最重要的 2 项关键技术方向。

表 3-10 “土木与材料”子领域“技术与应用重要性综合指数”专家调查排序结果

技术方向	技术与应用重要性综合指数	实现时间			研发水平	目前领先国家 / 地区		制约因素	
		社会	技术			第一	第二	第一	第二
			世界	中国					
新型高性能结构体系关键技术	82.32	2027 年	2022 年	2024 年	45.70	美国	日本	研发	人才
土木工程综合防灾减灾技术	81.95	2028 年	2024 年	2026 年	44.14	日本	美国	研发	标准
基于全生命期性能的建筑结构设计、施工与运维技术	81.69	2028 年	2023 年	2026 年	32.14	美国	欧盟	标准	研发
近海及海岛工程绿色建造技术	75.24	2028 年	2024 年	2027 年	26.23	日本	美国	研发	人才
基于资源高效利用的绿色建造技术	73.38	2028 年	2022 年	2026 年	13.16	欧盟	美国	研发	标准
新型高效节能与绿色环保材料制备与应用关键技术	72.66	2027 年	2022 年	2025 年	21.05	欧盟	美国	标准	研发
基于信息化技术的装配式建造技术	70.76	2027 年	2022 年	2025 年	13.54	日本	欧盟	研发	标准
岛礁建设用特种材料制备及应用技术	70.33	2026 年	2023 年	2025 年	38.10	日本	美国	研发	人才
建筑结构的质量与安全监控预警技术	69.22	2028 年	2024 年	2026 年	32.26	美国	日本	研发	人才
建筑工程综合防恐防爆技术	67.29	2029 年	2024 年	2027 年	26.06	美国	欧盟	研发	人才
环境友好型高性能纤维增强复合材料及其基础设施结构关键应用技术	63.04	2028 年	2024 年	2026 年	34.15	日本	美国	研发	工业
超高层复杂建筑建造成套技术	61.21	2025 年	2022 年	2023 年	62.14	美国	中国	研发	标准
建筑工业化的标准化集成设计技术	59.44	2027 年	2023 年	2026 年	5.85	欧盟	日本	标准	研发
建筑工程的 3D 打印（建造）技术	56.19	2031 年	2026 年	2028 年	16.94	美国	欧盟	研发	人才

表 3-11 所示为“城市与建筑”子领域“技术与应用重要性综合指数”专家调查排序结果，其中，“面向 BIM 的大数据关键技术及解决方案”“旧城更新与既有建筑改造功能提升技术”“城市中心区功能提升与再开发关键技术”位列前 3。“城市与建筑”子领域共提出了 15 项备选技术，其中偏重于城市的有 10 项，偏重于建筑的有 5 项，基本覆盖了本子领域最具战略意义的技术方向，调查结果可靠、合理。根据“技术与应用重要性综合指数”专家调查排序结果，结合本子领域的现状和未来 20 年的发展趋势，考虑城市与建筑的平衡关系，筛选“城市中心区功能提升与再开发关键技术”（排序 1）和“基于先进数字技术和性能数据的绿色建筑全生命周期优化关键技术”（排序 2）为本子领域的 2 项最重要的技术方向。

表 3-11　“城市与建筑”子领域“技术与应用重要性综合指数”专家调查排序结果

技术方向	技术与应用重要性综合指数	实现时间			研发水平	目前领先国家 / 地区		制约因素	
		社会	技术			第一	第二	第一	第二
			世界	中国					
面向 BIM 的大数据关键技术及解决方案	72.95	2027 年	2020 年	2024 年	22.83	美国	欧盟	人才	研发
旧城更新与既有建筑改造功能提升技术	70.38	2026 年	2020 年	2023 年	17.05	欧盟	美国	标准	法律
城市中心区功能提升与再开发关键技术	69.48	2028 年	2022 年	2025 年	15.38	欧盟	日本	协调	法律
村镇聚落体系演变模拟与新农村社区建设规划技术	67.18	2027 年	2020 年	2023 年	18.63	欧盟	日本	协调	人才
新型城镇化城乡协同发展要素配置与监测技术	65.42	2028 年	2021 年	2025 年	17.19	欧盟	美国	人才	研发
基于先进数字技术和性能数据的绿色建筑全生命周期优化关键技术	65.17	2028 年	2021 年	2025 年	33.00	欧盟	美国	研发	人才
城镇群空间治理决策支持系统技术	64.75	2028 年	2021 年	2024 年	18.18	美国	欧盟	协调	人才
市政基础设施的网格化扁平化智能平台	63.79	2028 年	2023 年	2026 年	35.42	美国	日本	人才	研发
智能高性能建筑围护体系与材料	63.16	2027 年	2020 年	2024 年	26.53	欧盟	美国	研发	人才
结构功能一体化建筑材料	62.14	2027 年	2021 年	2024 年	22.73	欧盟	美国	研发	人才
基于多规融合的城乡规划方法技术	61.00	2027 年	2021 年	2024 年	12.50	欧盟	美国	协调	法律
城镇群发展增长预测模型与区域要素配置优化技术	60.53	2026 年	2020 年	2024 年	26.39	美国	欧盟	人才	研发

续表

技术方向	技术与应用重要性综合指数	实现时间			研发水平	目前领先国家/地区		制约因素	
		社会	技术			第一	第二	第一	第二
			世界	中国					
国家重大文化遗产区域性资源保护规划与技术	57.97	2028年	2021年	2026年	21.31	欧盟	日本	法律	协调
村镇规划与建设改造综合数据库和管理平台	56.83	2026年	2020年	2023年	21.25	欧盟	日本	人才	研发
虚拟现实与增强现实	53.69	2027年	2020年	2024年	27.42	美国	其他	研发	人才

随着中国社会经济的发展，城镇化速度将逐渐趋缓并最终达到相对稳定的状态。到2035年，城市发展将以更新与改造为主。城市中心区是城市中土地价值最高、功能最复杂、最能代表城市形象的空间，其功能提升与再开发具有显著的经济、社会和环境效益，相关技术的研究对于推动中国城市的可持续发展具有重要意义。

绿色建筑是建筑业应对能源危机、资源短缺、环境恶化等重大挑战的策略，已成为世界各国当下的共识，并将在未来较长时间里是建筑技术进步和发展的主要方向。绿色建筑发展的潮流是智能化、性能化，以及全过程、多专业的整合设计、建造和运营。“基于先进数字技术和性能数据的绿色建筑全生命周期优化关键技术”符合绿色建筑的潮流，其进步与发展将能有效地提升绿色建筑品质，推动整个建筑行业的技术创新。

表3-12所示为“水利与水资源”子领域“技术与应用重要性综合指数”专家调查排序结果，其中“流域水循环及其伴生过程的综合模拟与调控技术”“水资源–能源–粮食联动关系分析与安全调控技术”“复杂条件下跨流域调水工程高效安全建设和运行关键技术”位列前3。我国在水资源领域面临水多、水少、水脏、水浑四大问题，都可归结为流域水循环及其伴生过程的失衡问题，因此，开展流域水循环及其伴生过程的综合模拟和调控是我国水利与水资源领域的基础科学问题。从调查结果也可看出，“流域水循环及其伴生过程的综合模拟与调控技术”的重要性指数排名第一，且目前我国研发水平处于中等水平，需要进一步加强研究。未来一个时期是我国全面建成小康社会和实现伟大中国梦的关键时期，因此，开展“水资源–能源–粮食联动关系分析与安全调控技

术”研究具有重大的现实意义，且我国该方向研发水平基本空白，因此将此项技术作为排名第 2 的重要技术方向。

表 3-12 “水利与水资源”子领域“技术与应用重要性综合指数”专家调查排序结果

技术方向	技术与应用重要性综合指数	实现时间			研发水平	目前领先国家 / 地区		制约因素	
		社会	技术			第一	第二	第一	第二
			世界	中国					
流域水循环及其伴生过程的综合模拟与调控技术	82.71	2027 年	2021 年	2025 年	50.53	美国	欧盟	人才	研发
水资源 – 能源 – 粮食联动关系分析与安全调控技术	77.76	2029 年	2023 年	2027 年	25.96	美国	欧盟	研发	协调
复杂条件下跨流域调水工程高效安全建设和运行关键技术	77.71	2027 年	2023 年	2025 年	57.83	美国	中国	研发	人才
复杂水工构筑物及超高坝全生命周期真实性态智能监控和安全防护机理研究	77.18	2028 年	2024 年	2026 年	60.00	美国	欧盟	研发	人才
地下水资源保护与受损系统修复技术	76.76	2030 年	2024 年	2028 年	18.92	欧盟	美国	研发	人才
干旱风险评估与预警预报技术	76.15	2028 年	2022 年	2025 年	22.15	美国	欧盟	人才	研发
变化环境下水资源量 – 效 – 质综合评价与管理技术	75.42	2028 年	2022 年	2025 年	39.24	欧盟	美国	人才	研发
现代高效节水灌溉技术与关键设备研发	75.23	2028 年	2022 年	2025 年	37.30	其他	美国	研发	人才
大坝安全智慧管理关键技术	69.34	2028 年	2024 年	2025 年	46.47	美国	欧盟	人才	研发
河流生态流量核定与水利工程生态调度技术	68.05	2028 年	2022 年	2025 年	30.67	美国	欧盟	法律	人才
河口区风暴灾害预警与防灾关键技术	66.97	2028 年	2023 年	2026 年	29.81	美国	欧盟	人才	研发
复杂水资源系统多目标联合调度技术	66.74	2027 年	2023 年	2025 年	35.07	美国	欧盟	人才	协调
水资源环境生态经济一体化核算技术	65.97	2030 年	2022 年	2027 年	25.00	美国	欧盟	人才	法律
生态环境友好的水利工程新型建设技术研究	64.92	2028 年	2024 年	2026 年	45.68	美国	欧盟	研发	人才
城市水资源精细化配置技术	64.17	2028 年	2022 年	2026 年	24.64	欧盟	日本	人才	研发

表 3-13 所示为“城市水安全”子领域“技术与应用重要性综合指数”专家

调查排序结果，其中，“城镇污水再生处理与综合利用的安全保障技术”“水源水体微污染防治与水质安全保障技术”“城市水环境生态安全诊断与功能优化技术”位列前3。经过进一步的专家研讨，凝练出“城市水安全”子领域最重要的2项技术方向如下。

（1）城镇污水再生处理与综合利用的安全保障技术。城市化进程的不断加速和经济社会高速发展条件下水资源短缺问题日益凸显，污水再生利用是解决水资源不足问题的一个关键途径，也一直是行业关注的热点。污水再生利用已从最初的简单工艺、单一利用模式发展到多工艺、多等级和多途径利用。但多等级再生处理技术急需合理的集成和优化，不同途径利用尤其是高品质再生利用技术亟待提高，再生水长期利用的风险性仍不明晰，并且受到经济技术政策和公众接受程度的影响，需要加速开展城市污水再生处理与综合利用的安全保障技术方面的研究，提高水质水量安全保障。根据“城市水安全”子领域技术预见专家调查结果，“城镇污水再生处理与综合利用的安全保障技术”项目的技术与应用重要性综合指数为72.84，在13项备选技术中排名第1，表明目前我国对该项技术具有重大需求。但从技术实现时间上看，中国实现该项技术的时间（2024年）要晚于世界平均水平（2021年），尤其是欧盟、美国等发达国家/地区对该技术的研发水平已领先于我国，因此，我国亟须发展城镇污水再生处理与综合利用的安全保障技术。

（2）海绵城市建设关键技术。随着我国城镇化进程的加速，以“源头”“分散式”“生态化”控制为指导思想，以径流和污染物总量削减、峰值流量削减、雨水资源化利用为目标导向，构建与市政、道路、绿地、建筑等协调衔接的绿色雨水基础设施已成为今后城市排水系统发展的重要方向，也是建设具有自然渗透、自然积存、自然净化功能的海绵城市的重要内容。为此，需要借鉴国际上的先进经验，研发海绵城市建设关键技术，为推动城市绿色生态环境建设提供战略性和前沿性技术支撑。根据“城市水安全”子领域技术预见专家调查结果，“海绵城市建设关键技术”项目的技术与应用重要性综合指数为57.76，目前我国对该项技术具有一定的需求。但从技术实现时间上看，中国实现该项技术的时间（2025年）要晚于世界平均水平（2022年），尤其是欧盟、美国等发达国家/地区对该技术的研发水平已领先于我国，因此，我国亟须发展海绵城市建设关键技术。

表 3-13 "城市水安全"子领域"技术与应用重要性综合指数"专家调查排序结果

技术方向	技术与应用重要性综合指数	实现时间			研发水平	目前领先国家 / 地区		制约因素	
		社会	技术			第一	第二	第一	第二
			世界	中国					
城镇污水再生处理与综合利用的安全保障技术	72.84	2026 年	2021 年	2024 年	23.36	欧盟	美国	法律	标准
水源水体微污染防治与水质安全保障技术	69.88	2026 年	2021 年	2024 年	21.43	欧盟	美国	研发	人才
城市水环境生态安全诊断与功能优化技术	68.80	2027 年	2020 年	2024 年	17.61	欧盟	美国	人才	法律
基于多目标管理的城市污水处理新型技术体系	67.96	2028 年	2022 年	2026 年	12.05	欧盟	美国	研发	人才
城市新型水系统规划设计与水质保障技术	64.64	2026 年	2020 年	2024 年	16.05	欧盟	美国	标准	法律
绿色城镇水污染综合整治集成技术	62.72	2026 年	2020 年	2023 年	26.36	欧盟	美国	法律	标准
城市污泥过程减量、稳定化、无害化、分质资源化处理处置成套化技术	62.33	2027 年	2021 年	2024 年	24.72	欧盟	美国	法律	标准
工业集聚区水污染治理模式与环境风险评估技术体系	62.32	2027 年	2021 年	2025 年	18.67	欧盟	美国	法律	标准
典型区域水生态与水环境一体化治理与适应性管理	59.18	2027 年	2021 年	2025 年	14.81	欧盟	美国	法律	标准
海绵城市建设关键技术	57.76	2027 年	2022 年	2025 年	18.18	欧盟	美国	法律	标准
城市供水系统管网漏失控制与用户端节水技术	57.13	2026 年	2020 年	2023 年	9.15	欧盟	日本	标准	工业
基于城市水环境承载力的综合管理技术及支撑平台	55.78	2027 年	2021 年	2024 年	21.92	欧盟	美国	法律	标准
城市水环境综合整治工程建设模式与信息管理系统	54.45	2027 年	2021 年	2024 年	11.43	欧盟	美国	标准	协调

表 3-14 所示为"测绘与区域发展"子领域"技术与应用重要性综合指数"专家调查排序结果，其中，"立体导航与无人驾驶汽车导航""空间三维数字成像与视频遥感""量子导航定位技术"位列前三。从技术预见调查结果来看，排名前两位的"立体导航与无人驾驶汽车导航"及"空间三维数字成像与视频遥感"技术均代表了测绘科技领域最前沿的方向，预见结果具有较强的合理性。

表 3-14 "测绘与区域发展"子领域"技术与应用重要性综合指数"专家调查排序结果

技术方向	技术与应用重要性综合指数	实现时间			研发水平	目前领先国家/地区		制约因素	
		社会	技术			第一	第二	第一	第二
			世界	中国					
立体导航与无人驾驶汽车导航	83.33	2025年	2021年	2023年	47.00	美国	欧盟	研发	人才
空间三维数字成像与视频遥感	78.80	2026年	2022年	2024年	48.46	美国	欧盟	人才	研发
量子导航定位技术	76.75	2028年	2022年	2026年	19.57	美国	欧盟	人才	研发
合成孔径声呐（SAS）技术	74.10	2025年	2021年	2024年	29.41	美国	欧盟	工业	人才
地理世情监测技术	73.54	2025年	2021年	2023年	45.83	美国	欧盟	协调	标准
Geo+地理信息知识服务技术	71.95	2025年	2022年	2023年	54.65	美国	中国	协调	标准
全天时无源立体无缝导航	71.83	2028年	2023年	2026年	30.36	美国	欧盟	人才	研发
地球协同感知与地球归一化工程	71.81	2030年	2024年	2027年	41.38	美国	其他	人才	研发
时空大数据数据库管理系统技术	71.15	2025年	2021年	2023年	39.84	美国	其他	协调	人才
合成孔径激光雷达	68.74	2025年	2021年	2024年	20.73	美国	欧盟	人才	研发
测绘机器人	65.42	2025年	2021年	2024年	42.74	美国	欧盟	研发	工业
高精度航空矢量重力测量技术	60.85	2026年	2021年	2024年	22.41	美国	俄罗斯	研发	人才
光声耦合海底地形测量技术	60.82	2028年	2023年	2027年	18.52	美国	欧盟	研发	人才
强震震源机制解的准实时GNSS反演技术	44.24	2026年	2022年	2025年	37.50	美国	日本	研发	人才
三轴分层地球自转模型及气候变化	36.07	2027年	2023年	2026年	39.29	美国	欧盟	人才	研发

互联网技术的迅速发展给汽车行业带来了崭新的变革。无人驾驶汽车大大提高了交通系统的效率和安全性，为此在整个汽车发展行业，无人驾驶汽车无疑成为汽车发展的先行方向。其中，无人驾驶需要高精度3D地图来导航，这种地图往往时刻都处于更新状态。实时路况信息都标记在了地图中，无人驾驶因而变得高效而安全。

此外，通过数字影像感知世界是必然。目前，遥感对地观测以及其他目标探测均采用二维成像技术。采用立体成像或者序列影像恢复目标三维信息，这种从2D到2.5D再到3D的理论和技术体系导致了一系列复杂而且低效处理的问题。三维数字成像将实现实时直接目标感知，将改变世界的认知方式。视频遥感技术以遥感视频序列为数据源，可以实现自然和人工变化现象的直播式监测、态势分析和决策支持，从传统的事后静态遥感监测提升到实时动态遥感监测，为生态环境监测、军事侦察、市政工程管理、灾害应急、大众消费等应用提供新一代遥感数据处理与分析技术，提高遥感服务的实时性、自动化和智能化。

表 3-15 所示为“智慧城市”子领域“技术与应用重要性综合指数”专家调查排序结果，其中，“城市泛在感知网络及其集成整合与数据挖掘技术”“虚拟城市环境实时构建与动态表达技术”“基于人类行为分析的城市运行优化与提升技术”位列前 3。根据第二轮专家调查汇总结果，经对“智慧城市”子领域提出的 8 个技术方向的重要性等进行研讨和筛选，得出排名第 1 和第 2 的重要技术方向分别是“城市泛在感知网络及其集成整合与数据挖掘技术”和“虚拟城市环境实时构建与动态表达技术”，其对应的“技术与应用重要性综合指数”分别为 90.94 和 87.35，分别位居该指数排序结果的第 1 和第 2。筛选结果证明，此次得出的两个重要技术方向与第一轮调查问卷所得到的专家调查结果是完全一致的。该筛选结果既体现了专家及社会大众对智慧城市的最基本认知和最普遍关注，也反映出智慧城市建设所面临的最迫切需求和最根本任务。这两个重要技术方向中，“城市泛在感知网络及其集成整合与数据挖掘技术”旨在研究智慧城市建设中多源多态数据的实时泛在感知与整合挖掘技术，为其提供必要的数据基础，“虚拟城市环境实时构建与动态表达技术”旨在研究智慧城市建设中城市地理环境时空演化模拟与集成动态表达技术，为其提供必要的环境基础，二者相辅相成、共同奠定智慧城市的技术基础，并为智慧城市领域的后续技术研究提供相应的数据和环境支撑服务。

表 3-15 “智慧城市”子领域“技术与应用重要性综合指数”专家调查排序结果

技术方向	技术与应用重要性综合指数	实现时间			研发水平	目前领先国家/地区		制约因素	
		社会	技术			第一	第二	第一	第二
			世界	中国					
城市泛在感知网络及其集成整合与数据挖掘技术	90.94	2027 年	2022 年	2025 年	25.00	美国	俄罗斯	研发	人才
虚拟城市环境实时构建与动态表达技术	87.35	2029 年	2023 年	2027 年	13.27	美国	欧盟	人才	研发
基于人类行为分析的城市运行优化与提升技术	81.42	2028 年	2023 年	2026 年	13.04	美国	欧盟	研发	人才
基于众筹群智的城市安全预测预警和应急管理技术	81.37	2027 年	2021 年	2025 年	15.56	美国	日本	法律	研发
城市数据自动语义关联和动态融合技术	80.54	2027 年	2023 年	2025 年	22.00	美国	欧盟	人才	研发

续表

技术方向	技术与应用重要性综合指数	实现时间			研发水平	目前领先国家/地区		制约因素	
		社会	技术			第一	第二	第一	第二
			世界	中国					
城市土地资源立体化利用管理技术	79.78	2025 年	2021 年	2023 年	39.00	欧盟	美国	标准	研发
城市空间规划在线协同技术	79.39	2027 年	2021 年	2024 年	14.00	欧盟	美国	标准	协调
城市空间仿真与优化技术	77.27	2028 年	2022 年	2025 年	16.98	美国	其他	研发	人才

综上，经各子领域专家广泛研讨，最终筛选出本领域最重要的 12 项关键技术方向如表 3-16 所示（排名不分先后）。

表 3-16　经专家研讨最终确定的本领域最重要的 12 项关键技术方向

技术方向	技术与应用重要性综合指数	实现时间			研发水平	目前领先国家/地区		制约因素	
		社会	技术			第一	第二	第一	第二
			世界	中国					
城市中心区功能提升与再开发关键技术	69.48	2028 年	2022 年	2025 年	15.38	欧盟	日本	协调	法律
新型高性能结构体系关键技术	82.32	2027 年	2022 年	2024 年	45.70	美国	日本	研发	人才
流域水循环及其伴生过程的综合模拟与调控技术	82.71	2027 年	2021 年	2025 年	50.53	美国	欧盟	人才	研发
城镇污水再生处理与综合利 用的安全保障技术	72.84	2026 年	2021 年	2024 年	23.36	欧盟	美国	法律	标准
立体导航与无人驾驶汽车导航	83.33	2025 年	2021 年	2023 年	47.00	美国	欧盟	研发	人才
城市泛在感知网络及其集成整合与数据挖掘技术	90.94	2027 年	2022 年	2025 年	25.00	美国	俄罗斯	研发	人才
基于先进数字技术和性能数据的绿色建筑全生命周期优化关键技术	65.17	2028 年	2021 年	2025 年	33.00	欧盟	美国	研发	人才
土木工程综合防灾减灾技术	81.95	2028 年	2024 年	2026 年	44.14	日本	美国	研发	标准
水资源 – 能源 – 粮食联动关系分析与安全调控技术	77.76	2029 年	2023 年	2027 年	25.96	美国	欧盟	研发	协调
海绵城市建设关键技术	57.76	2027 年	2022 年	2025 年	18.18	欧盟	美国	法律	标准
空间三维数字成像与视频遥感	78.80	2026 年	2022 年	2024 年	48.46	美国	欧盟	人才	研发
虚拟城市环境实时构建与动态表达技术	87.35	2029 年	2023 年	2027 年	13.27	美国	欧盟	人才	研发

二、实现时间分析

1. 预期实现时间分布

图 3-5 给出了本领域技术方向三类预期实现时间的分布图，表现出的总体规律为：世界技术实现时间最早，中国技术实现时间次之，中国社会实现时间最晚，两两之间相差 2～3 年时间。图 3-5(a) 所示为世界技术实现时间的分布图，可见 72.5% 的技术预期在 2021～2023 年实现。图 3-5(b) 所示为中国技术实现时间的分布图，可见预期实现年份集中在 2024～2026 年，约占全部技术的 75%，其中约 1/2 的技术预期在 2024～2025 年实现。图 3-5(c) 所示为中国社会实现时间的分布图，可见约有 65% 的技术预期在 2027～2028 年实现。

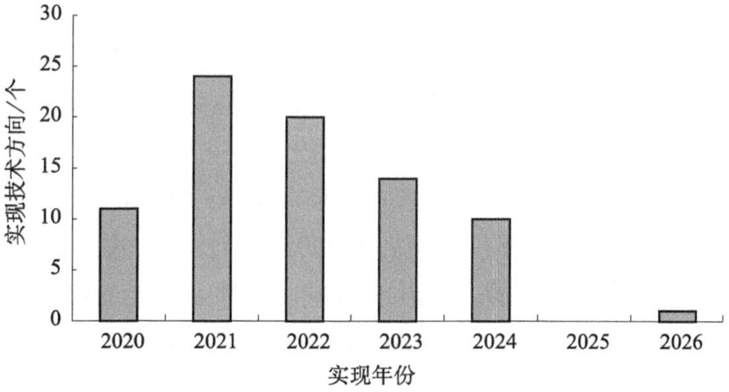

(a) 世界技术实现时间

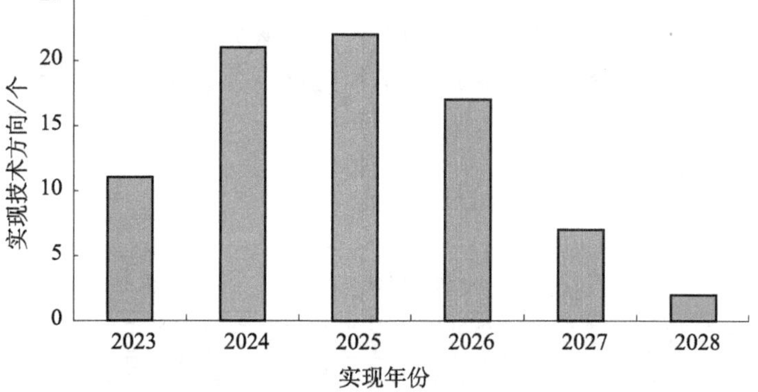

(b) 中国技术实现时间

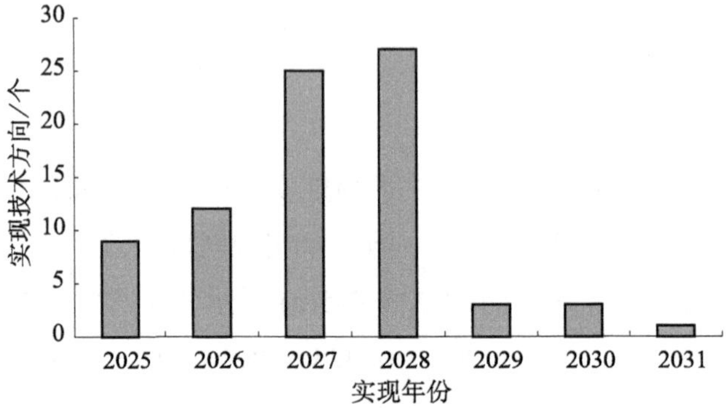

(c) 中国社会实现时间

图 3-5 三类预期实现时间的比较

2. 技术实现时间与社会实现时间的跨度

如图 3-6 所示，选择“技术与应用重要性综合指数”最高的前 30 项技术，比较分析从技术实现到社会实现的时间跨度，可以发现平均约 3 年左右，最长 4 年。“虚拟城市环境实时构建与动态表达技术”（技术项代码：706006）、“地下水资源保护与受损系统修复技术”（技术项代码：704007）、“基于信息化技术的装配式建造技术”（技术项代码：705005）的技术实现到社会应用时间为 4 年；“复杂水工构筑物及超高坝全生命周期真实性态智能监控和安全防护机理研究”（技术项代码：704011）的技术实现到社会应用时间为 1 年；其余技术方向技术实现到社会应用时间均为 2～3 年。

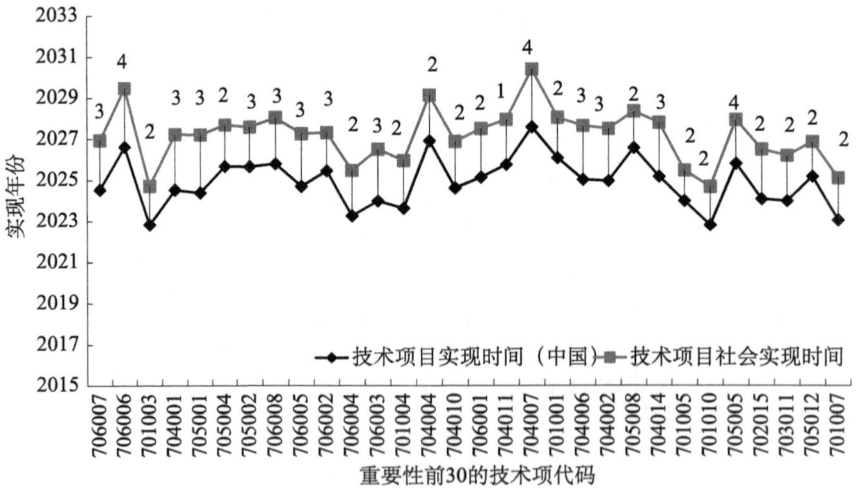

图 3-6 技术实现时间与社会实现时间差距

3. 综合重要性最高的30项技术的实现时间及子领域分布

如图3-7所示，以中国技术实现时间为横轴，中国技术实现与社会实现的跨度为纵轴，可见“智慧城市”和“水利与水资源”子领域技术实现到社会应用时间较长，“城市水资源”子领域从技术实现到社会应用的时间较短。

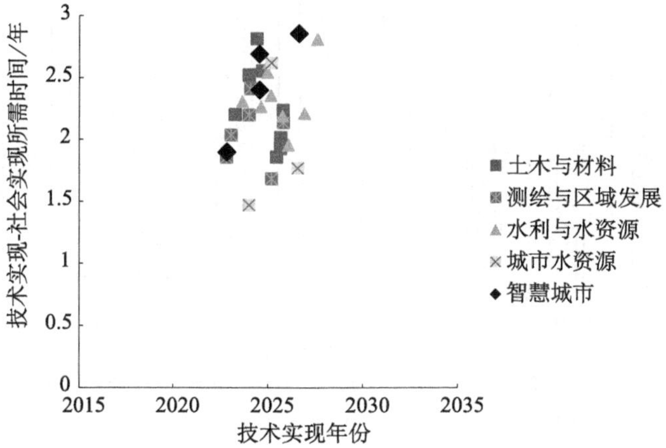

图3-7　综合重要性最高的30项技术的实现时间与子领域分布

4. 中国与世界技术实现时间差距比较分析

如图3-8所示，对综合重要性最高的前10项技术，比较分析我国与世界的技术实现时间差距。根据统计分析结果可知，我国技术实现时间均晚于世界技术实现时间2～4年。其中，“城市泛在感知网络及其集成整合与数据挖掘技术”（技术项代码：706007）、“虚拟城市环境实时构建与动态表达技术”（技术项代码：706006）、“基于众筹群智的城市安全预测预警和应急管理技术”（技术项代码：706005）、“城市数据自动语义关联和动态融合技术”（技术项代码：706002）与世界水平差距相对较大，“立体导航与无人驾驶汽车导航”（技术项代码：701003）和“土木工程综合防灾减灾技术”（技术项代码：705004）已接近世界先进水平。

5. 技术预计实现时间与重要程度综合分析

将综合重要程度指数排序前1/3区域定义为“高重要程度区域”，后1/3区域定义为“低重要程度区域”。同时对技术方向预计技术实现时间进行分类，将2015～2020年定义为近期，2020～2025年定义为近中期，2025～2030年定义为中长期，2030～2035年定义为远期。

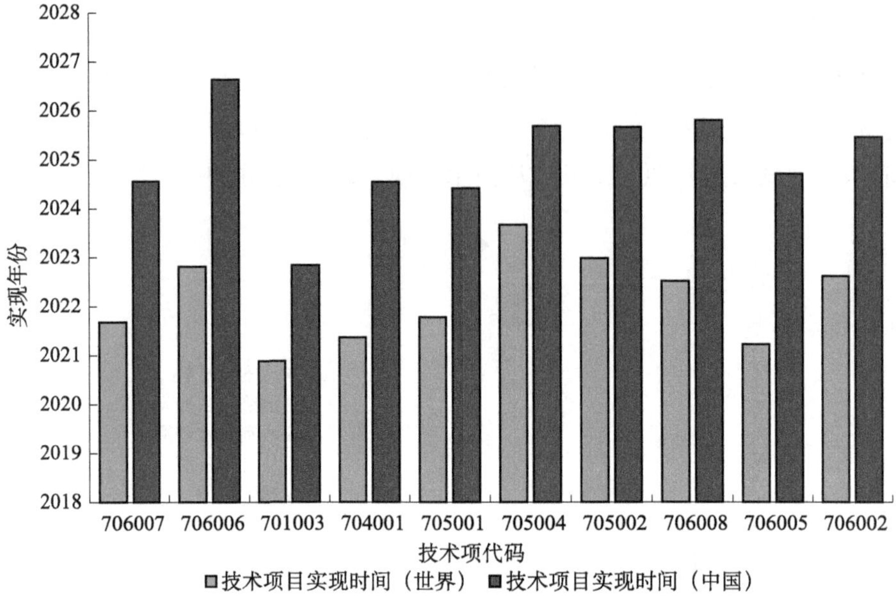

图 3-8 我国技术实现时间与世界技术实现时间差距

根据德尔菲调查结果，技术方向按照“中国预计技术实现时间”和“综合重要程度指数”两个指标进行分类，结果如图 3-9 所示。本领域的技术均能在中长期实现，能够中长期实现的项目有 38 个，能够近中期实现的项目有 42 个，没有远期实现的项目和近期实现的项目。这表明本领域提出的所有技术方向预计将在 2020～2030 年完成技术实现。

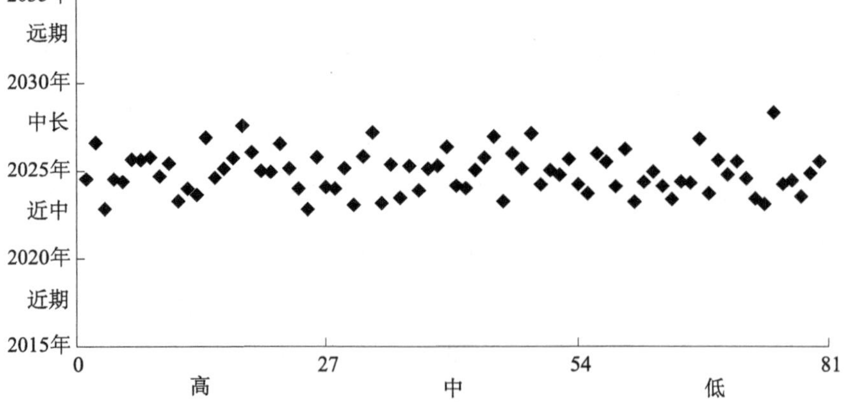

图 3-9 预计技术实现时间与重要程度分析

第三节 本领域工程科技发展的制约因素

一、本领域技术发展的总体特征判断

根据本领域各项关键指数的统计分析结果，结合专家研讨，对本领域技术发展的总体特征作如下判断。

（1）城镇化与基础设施领域基本不存在颠覆性技术，其科技进步取决于多种技术的综合提升与集成创新。调查结果显示，用于筛选颠覆性技术的“非连续性与应用重要性综合指数”在本领域的平均值仅为 34.6，最高值仅为 67.8，低于所有领域的平均值水平，本领域仅有 12.5% 的技术项目入选所有领域内非连续性高的前 1/3 项目。由此可见，城镇化与基础设施领域内并不存在某项技术，一旦其突破就能使本领域产生翻天覆地的本质改变，而多学科的交叉融合和集成创新才是本领域科技进步的主要路径。据此，更应加强本领域科技发展的顶层设计和战略布局，同时需要长期、持续、全面的科研投入，而非集中资源对某项特定技术进行短期的攻关。

（2）技术应用比技术本身更重要，应加强先进科技成果的转化与产业化，突出科技研发过程中的应用示范，解决制约成果转化的体制机制根源问题。调查结果显示：本领域仅有 17.5% 的技术项目入选所有领域内技术本身重要性前 1/3 项目，但有 28.8% 的技术项目入选所有领域内技术应用重要性前 1/3 项目，可见参调专家普遍认为，技术应用比技术本身更重要。城镇化与基础设施领域涉及的土木、建筑、水利等学科均为传统学科，经过多年的持续发展，目前及未来很难再出现完全新颖和极其重要的某项技术，而本领域近年来暴露出来的许多问题并非由于技术本身没有突破，更多的是由于先进技术无法得到很好的转化，阻碍了其创造应有的社会价值，这里涉及更多的是规范标准体系的落后以及其他涉及国家政策法规与制度建设的问题。

（3）科技进步的社会效益大于经济效益。德尔菲调查的统计分析结果表明，本领域所有技术方向“经济发展重要性指数”的平均值为 70.2，而“社会发展重要性指数”的平均值达到76.1，可见专家普遍认为本领域对社会发展的重要性高于经济发展的重要性。城镇化与基础设施领域的科技成果主要用于提升民生质量，具有浓厚的公益性色彩，其创造的是社会作品，技术进步的影响是长远的，不是短期利润能衡量的，因此单纯依靠市场竞争恐难以实现本领域企业的技术创新，也许只能造成恶性循环，政策导向对于本领域的健康发展具有十分重要的意义。此外，本领域的公益性色彩决定除了企业，高校和科研院所也许应当承担更多本领域科技创新的重任。

二、技术发展水平与约束条件

根据对各技术方向的研发水平、技术领先国家、约束条件等方面的统计结果，可以选择各领域研发水平最高、受各类因素制约度最大的技术方向，并对子领域的技术发展水平与约束条件进行分析，为制定本领域的中长期发展战略和技术路线提供重要依据。

1. 技术领先国家

如图3-10所示，本领域技术领先国家/地区的判断如下：美国在“测绘与区域发展”“水利与水资源”“土木与材料”“智慧城市”子领域有着较明显的优势，欧盟在“城市与建筑”“城市水安全”子领域有着较大的优势，日本在“土木与材料”子领域有着一定的优势。总体而言，美国和欧盟是本领域技术领先

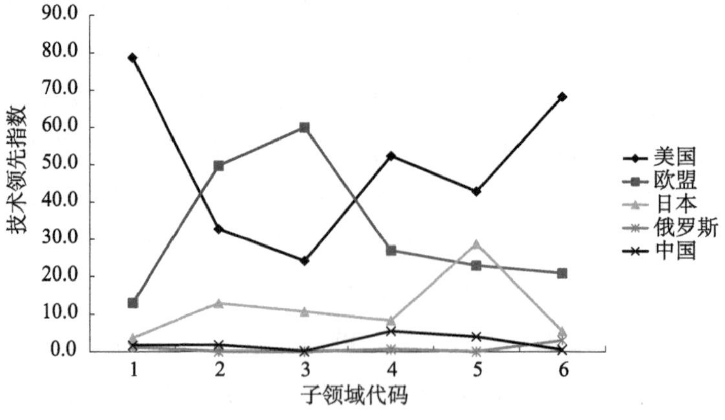

图3-10 技术领先国家/地区分布

1. 测绘与区域发展；2. 城市与建筑；3. 城市水安全；4. 水利与水资源；5. 土木与材料；6. 智慧城市

的国家 / 地区，日本由于是地震灾害频发的国家，在土木工程防灾减灾方向上有突出的技术优势，所以在“土木与材料”子领域和欧盟的技术水平不相上下。

2. 研发水平指数

本领域技术研发水平分布图如图 3-11 所示。依据研发水平指数把技术分为下述五类：国际领先（研发水平指数 81～100）、较领先（研发水平指数 61～80）、持平（研发水平指数 41～60）、较落后（研发水平指数 21～40）、落后（研发水平指数 0～20）。由此可见：两轮技术调查得出的技术研发水平基本一致。两轮技术预见调查均显示本领域不存在国际领先的技术。第一轮技术预见得出结果为本领域不存在较领先项目；而第二轮技术预见得出结果为技术项 705011“超高层复杂建筑建造成套技术”已达到世界较先进水平。由此可见，“超高层复杂建筑建造成套技术”是本领域最有希望达到世界领先水平的技术，应当大力推进该技术的发展进步。两轮技术预见调查均表明本领域多数项目处于较落后和落后的研发水平，应当加大力度进一步发展研究。

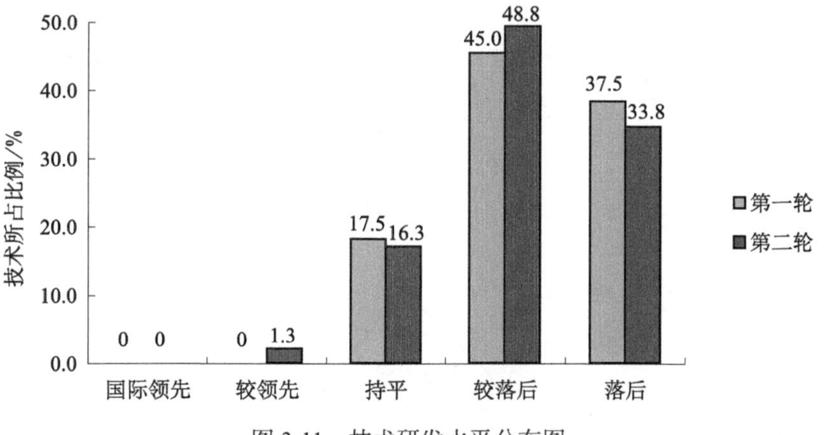

图 3-11　技术研发水平分布图

将 80 项技术的研发水平指数表示如图 3-12 所示，可以发现：研发水平指数大于 60 的技术方向有 2 个，介于 40～60 的技术方向有 12 个，介于 20～40 的技术方向有 40 个，低于 20 的技术方向有 26 个。

其中，“超高层复杂建筑建造成套技术”（技术项代码：705011）的研发水平指数最高，为 62.1。“建筑工业化的标准化集成设计技术”（技术项代码：705010）的研发水平指数最低，仅为 5.9。

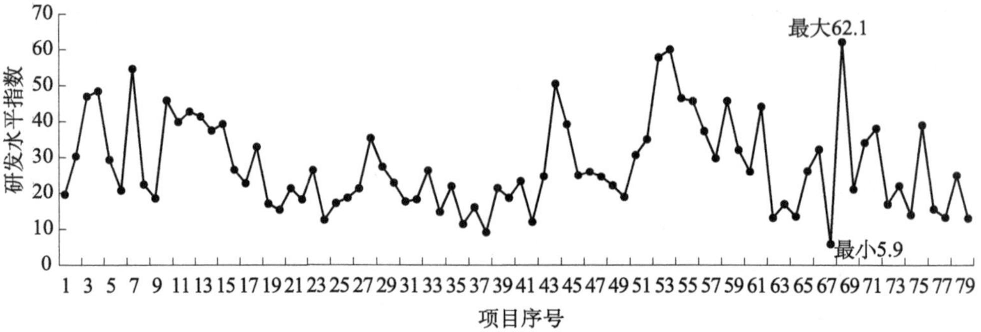

图 3-12 研发水平指数

3. 制约因素分析

如图 3-13～图 3-15 所示，整体来看，人才队伍及科技资源与研发投入是本领域技术发展的主要制约因素。各个子领域最重要的两项制约因素均为人才队伍及科技资源和研发投入两个因素。其中“测绘与区域发展”子领域的主要制约因素为人才队伍及科技资源；“城市与建筑”“城市水安全”“水利与水资源”“土木与材料”“智慧城市”子领域主要制约因素为研发投入。本领域受工业基础能力制约程度很低，说明本领域的工业基础能力较为完善。

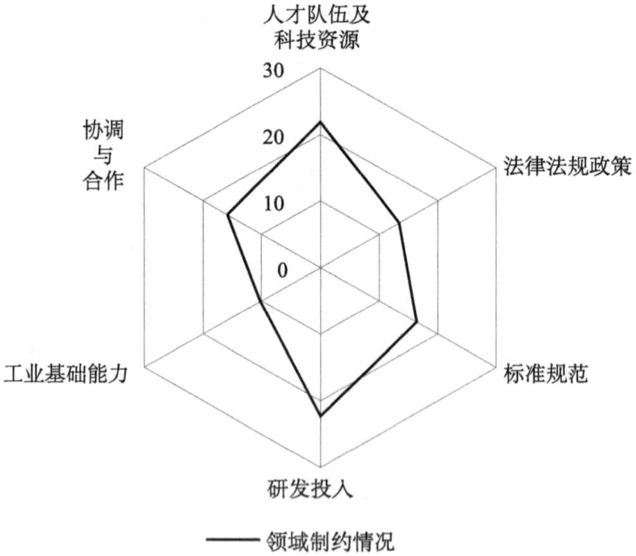

图 3-13 领域制约因素情况

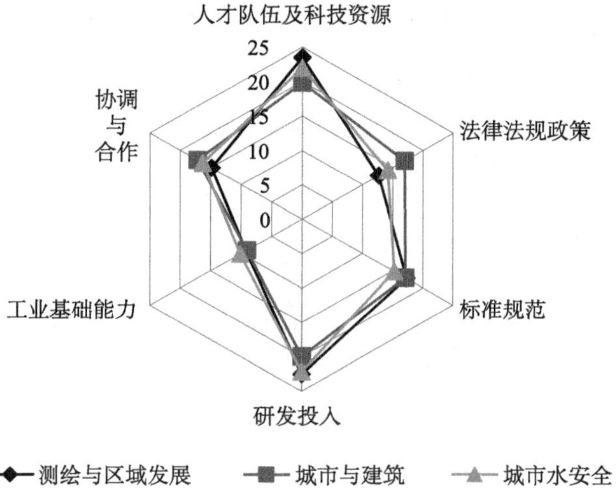

图 3-14 子领域制约因素情况 -1

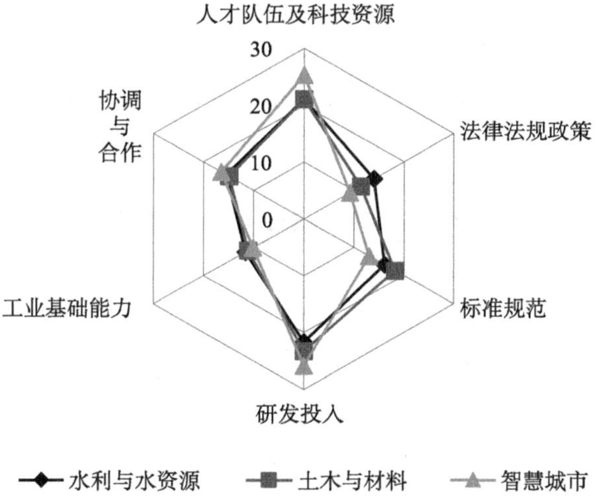

图 3-15 子领域制约因素情况 -2

如表 3-17 所示，从人才队伍及科技资源制约性指数排名看，“测绘与区域发展”“城市与建筑”“城市水安全”“智慧城市”“水利与水资源”子领域各占 2 项。可见上述子领域的科技发展均受到人才队伍及科技资源的制约。此外，表 3-17 中的项目研发水平普遍偏低，可见研发水平与人才队伍及科技资源的制约具有正相关性。

表 3-17 受人才队伍及科技资源制约性最大的前 10 项技术统计表

子领域	技术方向	人才队伍及科技资源制约性指数	重要程度	研发水平
测绘与区域发展	空间三维数字成像与视频遥感	41.82	76.75	48.46
智慧城市	基于人类行为分析的城市运行优化与提升技术	36.36	36.07	13.04
城市水安全	绿色城镇水污染综合整治集成技术	34.41	68.74	26.36
测绘与区域发展	地理世情监测技术	30.99	71.83	45.83
城市与建筑	村镇聚落体系演变模拟与新农村社区建设规划技术	28.95	74.10	18.63
智慧城市	基于众筹群智的城市安全预测预警和应急管理技术	28.26	44.24	15.56
水利与水资源	复杂条件下跨流域调水工程高效安全建设和运行关键技术	27.78	60.82	57.83
城市与建筑	国家重大文化遗产区域性资源保护规划与技术	27.59	78.80	21.31
水利与水资源	水资源环境生态经济一体化核算技术	27.03	60.85	25.00
城市水安全	海绵城市建设关键技术	26.98	76.15	18.18

如表 3-18 所示，从法律法规政策制约性指数排名看，“水利与水资源”子领域在前 10 项中占 3 项，可见“水利与水资源”子领域的科技发展受到法律法规政策的制约较大。

表 3-18 受法律法规政策制约性最大的前 10 项技术统计表

子领域	技术方向	法律法规政策制约性指数	重要程度	研发水平
测绘与区域发展	测绘机器人	23.66	57.76	42.74
城市水安全	典型区域水生态与水环境一体化治理与适应性管理	22.81	57.97	14.81
土木与材料	基于全生命期性能的建筑结构设计、施工与运维技术	22.61	72.84	32.14
城市与建筑	基于先进数字技术和性能数据的绿色建筑全生命周期优化关键技术	22.56	62.72	33.00
测绘与区域发展	合成孔径声呐技术	21.86	68.80	29.41
城市与建筑	基于多规融合的城乡规划方法技术	21.66	59.18	12.50
水利与水资源	复杂水资源系统多目标联合调度技术	21.56	61.00	35.07
水利与水资源	变化环境下水资源量－效－质综合评价与管理技术	21.45	68.05	39.24
智慧城市	城市空间仿真与优化技术	21.35	62.33	16.98
水利与水资源	现代高效节水灌溉技术与关键设备研发	21.17	62.32	37.30

如表 3-19 所示，从标准规范制约性指数排名看，“土木与材料”“测绘与区域发展”“城市与建筑”子领域在前 10 项中分别占 3 项。可见上述 3 个子领域的科技发展主要受到标准规范的制约。如何改变当前上述子领域标准规范的编撰模式，提升标准规范对技术进步的引领作用是当前亟须研讨并解决的问题。

表 3-19　受标准规范制约性最大的前 10 项技术统计表

子领域	技术方向	标准规范制约性指数	重要程度	研发水平
测绘与区域发展	Geo+ 地理信息知识服务技术	24.47	81.69	54.65
水利与水资源	河口区风暴灾害预警与防灾关键技术	23.55	59.44	29.81
测绘与区域发展	全天时无源立体无缝导航	23.08	82.32	30.36
土木与材料	基于资源高效利用的绿色建造技术	22.45	61.21	13.16
土木与材料	基于全生命期性能的建筑结构设计、施工与运维技术	22.34	72.84	32.14
城市与建筑	旧城更新与既有建筑改造功能提升技术	22.34	81.95	17.05
城市与建筑	城市中心区功能提升与再开发关键技术	22.06	79.78	15.38
土木与材料	建筑工程的 3D 打印（建造）技术	22.01	72.66	16.94
测绘与区域发展	强震震源机制解的准实时 GNSS 反演技术	21.83	79.39	37.50
城市与建筑	基于多规融合的城乡规划方法技术	21.66	59.18	12.50

如表 3-20 所示，从协调与合作制约性指数排名看，“城市水安全”子领域在前 10 项中占 3 项，可见该子领域的科技发展主要受到协调与合作的制约，这和该子领域技术交叉性强的特点有直接的关系。

表 3-20　受协调与合作制约性最大的前 10 项技术统计表

子领域	技术方向	协调与合作制约性指数	重要程度	研发水平
智慧城市	基于众筹群智的城市安全预测预警和应急管理技术	28.27	44.24	15.56
城市与建筑	市政基础设施的网格化扁平化智能平台	23.48	69.48	35.42
城市水安全	水源水体微污染防治与水质安全保障技术	23.10	71.95	21.43
城市水安全	典型区域水生态与水环境一体化治理与适应性管理	22.81	57.97	14.81
水利与水资源	复杂水资源系统多目标联合调度技术	22.75	61.00	35.07
城市水安全	城镇污水再生处理与综合利用的安全保障技术	22.55	64.75	23.36
土木与材料	建筑工程综合防恐防爆技术	22.16	71.15	26.06
测绘与区域发展	量子导航定位技术	21.9	82.71	19.57
土木与材料	土木工程综合防灾减灾技术	21.85	67.18	44.14
测绘与区域发展	强震震源机制解的准实时 GNSS 反演技术	21.82	79.39	37.50

如表3-21所示，“智慧城市”子领域受研发投入影响较大。同时，“土木与材料”子领域的“新型高性能结构体系关键技术”方向的重要程度较高，表明今后在这个方向上应增加研发投入。

表3-21 受研发投入制约性最大的前10项技术统计表

子领域	技术方向	研发投入制约性指数	重要程度	研发水平
智慧城市	基于人类行为分析的城市运行优化与提升技术	36.36	36.07	13.04
水利与水资源	水资源环境生态经济一体化核算技术	33.78	60.85	25.00
土木与材料	建筑结构的质量与安全监控预警技术	33.71	65.42	32.26
城市水安全	绿色城镇水污染综合整治集成技术	33.33	68.74	26.36
水利与水资源	复杂条件下跨流域调水工程高效安全建设和运行关键技术	30.56	60.82	57.83
智慧城市	基于众筹群智的城市安全预测预警和应急管理技术	30.43	44.24	15.56
土木与材料	新型高性能结构体系关键技术	29.52	77.18	45.70
城市与建筑	村镇聚落体系演变模拟与新农村社区建设规划技术	28.95	74.10	18.63
城市水安全	基于城市水环境承载力的综合管理技术及支撑平台	28.04	56.19	21.92
智慧城市	城市土地资源立体化利用管理技术	27.27	53.69	39.00

如表3-22所示，从工业基础能力制约性指数排名看，“水利与水资源”子领域所占比例较大。工业基础能力制约性指数排名前10的项目的研发水平指数均较低，说明工业基础能力对研发水平有着较显著的影响。

表3-22 受工业基础能力制约性最大的前10项技术统计表

子领域	技术方向	工业基础能力制约性指数	重要程度	研发水平
城市与建筑	村镇聚落体系演变模拟与新农村社区建设规划技术	30.26	74.10	18.63
城市水安全	绿色城镇水污染综合整治集成技术	29.03	68.74	26.36
水利与水资源	复杂条件下跨流域调水工程高效安全建设和运行关键技术	26.39	60.82	57.83
水利与水资源	水资源环境生态经济一体化核算技术	24.32	60.85	25.00
土木与材料	建筑结构的质量与安全监控预警技术	24.16	65.42	32.26
测绘与区域发展	地理世情监测技术	21.13	71.83	45.83
城市与建筑	国家重大文化遗产区域性资源保护规划与技术	20.11	78.80	21.31
测绘与区域发展	空间三维数字成像与视频遥感	20.00	76.75	48.46
水利与水资源	城市水资源精细化配置技术	19.65	57.13	24.64
土木与材料	岛礁建设用特种材料制备及应用技术	19.28	63.04	38.10

三、重要关键技术方向发展策略分析

在统计分析结果的基础上开展专家研讨，最终筛选出本领域的重要关键技术方向共 6 项，现对其发展策略具体分析如下。

1. 城市中心区功能提升与再开发关键技术

随着城镇化进程的不断推进，中国城市面貌经历了巨大的变化，1978～2014 年，中国城镇化率提高了 37 个百分点。在城镇化进入中后期以后，城市再开发与改造将成为城市发展的主要方式，其中城市中心区功能提升与再开发显得尤为重要。发达国家尤其是日本、欧盟等的大城市已基本形成既有中心区功能提升与再开发为主的城市发展模式。

城市中心区功能提升与再开发将向多学科深度结合的集约化、立体化、协同化、智能化、一体化、绿色化方向发展。针对经济社会活动的复杂性以及公共交往方式全面数字化的趋势，该技术方向未来的核心研发任务是：①土地集约高效利用。中心区结构－形态－街坊－街巷－建筑的多重尺度精细大模型支撑下的功能提升与空间紧凑发展模式。②空间立体开发。进行中心区地下空间的深度开发与空中慢交通系统的联合建设，使中心区人－车－轨彻底立体分流，高效后台通勤交通体系与绿色宜人步行空间体系相互嵌合。③综合安全保障。通过建立多专业协同，确保建筑、人员、功能密度都很高的城市中心区的综合安全。④先进数字化的复合协同管制。基于大数据数字地图建构，通过海量数据的即时交互处理，形成跨工种、多部门协同监测与全程管制体系。⑤数控智慧综合体。多学科技术集成的大型智慧综合体建筑，实现日常业务运营、通勤交通导流、物业后勤管理操作的全面智能化。⑥建筑交通一体化。轨道站点等公共交通与中心区各种大型公共建筑高效无缝连接，实现建筑、结构、市政、交通、设备、物联网等集成技术支撑。⑦绿色低碳的物理环境全面优化。进行中心区微气候环境（包含热环境、风环境、声环境指标以及污染物、生态效应场、天空可视度等指标）的优化。

2. 新型高性能结构体系关键技术

“新型高性能结构体系关键技术”是“土木与材料”子领域内“技术与应用

综合性指数”位列第1的技术，其核心性指数、通用性指数、带动性指数、经济发展重要性指数、社会发展重要性指数均超过80，位于本领域所有技术方向的前列，共有46位专家为该技术方向打分，其中有40位专家表示对该技术方向很熟悉或熟悉。因此，该技术方向是土木工程领域专家较为公认的重要关键技术方向，其应当作为土木工程领域未来科技发展的战略方向。该技术方向的“非连续性指数”较低，并非颠覆性技术，因为新型高性能结构体系涵盖高性能材料结构体系、多功能混凝土结构体系、高性能钢结构体系、高性能组合结构体系、柔性与刚性大跨度空间结构体系、超高层建筑高效结构体系、智能结构体系、可恢复功能抗灾结构体系、预制装配结构体系、现代预应力结构体系等一系列新型结构体系，需要采取长期持续推进措施来逐步研发这些新型结构体系，最终形成成套的技术体系，从而实现高性能可持续土木工程的发展目标。而在技术发展制约因素的专家调查中，约26%的专家认为研发投入为主要制约因素，约24%的专家认为人才队伍及科技资源为主要制约因素，约23%的专家认为标准规范为主要制约因素。结合专家研讨情况，建议在国家科技计划中加强直接服务标准编撰工作的专项科研经费投入，充分发挥规范标准对高性能结构工程的引领作用，并广泛引进与自主培养结构工程专业人才，推进高性能结构工程的科研资源建设与应用推广。面向2035年，该技术方向的总体发展战略目标为：以可持续和高性能土木工程材料为基础、以现代计算和试验技术为支撑，积极推动建筑、桥梁、隧道、公路、铁路、港口等建设领域中土木结构工程的健康与可持续发展。

3. 流域水循环及其伴生过程的综合模拟与调控技术

该技术方向的特点是具有较强的综合性，除了常规水循环及水资源的研究外，还包括水环境、水生态、泥沙等水循环伴生过程的研究。该技术方向偏重基础研究，在子领域中处于核心地位，建议采取长期持续推进措施。下一阶段主要研发内容包括：研究大尺度气候 - 陆地 - 水体循环演变动力机理和一体化精细模拟技术，推进陆面水文过程与大气过程联合模拟技术的发展，开展全球海洋水循环对陆地水循环的影响研究；研究气候变化和人类活动对我国江河源头区水循环演变机理的影响，明晰重要江河水源区的水资源演变规律和发展趋势，阐释冰冻圈变化的水文效应，并探究生态敏感区生态系统结构和功能与水文循环变异间的响应关系；研究变化环境下的流域自然－社会耦合系统特征，进一步发展和完善流域自然－社会二元水循环及其伴生过程系统模拟与预测技术，识别流域中长期水循环与水资源的演变规律；揭示地下水严重超采区渐变－质变－灾变机理，构建地下水危机识别、评价和预警理论方法；研究特大城市（群）雨（热）岛效应和雨洪发生机制，突破地表水－土壤水－地下水－管道水循环过程和模拟技术。

4. 城镇污水再生处理与综合利用的安全保障技术

根据技术预见统计结果，城市污水再生处理与综合利用的安全保障技术的核心性指数（74.30，排名第 1）高表明该项技术在相关技术群和产品研发中能够起到重要的作用，该技术的突破与相关产业、工程的发展具有非常紧密的联系。该技术的通用性指数（71.03，排名第 1）和带动性指数（71.50，排名第 1）高表明其应用范围广泛，具有很好的先行作用，对其他技术及产业发展的辐射带动作用极大。经济发展重要性指数（73.83，排名第 1）和社会发展重要性指数（85.98，排名第 1）高表明我国对该项技术的市场需求大，其对未来产业发展的促进作用大，可能产生的经济效益很大，且从环境保护、提高资源利用率和提高生活质量的角度，该技术对社会发展的重要性非常高。从各项综合性指数看，该技术的技术本身重要性指数（72.91，排名第 1）、技术应用重要性指数（72.77，排名第 1）、通用性与应用重要性综合指数（51.68，排名第 1）、技术与应用重要性综合指数（72.84，排名第 1）、技术与经济发展重要性综合指数（73.37，排名第 1）、技术与社会发展重要性综合指数（79.71，排名第 1）、技术与安全保障重要性综合指数（64.64，排名第 2）均很高，且在“城市水安全”子领域的 13 项备选技术中排名靠前，表明该技术方向对经济发展、社会发展和保障国家安全的作用重大，属于综合重要性高的行业重要共性技术。

然而，该技术的非连续性指数（49.07）略低，其市场颠覆性较弱，替代现有的主流技术还需要一定时间的积累。此外，该项技术的当前研发水平指数（23.36）较低，我国当前对该技术的研发水平相比于国际水平还较落后，尤其是欧盟、美国等发达国家。究其原因，目前我国在该技术方向的发展主要受到法律法规政策（22.61%）和标准规范（22.34%）两方面的制约。

综上所述，该技术方向具有综合重要性高但非连续性、当前研发水平低的特点，建议借鉴国际上的先进经验，加速开展城镇污水再生处理集成技术、高品质再生水深度处理关键技术、再生利用生态风险控制技术、再生水的生态储存与风险控制技术、高品质再生水补充饮用水水源技术等系统研究，同时提出相关的法律、法规、标准、模式和配套政策，采取长期持续推进措施，加快多等级、多途径再生利用技术的示范应用。

5. 立体导航与无人驾驶汽车导航

近些年来，随着互联网科技的不断发展，汽车行业也得到了革命性的发展。智能化技术正在运用到汽车行业中，汽车智能化让汽车驾驶变得更加方便、安全，其中最为热门的当属无人汽车驾驶技术。美国电气和电子工程师协会推测，2040年汽车总量的75%将会是无人驾驶汽车。而市场研究公司推测，到2035年将会生产5400万辆无人驾驶汽车。其中，无人驾驶汽车最为关键的因素就是具有实时高精度的立体导航系统（3D地图），这种地图往往时刻都处于更新状态，实时路况信息都标记在地图中，这使无人驾驶变得高效而安全。因此，研发立体导航与无人驾驶汽车导航技术，对于促进无人驾驶技术的进一步发展和普及、促进我国经济与社会发展、占领世界科技制高点方面具有重要的意义。然而，虽然目前已经有相关公司（如高德）尝试生产适用于无人驾驶汽车的三维电子地图导航系统，但是仍然存在核心竞争力不够、实时能力不足、细微场景与地形变化识别能力不足的缺点。因此，未来需要在研发投入、人才队伍及科技资源等方面加大力度。在技术层面，紧密围绕高清、实时两个方面，做到能够时刻更新交通事故、道路封锁等方面的信息，同时将人的心理考虑在内，赢得人们的信任，最终实现无人驾驶和立体导航的无缝结合，使我国在无人驾驶汽车领域走在世界的前列。

6. 城市泛在感知网络及其集成整合与数据挖掘技术

以下从逻辑层次、重要性指标、研究背景、研究内容、研究特点等方面进行分析如下：①从逻辑层次而言，“城市泛在感知网络及其集成整合与数据挖掘技术”是“智慧城市”子领域8个技术方向中最重要的基础关键技术，其为智慧城市建设提供最底层的数据基础，其他技术的研究均是建立在该技术的基础之上。②从重要指标而言，根据专家调查问卷的统计分析结果，该技术的 8 项综合性指数依次为：技术本身重要性指数为 92.34、通用性指数为 92.34、带动性指数为 91.53、非连续性指数为 75.40、经济发展重要性综合指数为 88.31、社会发展重要性综合指数为 92.74、保障国家国防安全重要性综合指数为 88.71。该技术的 7 项综合指标，在“智慧城市”子领域的 8 个技术方向中，有 6 项指标位居第一；在“城镇化与基础设施”整个领域的 80 个技术方向中，该技术方向的重要性总体排名第 1，其中有 5 项指标位居第一，2 项指标位居第二。由此可见，整体而言，该技术的综合性指标无论是本子领域还是在“城镇化与基础设施”整个领域都位居前列，其重要性得到了参调专家的普遍关注和高度认可，唯有非连续性指数偏高。③从研究背景而言，当前通信技术、存储技术、射频识别技术等新技术快速发展，一种能够实现人与人、人与机器、人与物、物与物之间直接沟通的泛在网络架构正日渐清晰，因此该技术具备了必要的技术储备；与此同时，与泛在网络密切相关的各种新应用不断涌现，泛在网络得到广大社会大众的认可和接受，自然而深刻地融入人类的日常生活和工作中，因此该技术具备了必需的应用空间；此外，目前无论是在国际社会上还是在我国国内，当前针对泛在网络集成整合与实现多重感知等相关技术的研究仍处于初级阶段甚至起步阶段，而智慧城市建设依赖于城市大数据的感知与获取，因此该技术具备了必然的研究需求。有鉴于此，在“智慧城市”子领域中开展“城市泛在感知网络及其集成整合与数据挖掘技术”的研究与探索，势在必行。④从研究内容而言，借助泛在网络进行群体感知、参与感知、移动感知、环境感知、内容感知等将是智慧城市获取数据的主要技术手段，通过各类传感器网络可同时对现实物理世界和虚拟网络世界进行感知。其研究对象包括各类传感器网络组成的泛在感知网络，以及由此感知获取的各类多态城市大数据。⑤从研究特点而言，智慧城市建设亟须解决的首要问题就是城市大数据的感知获取与分析挖掘，通过对该技术的研究探索，可以借助城市系统内的泛在感知网络来获取城市运行过程中产生的各类静态和动态数据，得到城市运行状态的第一手数据资料，从源头上解决城市大数据的感知、获取、分析、挖掘等难题。

基于以上分析，特提出对该技术方向的发展策略建议如下。

（1）将该技术作为“智慧城市”子领域中最重要的技术方向，同时作为

“城镇化与基础设施”领域的几个核心技术方向之一，列入中国工程院和国家自然科学基金委员会未来的重大重点支持领域和方向；

（2）对该技术的国内外技术进展和趋势、技术体系架构、技术重点和难点、具体解决方案等进行深度的剖析和严格的论证，并据此完成符合智慧城市建设需求与发展的顶层设计与行动方案，作为该技术未来研究的指南；

（3）面向 2035 年，对该技术采取长期持续投入和阶段推进等措施，不断深化和加强该技术的研究与探索，夯实智慧城市建设的基础。

第四章
发展思路与战略目标

第一节 发展思路

2035年的中国城镇，应具备安全可靠、绿色环保、舒适宜居、智慧便捷的突出特征，而基础设施建设应努力实现高安全性能、高使用性能、高经济性能、高施工性能、高环保性能、高维护性能、高耐久性能、高抗灾性能等一系列高性能目标，这就需要在规划、设计、施工、运维整个生命周期中精心养育、悉心呵护，争取在地球上留下一批经典的不朽作品，实现城镇基础设施与自然环境的和谐发展。

1. 在全球化和地域化背景下，发展绿色、生态、低碳、可持续的城市与建筑，重视科学技术与人文社会的交叉，重视与信息、能源、材料等领域的融合

以全球化和地域化的对立统一为背景，以绿色、生态、低碳、可持续为思想理念，强调城市与建筑领域科学技术和人文社会的交叉属性，广泛地借助信息、能源、材料等学科的前沿技术和最新成果推动本领域的技术进步与方法创新。重点发展低碳城市的规划设计和建设技术，绿色建筑的全生命周期整合设计、建造和运营管理技术，基于地域和文脉的建筑与城市设计理论及方法，城

市与建筑遗产保护技术，建筑设计与建造中的先进数字技术，建筑性能模拟与优化技术等。在关注城市的同时，高度重视乡村的建设与发展。城市与建筑领域的总体发展思路如下。

（1）新型人居环境的空间形态建设方法。重点研究方向包括：数字化平台下的信息分析技术，解析多重尺度的城市形态和功能组织；以类型学方法优化城镇规模、城镇形态、城镇街区构成肌理；以城市特色系列方法建构城镇布局与结构，塑造山水城市骨架；城市空间形态的高度、强度、密度定量判断技术等。

（2）空间再开发技术体系。重点研究方向包括：基于集约紧凑的城市化发展模式探寻基于资源节约和环境友好准则的城市化发展道路；基于可持续性的城市形态优化理论确定城镇形态结构和边界扩张的量值；基于城镇形态用地属性与城市空间形态的互动模型判断城镇形态用地属性与城市空间形态演变和管控规律的关系；构建有效而完整的城乡统筹规划布局体系，促进宜居城镇的健康发展；基于数字智慧城市模式确定资源条件与城镇化发展互动的基本框架。

（3）绿色建筑的全生命周期整合设计、建造和运营管理技术。重点研究方向包括：绿色建筑整合设计技术；性能化绿色建筑设计及优化技术；建筑信息模型技术；建筑节能及低（零）能耗建筑；建筑室内健康舒适的人居环境保障技术；以工业化为代表的绿色建筑建造技术；智能型建筑运营管理技术；先进数字技术在建筑设计和建造中的应用；特殊气候与环境条件下的绿色建筑适宜技术等。

（4）基于地域和文脉的建筑与城市设计理论及方法。重点研究方向包括：基于文脉的建筑和城市设计的理论与方法；严寒、寒冷、夏热冬冷、夏热冬暖、温和气候区的建筑和城市设计方法；我国其他特殊地域考虑地理条件和资源禀赋的建筑与城市设计方法等。

（5）城市与建筑遗产保护。重点研究方向包括：城市与建筑遗产的价值评估；历史文化名城、镇、村的保护规划编制技术；历史街区保护与功能提升技术；建筑遗产的修复和加固技术；建筑遗产的适应性再利用技术；建筑遗产的低碳绿色化改造技术等。

2. 发展高性能可持续土木结构工程

以可持续和高性能土木工程材料为基础、以现代计算和试验技术为支撑，重点发展以高安全性能、高施工性能、高使用性能、高耐久性能、高维护性能和高经济性能等为特征的绿色高性能结构体系，着力完善土木结构工程全生命设计理论与方法体系，努力实现结构工程在全生命周期内的各个阶段（规划、设计、建造、运营和拆除）的低碳排放、低能源消耗与低资源消耗，力争实现结构工程各方面的性能（安全、适用、耐久、经济、美观、生态等）综合最优，积极推动各领域土木结构工程的健康与可持续发展。高性能可持续土木结构工程的重点方向包括以下几方面。

（1）新型高性能结构体系。重点研究方向包括：高性能与可持续结构工程材料；高性能结构体系（立体综合巨型结构体系、智能结构体系、广义组合结构体系、功能可恢复结构体系、绿色生态结构体系、长寿命深海结构体系、高性能仓储结构体系、高性能军事防护结构体系等）；复杂恶劣环境条件结构工程精细化计算方法、试验方法与测试技术；土木结构工程计算分析的自主版权软件系统；工程结构全生命可靠度理论与设计方法；工程结构绿色建造技术与施工安全控制；结构工程数据理论与结构健康监测；既有结构检测、维护、改造与性能提升等。

（2）土木工程结构综合防灾减灾。加速发展极端灾害条件下土木工程结构综合防灾减灾技术，不仅针对重大工程结构，还要考虑量大面广的一般民用与工业结构、地下结构等，努力形成规划 - 设计 - 施工 - 运维全周期综合防灾减灾理论体系与成套技术，为提高土木工程结构防灾能力提供保障与技术支撑。重点研究方向包括：灾害（地震、风灾、冰雪灾、火灾、爆炸、偶然性冲击和高频振动等）的作用源、作用机理与作用效应；多灾种共同作用的相关性与耦联性；多重灾害作用土木工程结构全生命可靠度设计理论；可恢复功能抗灾结构体系；灾害作用下的预警与应急技术；城市及区域综合防灾减灾；基于大数据的结构灾变反演理论等。

（3）极端恶劣环境巨型复杂土木结构工程。面向 2035 年，土木结构工程创新技术将在我国大型立体城市集群构建、深海工程建设、新型能源开发利用、战略物资储备、军事防护设施革新等领域的颠覆性突破中发挥举足轻重的作用，为适应这些新兴领域的应用需求，土木工程将向巨型化、复杂化、超高化、系统化的方向发展，同时还将具备强大的抵御自然灾害、极端气候、武器打击等各类恶劣复杂环境作用的能力。到 2035 年，将研发成功一系列直接服务于我国国民经济建设主战场的巨型复杂土木结构工程新体系，使我国极端恶劣环境巨型复杂土木结构工程的试验装备、计算方法、设计理论及核心关键技术等方面取得原创性成果，实现土木水利工程和自然环境的和谐发展。

3. 发展水资源安全保障技术支撑体系

针对我国水资源问题及其内因，2014 年党中央提出了节水优先、空间均衡、系统治理、两手发力的治水新思路，为国家强化水治理、保障水安全指明了实践方向和基本路径。2015 年 4 月发布的《中共中央 国务院关于加快推进生态文明建设的意见》中又明确要求，要切实加强用水需求管理，建设节水型社会，积极开发利用各类非常规水资源，研究建立江河湖泊生态水量保障机制，提高水资源安全保障水平。需要立足全社会各行业深度节水、水资源科学调配、多水源开发利用、社会水治理体系建构四大举措，针对措施实施所需的硬治理技术和软管理技术，全面提升水资源领域科技创新水平，支撑未来 20～30 年国家水资源安全保障实践。

（1）为支撑节水优先，一方面需要创新建立基于社会水循环全过程的综合节水理论，并突破重点行业关键领域节水技术和设备；另一方面需要创新研制包括再生水、海水、苦咸水、雨洪水等非常规水资源安全高效开发利用技术与设备。

（2）为支撑空间均衡，一方面需要在摸清水循环与水资源演变的基础上，结合国家发展战略，创新水资源配置技术，提出适应发展新常态需求的国家和重点地区水资源配置方案；另一方面需要基于国家和区域水资源配置战略需求，创新发展重大水资源配置工程关键技术与设备，为实现水资源配置和开发利用目标奠定硬件基础。

（3）为支撑系统治理，一方面需要在深化变化环境下的自然河湖水系演变认识的基础上，创新发展统筹水安全和生态友好的江河治理技术，实现对水系、渠系等基础载体的科学治理；另一方面需强化对自然 - 社会水循环过程的科学调度，实现对取水、用水、耗水、排水全过程的系统管理，在具体管理路径上体现“两手发力”的理念与要求，创新政府管控和经济调节定量化管理技术。

4. 发展可持续的城市水安全保障技术及管理体系

按照建设资源节约型、环境友好型社会的总体要求，以发展可持续的城市水安全保障技术及管理体系为目标，以水污染防治、水生态保护、水资源管理为核心，在明确污水处理过程中能量流与物质流规律、污染物迁移转化规律的基础上，重点发展满足水质、节能、低碳和资源回收等多目标的污水处理关键技术，集成并优化多等级、多途径的污水再生处理及资源回收利用技术体系；结合“互联网+”技术和城市水系统功能，实现城市水环境生态安全信息共享，指导监控点诊断、控制和应急决策，创建智慧城市水系统，发展自然净化与人工强化有机结合的城市水系统综合规划管理技术平台，积极推动海绵城市建设。

（1）污水再生处理与综合利用的安全保障。将污水再生处理作为解决城市缺水、改善水环境质量的重要途径，针对目前我国再生水利用率低的问题，结合生态系统原理与系统科学思想，围绕城市污水深度处理、水资源健康循环与中水回用等技术目标，开发低耗高效的污水深度处理技术，在水资源开源节流的同时，将污水中的有机物和无机营养物作为物质资源进行分离回收，建立污水再生处理与综合利用技术体系，从而使社会经济发展与水资源、水环境相协调。重点发展方向包括：基于不同回用途径的再生水水质标准；污水中新型污染物的监测、去除及生态安全诊断；污泥源头减量及分质资源化处理处置成套技术；工业集聚区污染治理模式与环境风险评估体系；城市污水再生处理集成技术与综合示范；再生水的生态储存与风险控制技术；水质、节能、低碳与资源回收等多目标的城市污水处理循环利用技术；适应多目标与功能需求的污水处理厂系统管理体系等。

（2）海绵城市建设关键技术。以修复城市水生态、涵养水资源，增强城市防涝能力为目标，坚持生态为本、自然循环的基本原则，采取渗、滞、蓄、净、用、排等措施，实现地表水资源、污水资源、生态用水、自然降水、地下水等统筹管理、保护与利用，同时推进数字技术、信息技术主导的水生态安全诊断与功能优化技术，建立智慧城市水系统，在此基础上，充分考虑水资源、水环境、水生态、水安全、水文化，推广具有自然渗透、自然积存、自然净化功能的海绵城市建设，确保社会水循环能够与自然水循环相互贯通。重点发展方向包括：城市水环境生态安全诊断技术；渗、滞、蓄、净、用、排多功能一体化绿色技术；雨水减量、调蓄净化与生态景观均衡利用关键技术；生态净化与生态修复技术；污水资源多目标利用技术；基于城市水数值模拟与仿真和“互联网+”的智慧城市水系统技术；新型水系统规划设计与综合整治对策等。

5. 开展全球卫星定位导航系统、全球高分辨率遥感对地观测系统、全球空间信息基础设施建设与发展成套技术体系研究

加强基础研究、前沿技术研究和关键技术攻关，基本建成信息化测绘体系，推动科技成果产业化和科技国际化进程；实现现代化测绘基准、实时化地理信息数据获取、自动化地理信息数据处理、智能化数据管理、测绘地理信息成果网络化分发、测绘地理信息社会化应用、人才装备建设、信息化管理的快速提升，形成一批具有国际竞争力的民族品牌软硬件产品。

（1）测绘地理信息基础理论研究。大地测量学、摄影测量与遥感、地图学与地理信息系统等是测绘地理信息科技领域中的基础性学科。科学技术进步和社会经济发展对测绘地理信息学科的研究领域提出了新的要求，需要研究地理认知、地理国情监测基础理论与方法、海洋测绘基础理论与方法。围绕智慧地球、低碳经济、物联网等社会热点和国家重大需求以及全球测绘、月球测绘和深空深地探测等，研究学科发展中的新概念、新理论、新方法和新技术，解决学科发展中的重大科学问题，在更高层次上开展多种学科的交叉和融合研究。深入探讨机理问题、本质问题和不同方法的实现手段等，提高我国测绘地理信息科技的基础研究和应用基础研究水平。

（2）测绘地理信息软科学研究。结合测绘地理信息事业的可持续发展，开展测绘地理信息软科学研究。做好顶层设计，进一步明确测绘地理信息事业的发展方向，提升事业的持续发展能力，为拓展服务领域、强化行政管理、推动事业科学发展提供坚实的理论支撑。需要不断深化基础测绘管理、数字地理空间框架建设应用、信息化测绘体系建设、测绘公共服务、测绘科技创新、地理信息产业发展、体制机制建设、法制建设等方面的战略和政策研究，加强重大测绘地理信息工程规划设计研究，为相关政策制定提供参考依据。

（3）现代测绘基准关键技术研究。深入开展现代测绘基准关键技术研究，主要包括现代三维基准关键技术、地球重力场逼近关键技术、导航定位关键技术和地球动力学研究等。通过开展测绘基准关键技术攻关，结合重大测绘地理信息专项，着力解决构建现代测绘基准的重大关键问题，为重大测绘地理信息工程的实施提供科技支撑。开展基准建设的生产性技术研究，形成可直接投入生产的应用技术成果。

（4）地理信息实时化获取关键技术。通过开展基于系列测绘卫星、高中低

航空遥感、地面地理信息数据获取等关键技术攻关，着力解决地理信息实时获取的重大技术问题。设立国产测绘卫星测绘地理信息科技专项，为国产测绘卫星的研发和应用提供技术支撑，并开展地理信息获取的生产实用性技术研究。

（5）地理信息自动化处理关键技术。通过开展各种传感器数据自动处理、多源遥感数据高性能计算、遥感影像智能解译和变化检测等关键技术研究，形成地理信息自动化、集成化处理能力，为重大测绘地理信息工程的实施提供技术支撑。开展地理信息处理的生产实用性技术研究，带动生产技术和水平的整体升级。

（6）地理信息智能化管理与网络化分发技术研究。发展分布式地理信息数据库管理技术和网络化地理信息分发服务技术，完善地理信息互操作技术以及数据安全保密技术与方法，为实现地理信息网络化共享提供技术支撑。重点研究海量地理信息数据网络搜索与浏览技术、地理信息数据安全保密技术和版权保护技术、异构地理信息数据的传输与互操作技术、地理信息数据交换技术、地理信息一站式服务系统技术等。

（7）地理信息社会化应用技术研究。发展面向国民经济建设和社会发展急需的地理信息应用技术，研究地理信息新产品设计开发的技术和方法，进一步丰富基础地理信息产品，推动地理信息产品的社会化、大众化应用。重点研究时空数据动态可视化技术、空间数据挖掘和知识发现技术、基于数据库的数字制图新技术、动态电子地图开发技术、基础地理信息公众版产品开发技术、虚拟现实应用系统技术及重要地理信息统计技术和方法等。

（8）加速推动测绘地理信息技术产业化。结合测绘地理信息科技发展的方向和应用的热点，推动卫星导航定位与位置服务、航空航天遥感、地理信息应用、面向物联网的测绘地理信息综合服务等高新技术的转化与产业化。

6. 高速铁路技术将向智能高铁、绿色高铁、更高速度方向发展，全面提升高铁技术体系和技术经济性，强化安全保障和灾害预警控制，深入研究轮轨高铁极限运营速度，探索发展时速600km及以上的低真空磁浮高铁技术，以高效率、低消耗、低排放、高性能和长寿命为目标，不断推进交通运输方式的创新和变革

以可持续发展和现代材料为基础，以现代结构设计、计算理论和试验技术为依托，响应“低碳经济”“安全第一”“绿色交通”的要求，重点研究更高速度高速铁路的基础设施减振降噪技术，深入研究高速列车通过长大隧道、隧道群

及声屏障的气动效应，不断推动大跨度桥梁在高速铁路中的应用，研究设计适应更高速度的高寿命、高安全性、高耐磨性的新型道岔，优化高速条件下轮轨型面匹配和硬度匹配关系。综合现代传感技术、网络通信技术、信号分析与处理技术、计算机技术、数据管理技术、预测与健康管理等多个交叉领域的知识，有针对性地开展高速铁路基础设施信息化安全监测技术、基于大数据高速铁路基础设施故障预测与健康管理和基于BIM的高速铁路基础设施数字化运营维护技术研究，建立基础设施典型故障特征模型，提出高速铁路基础设施状态演化规律及预测方法，实现全生命周期内高速铁路基础设施健康状态评估和管理。更高速度条件下高速铁路基础设施关键技术研究的总体发展思路如下。

（1）故障预测与健康管理技术。推进基础设施大数据建设，开展大数据采集与挖掘、存储与处理、语意和图像分析与应用研究，突破海量数据分布式存储、数据智能分析等核心关键技术，探索大数据与云计算、物联网、移动互联网等产业协同发展的新模式，积极培育大数据产业。根据大数据中的诊断/预测等信息、可用维修资源和使用需求，研究基础设施的故障识别及分析诊断技术，典型故障发展预测及演变规律，健康管理综合评判指标，构建全生命周期内状态预测与健康管理系统等。

（2）更高速度高速铁路基础设施关键技术。为确保高速铁路在中长距离城市间运输的竞争优势，进一步缩短列车到达时间，高速列车的运行速度将不断提高，上述技术问题都是影响高速铁路速度提高的关键因素。重点研究方向包括：高速列车引起的振动和噪声形成机理；轮轨噪声、结构噪声、气动噪声和基础振动等系统评估模型；高速运营条件下的振动及噪声环境影响程度精准预测模型；基础设施减振降噪的技术手段；高速列车在长大隧道和隧道群运行时空气动力效应影响；非开放结构形式基础设施设计参数；高速轮轨多边形形成机理；高速轮轨型面匹配、硬度匹配关系；高速轮轨黏着蠕滑机理及理论；高速轮轨磨耗机理及减磨控制技术、钢轨波磨机理及控制技术、轮轨减振降噪技术；高速铁路轨道不平顺控制技术；高速道岔结构平顺性设计；车-岔耦合轮轨关系；高速道岔轨件伤损监测；基于3D打印的道岔制造和修复技术；高强度、高韧性、耐磨钢轨的制造技术；基于节段预制、现场拼装的大跨度简支梁桥；基于预制架设的大跨度简支梁桥；高性能声屏障；综合节地技术与双层桥梁技术。

（3）磁悬浮高速铁路关键技术。开展复合多物理场耦合作用、系统安全及可靠性控制、结构振动与控制、空气动力学等理论研究，在长距离低真空管道设计建造、管下基础设施设计与建造、线路高平顺性保持、管道抽空和真空保持、运行安全与防灾救援等技术方面取得新突破。建立磁悬浮高速铁路示范线，实现磁悬浮技术与低真空管道技术的结合，满足列车以600km/h及以上速度运行的要求。

（4）智能高速铁路关键技术。智能高速铁路是一个以人为本、节能环保、绿色生态、经济高效且综合性强、复杂程度高、涉及面广的系统工程，坚持人性化设计，优化站车服务功能，为旅客出行提供更加便捷的智能服务，全面提升铁路安全舒适和运营管理现代化水平。重点研究方向包括：集BIM设计、信息化预制和智能管控的成套建造技术；卫星导航、自动驾驶、人工智能、LTE-R新一代无线通信等通信信号技术；可实现自动驾驶、全面实时监控、工作状态自感知、运行故障自诊断、导向安全自决策的是智能立车技术；高效智能化远程数据采集与控制的牵引供电系统；构建可自感知、自适应的铁路综合客运服务模式等。

7. 发展大数据时代面向城市问题的智慧城市建设关键技术

以高性能计算、泛在网络为基础，以大数据处理技术为支撑，重点发展以解决超大规模城市面临的城市问题为导向的智慧城市支撑技术，着力完善城市大数据的分析理论与方法体系，努力实现城市运行状态的全面感知、数据的自动关联和动态融合，虚拟城市环境的实时构建与动态表达，城市运行的仿真和优化提升，积极推动智慧城市技术在规划、交通、公共安全、卫生、应急、公众服务等领域中的深度应用，全面提升政府的城市运营水平。面向城市问题的智慧城市支撑技术的总体发展思路如下。

（1）城市的全面感知与数据集成，通过各类传感器网络同时对现实物理世界和虚拟网络世界进行感知，从而获取城市运行状态的第一手数据资料，为智慧城市的应用分析提供数据支撑。重点研究方向包括：城市泛在感知网络及其集成整合技术，借助泛在网络进行群体感知、参与感知、移动感知、环境感知、内容感知；城市数据自动语义关联和动态融合技术，从自然语言中抽取空间语义信息，识别空间目标对象，建立空间方位及空间拓扑关系，对空间概念进行量化表达，与地理空间数据进行语义关联和动态融合，消除GIS中结构化空间信息与自然语言中的非结构化空间信息间的语义障碍。

（2）虚拟城市环境和城市计算。虚拟城市环境是在城市自然地理的框架内，以城市为对象，以城市地理特征和规律为本源，以地理感知、地理分析为目的，综合利用网络、计算机、虚拟现实等技术构建的开放式城市地理环境及空间，是城市的“数字沙盘”，以此为基础开展城市计算的研究。重点研究方向包括：虚拟城市环境实时构建与动态表达技术，城市地理环境模型的形式化与情境化表达，城市行为和状态的集成表达、推演预测、评估调控；城市空间仿真和优化，通过模型算法实现对城市环境、规划方案、建筑设计、设施配置、路网布局以及各类城市空间管理中的决策进行模拟与仿真。

（3）城市运行优化提升的新路径。认知和模拟城市系统内人类群体的交互方式、行为方式、传播方式等对城市发展包括创新能力、生产能力、幸福指数、社会安全等的影响和作用机理，探索研究优化城市设计、改善城市结构、转变城市治理模式、提升城市运行效率、促进城市发展的新路径和新方法。重点研究方向包括：基于人类行为分析的城市运行优化与提升技术；城市空间规划在线协同技术；城市土地资源立体化利用管理技术，发展城市土地立体化利用模式认知理论，探索城市土地立体化利用综合调查评价技术，创新城市土地立体化利用规划技术，发展基于空间使用权的不动产统一登记技术，进而形成城市土地立体化利用管理技术体系，为城市土地资源节约集约利用和城市可持续发展提供理论指导和技术支撑；基于众筹群智的城市安全预测预警和应急管理技术，建立开放、共享的众筹群智在线参与和在线决策的新机制。

第二节 战略目标

一、2025年目标

1. 在生态城市和绿色建筑方面建立起顺应国际潮流且符合中国国情的理论、方法和技术体系，基本实现尊重文脉传承和地域特色的中国城市与建筑的规划和设计，在城市与建筑遗产保护、先进数字技术运用等方面取得一批原创性成果

（1）在新城规划和城市更新方面建立起符合新型城镇化要求的方法和技术

体系。在新城规划方面，借助大数据等先进技术实现规划方法和技术手段的升级；完成从增量规划向存量规划的转变；以多规合一为目标实现规划模式的创新。在城市更新方面，研发出适合城市中心区、老工业区、旧住区等不同类型既有城区特点和要求的更新策略和技术体系；建立地下空间开发和利用的技术；实现地上地下空间的整体规划。

（2）通过多专业交叉与整合，建立起绿色建筑从设计到建造再到运营管理的全套技术。通过建筑、结构、机电等专业的交叉融合，建立起绿色建筑整合设计的关键技术；以性能化为导向，突破绿色建筑在设计全过程中的优化技术；提高建筑节能效率和建筑室内环境保障水平；大幅度提升建筑信息模型技术在建筑设计和施工中的应用广度和深度；发展不同形式的工业化建筑体系。

（3）通过理论探索和工程实践，基本建立起可与西方平等对话且符合中国地域和文化特色的建筑与城市设计理论和方法。通过理论探索和工程实践，在被普遍接受的建筑学理论体系的基础上，构建出符合中国地域和文化特色的建筑与城市设计理论和方法；积极与西方对应的学科及领域交流合作、平等对话；实现中国对世界乃至发达国家的知识和技术的输出。

（4）显著提升城市与建筑遗产保护的技术水平，扭转或改善建设性破坏的困局。持续关注城市与建筑遗产保护，在价值评估、保护规划编制、适应性再利用、修缮加固、人居环境改善等方面取得明显的技术进步；推动相关规范、标准、导则的研究和编制；为政府部门的管理和决策提供理论和技术的支撑，扭转或改善建设性破坏的困局。

（5）在城市与建筑的先进数字技术研发和运用上取得长足进步。重点研发城市与建筑领域的先进数字技术并探索其应用的方式和途径，包括生成设计、数控建造、算法运用、性能模拟和优化、3D 打印等，实现技术 - 想象力 - 生产力的链条；显著提升城市与建筑领域数字技术的应用水平，除设计环节外，在建造和运营管理方面也初步实现数字化；在建筑项目上应用先进数字技术并创造出一批兼具技术先进性、想象力和实用性的作品。

2. 掌握一批国际领先的高性能土木工程关键核心技术，基本实现高性能可持续土木工程技术体系，在工程结构全生命基础理论与方法方面取得原创性成果

（1）研发成功一系列新型高性能土木工程材料与智能材料。除了高性能混

凝土材料和高性能钢材这两个传统前沿领域，在纤维复合材料、可持续生态环保材料、智能驱动材料与驱动阻尼元件、智能感知材料与高性能传感网络、智能混凝土材料等方面取得突破性进展，重点关注新型材料在工程结构中应用的技术经济可行性，该项研究或将推动土木工程行业的颠覆性变革。

（2）研发成功一系列新型高性能结构体系，并取得若干引领国际潮流的关键核心技术。重点突破立体综合巨型结构体系、智能结构体系、广义组合结构体系、功能可恢复结构体系、绿色生态结构体系、长寿命深海结构体系、高性能仓储结构体系、高性能军事防护结构体系等，发展完善与新结构体系相适应的设计理论和方法，并在全国范围内取得显著的工程示范效应。

（3）在工程结构全生命基础理论与方法方面取得原创性成果。力争在结构整体可靠度与风险控制、工程结构性能设计理论与方法、工程结构耐久性与全生命设计理论、工程材料本构关系基础理论等若干土木工程基础理论研究前沿领域取得1～2项具有国际影响力的原创性成果。

（4）成功实现复杂环境条件土木结构工程精细化计算、试验与测试新方法。积极开展与现代信息及控制技术相结合的结构试验新方法研究，重点在结构材料和材料本构关系的试验新方法、地震模拟试验系统的实时控制新方法、子结构试验新方法等方向上取得突破性进展。面向土木工程重大需求开发一系列结构工程仿真分析和优化设计的高性能计算新方法，为自主研发土木结构工程CAE软件系统提供重要基础。

（5）初步建立现代工业化建造体系，实现绿色建造。开发基于信息化技术的装配式建造技术，将3D打印技术引入土木工程建造过程，显著提升土木工程建造过程的现代化、信息化、工业化、机械化、智能化水平，实现土木工程建造体系的新变革。构建基于资源高效利用的绿色建造技术体系，突破基于寿命周期的设计施工一体化技术，并在全国范围内开展试点示范。

（6）系统地建立多重灾害作用土木工程结构全生命可靠度设计理论与方法。系统开展土木工程防灾减灾基础理论研究，深入揭示包括地震、火灾、风灾、水灾、冰雪灾、海啸、地质灾害等多灾种的基本发生机制及其共同作用的相关性与耦联性，在多重灾害作用土木工程结构全生命可靠度设计理论与方法方面取得系统性成果，并获得突破性进展。

（7）建立完善的结构工程数据理论，既有土木工程结构的检测、维护、改造与性能提升技术取得突破。重点部署土木工程基础数据的国家建设计划，重点研究基于大数据的土木工程荷载、环境、行为及其演化规律、机制与机理的分析、挖掘与建模理论和方法，以及基于大数据的土木工程灾害预测、预警和快速评估理论与方法。建立完善既有土木工程结构的检测、维护、改造与性能提升技术，并得到推广。

3. 构建具有国际水平的水资源高效开发利用理论技术体系和实验基地平台，抢占国际水资源安全研究的制高点，近期水资源利用效率提高15%以上，形成50亿 m^3 的水资源当量应用效益，示范区的水资源安全保障能力显著增强

（1）在理论方法层面，形成国家水资源安全保障的科学理论与方法体系，主要成果达到国际先进或领先水平，显著提升水资源科技创新能力，推动相关学科领域发展，抢占国际水文十年战略计划（2013～2022年）“水安全：应对地方、区域和全球挑战”研究的制高点。

（2）在技术研发层面，研发整装成套的水资源高效开发利用技术300项以上，研制新设备和新材料100套以上，制定技术标准与规范50项以上，申请国际和国家专利500项以上，水资源调配管理技术和不少于5个行业高效用水技术达到世界先进水平，用水效率提高15%以上，海水淡化制水成本和能耗降低10%以上，南水北调西线、西南水电开发等重大水工程的技术壁垒基本得到攻克。

（3）在示范应用层面，建设示范区和示范工程200个以上，形成50亿 m^3 的水资源当量效益，包括30亿 m^3 节水当量和20亿 m^3 开源当量；提出保障国民经济健康持续发展的水资源合理配置格局与方案，京津冀、长江经济带、丝绸之路经济带等重点示范区水资源安全保障能力显著增强。

（4）在支撑带动层面，支撑未来5～10年全国非常规水资源供水量由现在的50亿 m^3 提高到100亿 m^3 以上，支撑国务院加快推进172项重大水工程建设，支撑正常年份全国缺水量降至200亿 m^3 以下、缺水率降至3%以下，水资源管理红线控制目标实现，并为2030年实现80%的水能资源开发目标奠定坚实基础。

（5）在人才平台层面，培养一支较为完整的、具有国际视野和主导力、富有自主创新精神的水资源安全研究队伍；打造形成国际水平、开放的水资源高效开发利用联合研发实验基地，推进水资源科学技术与产业化联盟、水安全科学与工程国家实验室的组建。

4. 发展低耗高效的污水处理及资源化技术体系，推动城市水安全技术创新，突破具有自主创新的污水处理及安全回用关键技术，形成可持续的城市水安全保障体系

（1）开发一系列低耗高效的污水处理工艺。重点突破污水处理工艺的节能降耗潜力分析、处理水质达标分析等系统分析与评估技术，解析污水处理过程中的物质流和能量流规律，明确高能耗物耗的单元技术及其升级改造方案，实现污水处理工艺的全流程控制与优化运行；系统地开展新型低耗高效污水处理技术研究，如新型节能短程脱氮技术、反硝化除磷新技术、厌氧氨氧化技术等，突破技术的实用化瓶颈。

（2）构建国际领先的城市污水再生处理及综合利用关键技术。开发针对不同回用途径的污水再生处理技术、前瞻性新兴污染物检测与去除技术、有机物及无机营养物的分离回收技术、污水中蕴含能源的回收技术等。重点突破污水深度脱氮除磷技术、膜生物反应器技术、臭氧－活性炭技术、纳滤、反渗透等深度处理技术在景观用水、工业用水、农田灌溉、补充饮用水水源等不同回用途径中的应用研究；开发针对微量有机物、重金属和病原微生物的高级氧化技术（如光催化、芬顿、臭氧氧化等）及吸附技术等；发展氮磷共沉淀制备鸟粪石、污泥分质资源化等资源利用回收技术；开发生物质燃料、生物电化学系统、高效污泥厌氧消化产甲烷等能源回收技术；建立再生水品质的快速检测与评价技术、再生水管网生物膜控制技术、再生水与人体健康评估及生态风险评价技术等再生水的安全保障及评估技术。

（3）提出基于多目标管理的城市污水处理资源化理论及新型技术。针对现有城市污水处理工艺高能耗物耗、高剩余污泥产量和温室气体排放与能源紧缺、低碳社会以及温室气体控制之间的矛盾，在满足水质目标的前提下，将节能、资源回收和低环境影响等设定为污水处理目标，以满足水质、节能、低碳和资源回收的多目标管理理念替代传统的以水质为单一目标的污水处理理念，为实现污水处理过程的低水环境影响、低资源损失、高营养物质循环利用率、低能源使用、低废物产生提供理论基础，推动污水处理向可持续发展方向的变革。

（4）初步实现城市供水、排水及雨水的分质收集与处理。按全过程控制的理念，将城市污水产生、收集、输送、处理和排放作为整体进行研究，突破分质排水、从源头减少氮磷负荷并制备有机肥料的“源分离”技术；雨水排放采

用分散式原位生态措施，削减和净化雨水，通过雨水储存、利用或回灌地下，实现雨水的分质收集与处理，初步建成可持续的新型雨水系统，最大限度地削减城市面源对城市水环境的污染负荷，降低分流制管网中雨水冲击负荷对污水处理厂的影响；研发和引入新型管网监测技术，建立排水管网—污水处理厂的在线监控与联合调度系统，对污水收集和输送过程进行动态管理，使污水处理厂稳定高效运行，实现更大的环境效益。

5. 持续建设和维护全球卫星导航系统、全球高分辨率遥感对地观测系统，提升现代化测绘基准和卫星测绘应用体系，发展 Geo+ 泛在地理信息智能服务技术和能力，建设满足国家信息化建设的基础地理信息资源与更新体系，建设地理信息公共服务以及地理信息产业体系，具备承担全球地理信息工程的能力

（1）建设卫星导航定位系统以及完善的导航位置应用服务体系。到2025年，我国卫星导航产业创新发展格局基本形成，产业应用规模和国际化水平大幅提升，产业规模超过 1 万亿元，北斗卫星导航系统及其兼容产品在国民经济重要行业和关键领域得到广泛应用，在大众消费市场逐步推广普及，对国内卫星导航应用市场的贡献率达到 60%，重要应用领域达到 80% 以上，在全球市场具有较强的国际竞争力。国家卫星导航产业基础设施建设进一步完善，形成竞争力较强的导航与位置、时间服务产业链，形成一批卫星导航产业聚集区，培育一批行业骨干企业和创新型中小企业，建设一批覆盖面广、支撑力强的公共服务平台，初步形成门类齐全、布局合理、结构优化的产业体系。突破芯片、嵌入式软件等领域的一批关键核心技术，形成一批具有知识产权的专利和技术标准，支撑行业技术进步与应用模式创新。卫星导航技术在经济和社会各领域广泛应用，基本满足经济社会的发展需求。在能源（电力）、金融、通信等重要领域，全面应用北斗等卫星导航系统，在重点行业和个人消费市场及社会公共服务领域，实现北斗等卫星导航系统的规模化应用。北斗卫星导航系统服务性能进一步提升，实现与其他卫星导航系统的兼容与互操作，北斗应用的国际竞争力显著提升，应用范围更加广泛。

（2）建设高分辨率遥感对地观测系统，逐步形成高、中、低空间分辨率的合理配置、多种观测技术优化组合的综合高效全球观测和数据获取能力。基于国家民用空间基础设施建设，广泛利用国际资源，建立开放共享、民商结合的

多元化发展模式，大力发展基于自主导航卫星、遥感卫星，以及具有自主知识产权的有效载荷、终端产品、应用技术、应用系统和增值服务体系，建设综合性卫星应急通信基础网络、北斗位置信息综合服务体系、多源数据处理与应用集成服务平台，面向重点领域、区域和大众应用，建设一体化、网络化、智能化、柔性化的空间地理信息服务体系。大力推进行业、区域、大众等领域导航、遥感地理信息深度应用及综合应用，基于自主的通信、导航、遥感卫星系统，建设空天地一体化物联网、空间宽带互联网以及区域、全球地理信息安全网络体系。基本实现地理信息产业科技的整体性突破和跨越式发展，在重要领域拥有大量自主知识产权的核心技术，实现关键产品的基本自给，步入测绘地理信息产业科技先进国家行列。

6. 基本建成安全、便捷、高效、智能、绿色的现代综合交通运输体系，攻克一批更高速度轮轨高铁和磁浮高铁关键技术，实现轮轨高铁运营速度的新突破，大幅度提升高速铁路的智能化水平，保持轮轨高铁国际先进者行列

（1）研发一批国际领先的更高速度高铁关键核心技术。提出更高速度等级的高速铁路基础设施减振降噪技术，初步建立更高速度等级的高速铁路轮轨关系技术体系，完成更高速度等级的高速铁路基础设施气动效应理论研究，系统建立在各类运营条件下的气动效应理论支撑，初步形成基于动车组、轨下基础和声屏障的减振降噪综合技术体系。提出大跨度简支梁桥技术体系，掌握更高速度等级的高速铁路道岔核心技术，研制出国际先进的高速道岔系列产品。

（2）实现基于大数据的高速铁路故障预测与健康管理。以BIM技术为核心，结合GIS技术应用和高速、移动、安全、泛在的新一代信息基础设施，打造集可视化、智能化、集约化、精益化的全生命周期管理的现代数字化运营维护技术，编制基础设施信息档案，建立风险识别和预警机制，完善“病历单”、“病害库”、知识库、专家库等功能模块，建立智能型病害原因分析系统和养护维修决策系统。实施基础设施设计、建造和运维不同阶段数据资源融合发展战略，采用大数据分析技术推进数据资源开放共享，搭建高速铁路基础设施建设、养护及服役状态监测、安全评估技术、标准和装备体系，开展影响健康状态关键因素、面向动态响应的健康参数体系及多目标健康评估方法研究，探索符合我国高速铁路路情的故障预测与健康管理模型，实现从“状况修”到“状态修”

的飞跃，最终达到全生命周期内高速铁路基础设施状态预测及健康管理目标。

（3）形成磁悬浮高铁全系统技术方案，建设综合试验线开展系统试验验证。开展磁悬浮高速铁路系统总体技术方案设计及优化研究，攻克磁悬浮高速列车一体化设计、复杂多物理场系统耦合分析、全生命周期 RAMS 保障体系、悬浮导向系统、牵引动力系统、管道及支承结构设计及制造、运控通信、灾害防御及应急救援技术等关键技术。完成全尺寸磁悬浮高铁综合试验线方案设计、系统集成和工程实施，完成磁悬浮高速列车研制生产，开展系统关键技术及系统演示验证试验。

（4）大幅度提升高速铁路的智能化水平。自主掌握关键元器件、特殊测试装备等设计制造核心技术，实施"互联网 +"行动计划，发展物联网技术和应用，建成信息采集、传输、存储和分析反馈的数据生态链技术创新体系。加快发展高速铁路基础设施综合检测技术，努力形成施工期及运营期综合检测成套技术，为保障行车安全、实现高速铁路的高效、经济维修与管理提供强有力的技术支撑。重点研究方向包括：高速综合检测、巡检技术；移动装备的在线检测监控技术；完善基础设施服役状态实时监测、监控技术；基于物联网、云计算等多源海量信息拾取、处理技术；系统间信息融合技术。

（5）形成智能高铁技术方案，建设"智能京张""智能京雄"等典型示范线。本阶段以"智能京张""智能京雄"为典型示范，坚持人性化设计，优化站车服务功能，全面电子客票上线应用，为旅客出行提供更加便捷的智能服务。研制智能列车，实现 CTCS3+ATO 新型智能动车组自动驾驶；通过基于 BIM 的工程建设全生命周期管理实现精准设计和精益建造；形成高速铁路隧道智能建造体系；建设新一代智能牵引供电系统；基于全域信号增强的铁路北斗导航获得应用；铁路大数据平台与铁路智能服务平台建设完成；构建基于 AI+ 的智能客运车站系统，"车站大脑"初步形成；实现铁路装备的全生命管理和智能化维护，全面提升铁路安全与运营管理现代化水平。

7. 掌握一批国际领先的智慧城市建设关键核心技术，基本建立解决城市问题的智慧城市建设支撑技术体系，在城市数据空间语义集成、虚拟城市环境构建的基础理论与方法方面取得原创性成果

（1）研发成功一系列基于泛在感知网络的城市数据实时感知技术体系。重点突破基于泛在感知网络的群体感知、参与感知、移动感知、环境感知、内容

感知的技术体系，构建可交换、可共享、可集成整合的实时感知网络体系，通过各类传感器网络实现现实物理世界和虚拟网络世界的全方位感知，发展实时感知数据分析挖掘的理论与方法，为智慧城市的应用分析提供理论方法支撑。

（2）在城市数据空间语义集成理论与方法方面取得原创性成果。重点突破城市数据自动语义关联和动态融合技术体系，力争在自然语言空间语义抽取、空间语义关联、空间目标对象识别等若干理论方法研究前沿领域取得1～2项具有国际影响力的原创性成果。

（3）成功解决虚拟城市环境实时构建的关键技术问题，实现复杂城市环境的虚拟仿真与动态模拟。积极开展虚拟城市环境实时构建和城市空间仿真优化的新技术方法研究，重点突破虚拟城市环境的动态分析及地理过程模拟方法体系，建立城市地理环境模型形式化与情境化的动态表达技术体系，实现城市行为和状态的集成表达、推演预测与评估调控，通过模型算法实现对城市环境、规划方案、建筑设计、设施配置、路网布局及各类城市空间管理中的决策进行模拟与仿真。

（4）系统地建立众筹群智新模式下的城市安全预测预警和应急管理理论与方法。系统地开展基于众筹群智的全感知、全开放、全共享和全参与模式的城市安全与应急管理技术体系研究，构建融合公众认知与智慧的城市安全与应急管理的众筹群智新模式，建立城市空间开发安全评价与预测预警体系，在城市安全预测预警和应急管理理论与方法研究方面取得系统性成果，获得突破性进展。

（5）初步建立城市运行优化和提升技术体系，在城市人类行为模式分析理论与方法方面取得突破。研究基于空间耦合的城市人类行为模式和社会关系大数据的感知与分析挖掘理论与方法，构建人类社会关系网络、行为模式、传播流向的时空模型，认知和模拟城市系统内人类群体的交互方式、行为方式、传播方式等对城市发展的影响和作用机理，探索优化城市设计、改善城市结构、转变城市治理模式、提升城市运行效率、促进城市发展的新路径和新方法。

（6）建立完善城市空间规划在线协同、城市土地资源立体化利用技术体系。建立完善城市空间规划在线协同技术体系，实现城市空间规划由“离线割据”向“在线协同”模式的转变；建立完善城市土地资源立体化利用技术体系，创新城市土地立体化利用调查、评价与规划技术，为城市土地资源节约集约利用和城市可持续发展提供理论指导与技术支撑。

二、2035年目标

1. 基于绿色、生态、低碳和可持续理念的城市与建筑成为主流，相关产业转型升级基本完成，中国城镇化产生可贡献给世界的经典范例与模式，在规划设计、遗产保护、建筑技术等方面全面达到国际先进水平

（1）绿色、生态、低碳和可持续不仅成为城市与建筑领域的主导思想，相关支撑技术也形成完善的体系。在思想和理念上，绿色、生态、低碳和可持续成为城市与建筑领域的广泛共识和自觉行动。与此同时，支撑绿色建筑和生态城市发展的各类各种技术也形成完善的体系，并覆盖所有专业工种和设计、建造、运营的所有环节。学术研究和技术进步的成果全面深入地体现到规范标准中，从而以先进的规范标准引领城市与建筑行业的健康、可持续发展。

（2）城市与建筑行业完成转型升级，从粗放、浪费、高污染转向精细、节约、环境友好。手工劳动大量被机械劳动取代，生产品质和生产效率显著提升，完成的城市与建筑工程总体水平有长足进步，先进技术运用的广度和深度明显提高。

（3）在理论、方法、技术的联合推动下，以设计牵引，中国新型城镇化产生一批成功的经典案例，相关经验和模式广为世界借鉴。中国城镇化渐趋稳定，从量的扩张转为质的提升。在原创的理论、方法、技术的联合驱动下，涌现出大量优秀建筑与城市设计作品，并完成高品质的建造。这些城市和建筑作为实体存在，从理念、方法、技术、模式等诸多方面代表中国为世界贡献一批成功的经典案例，并被世界各国包括发达国家广泛学习和借鉴。

（4）在规划设计、遗产保护、建筑技术等领域全面达到国际领先水平。在城市和建筑的主要方向上全面达到国际领先水平，包括规划设计、遗产保护、建筑技术等。从理念到方法，从设计到建造，从城市到乡村形成大批具有国际影响力的成果和案例。在引领技术进步、优化环境品质、传播先进文化等方面为中国在世界舞台上的表现做出重要贡献。

2. 高性能可持续土木工程技术体系走向产业化并广泛应用，现代化土木工程产业形态基本建立，土木工程先进技术在其他领域中深度推广，具有国际影响力的自主知识产权土木工程CAE软件以及先进规范标准体系开发成功

（1）“绿色低碳可持续”在土木工程行业内取得普遍认可，获得充分的技术

保障与制度保障，成为土木工程行业的新常态。经过长期持续的制度建设和科技攻关，传统土木工程行业资源能源消耗大、环境污染严重、使用寿命短、安全可靠性低、抗灾能力弱等一系列问题得到极大改观，土木工程领域低碳节能环保技术达到发达国家水平，现代工业化建造体系和绿色建造技术发展成熟并得到广泛应用，土木工程行业从劳动粗放型向技术密集型和质量效益型转变，土木工程企业在民生保障方面的社会责任感显著提升。

（2）新型高性能结构体系得到广泛推广与应用。系统建立以新工程材料结构及体系、高性能组合结构体系、高防灾减灾性能结构体系、预制装配结构体系等为代表的新型高性能结构体系设计计算理论和设计方法，形成高性能结构体系设计－施工－运维全生命设计成套技术，并在全国范围内得到广泛应用，引领国际结构工程学科的发展潮流。

（3）掌握国际领先的土木工程防灾减灾核心关键技术，土木工程防灾减灾科学技术在国际上占有一席之地。在灾害作用下的预警与应急技术、城市及区域综合防灾减灾、基于大数据的结构灾变反演等方向取得突破性进展，形成独具特色的土木工程规划－设计－施工－运维全周期综合防灾减灾理论体系与成套技术，不仅解决我国土木工程实践中的防灾减灾科学技术问题，同时为国际土木工程防灾减灾的科技进步做出引领性贡献。

（4）建立可以引领国际技术潮流的土木工程规范标准体系。通过加强规范标准体系布局的顶层设计、优化编撰组织模式，在长期系统深入研究的基础上，形成具有国际影响力的土木工程行业规范标准体系，使规范标准逐步成为我国土木工程建设的重要技术依据和准则，在引领技术方向、保障工程质量安全、推广应用先进技术、提升核心技术竞争力方面发挥至关重要的作用。

（5）成功开发具有国际影响力的自主知识产权土木工程CAE软件。CAE软件是事关国家竞争力和国家安全的战略技术。依托结构工程精细化计算方向的突破性进展，我国成功开发具有世界影响力的土木工程计算分析与CAE软件，完全改变我国长期依赖国外土木工程CAE软件开展设计和研究并为国外软件发展提供技术支撑的窘境，也进一步促进我国在土木工程领域的研究成果自成体系。

（6）土木工程先进科技成果广泛地推广并应用于海洋、国防、新能源等其他领域，发挥重要支撑作用。土木工程领域的高科技成果成功地应用于太空与海洋资源开发利用、核电设施建设、清洁能源开发、军事防护工程建设、战略物资储备、超深井与地下洞库建设等一系列其他行业和领域，并在和其他领域的深度融合中拓展出更大的创新空间，为集成式工程科技创新提供新引擎。

3. 支撑正常年份全国缺水量降至 200 亿 m^3 以下，缺水率降至 3% 左右，为顺利实现水资源管理红线控制目标提供支撑

（1）在理论方法层面，形成完善的国家水资源安全保障的科学理论与方法体系，主要成果达到国际领先水平，显著提升水资源科技创新能力，推动相关学科领域发展。

（2）在技术研发层面，研发整装成套的水资源高效开发利用技术 1000 项以上，研制新设备和新材料 300 套以上，制定技术标准与规范 200 项以上，申请国际和国家专利 1000 项以上，水资源调配管理技术和不少于 15 个行业高效用水技术达到世界先进水平，用水效率提高 30% 以上，海水淡化制水成本和能耗降低 30% 以上。

（3）在示范应用层面，建设示范区和示范工程 500 个以上，形成 200 亿 m^3 的水资源当量效益，包括 100 亿 m^3 节水当量和 100 亿 m^3 开源当量；保障国民经济健康持续发展的水资源合理配置格局与方案得到应用，京津冀、长江经济带、丝绸之路经济带等重点示范区水资源安全得到有效保障。

（4）在支撑带动层面，支撑全国非常规水资源供水量提高到 300 亿 m^3 以上，支撑国务院加快推进 172 项重大水工程建设，支撑正常年份全国缺水量降至 200 亿 m^3 以下、缺水率降至 3% 以下，水资源管理红线控制目标实现 80% 的水能资源开发目标。

（5）在人才平台层面，培养一支较为完整的、具有国际视野和主导力、富有自主创新精神的水资源安全研究队伍；打造形成国际水平、开放的水资源高效开发利用联合研发实验基地，组建水资源科学技术与产业化联盟、水安全科学与工程国家实验室。

4. 深入推广并应用新型污水处理技术体系，实现城镇污水的再生处理与综合利用，建设城市生态排水设施，保护和改善城市生态环境，打造具有自然积存、自然渗透、自然净化功能的海绵城市

（1）广泛推广与应用新型污水处理技术集成体系和水环境综合整治技术。通过长期的技术攻关，开展城市污水综合治理新模式研究和关键支撑技术的集

成优化，解决我国城市污水处理装备技术落后、技术服务能力薄弱等问题；成功开发污水处理工艺的多参数综合控制系统及智能控制系统，实现污水处理工艺的全流程控制与优化运行技术；构建水环境承载力评价指标体系与评价模型，建立基于城市水环境承载力的水环境综合整治技术及支撑平台。实现低耗高效的新型污水处理集成体系和水环境综合整治技术在全国范围内的广泛推广与应用。

（2）完成城市污水再生处理及综合利用关键技术的实用化研究和工程应用。有效集成优化多工艺、多等级、多途径的污水再生处理技术和微量污染物去除技术，完成技术体系的实用化研究，针对不同回用途径中的难点问题进行突破，推广污水再生处理技术的实际工程应用，提高城市再生水利用率；建立低成本污水中营养物质分离回收技术体系，完成污泥减量、稳定化、无害化、分质资源化处理处置成套技术开发，推广污水、污泥能源回收技术应用，初步实现污水中资源物质和能源的高效回收。

（3）建立基于多目标管理的城市污水处理资源化新型技术体系。以污水处理过程中的能耗、化学品消耗、温室气体排放、污泥最终处置方式等作为重点考虑的环境影响因子，建立城市污水处理的生命周期评价体系，将城市污水处理放在大环境背景下，与能源消耗、对气候变化的影响等联系在一起进行综合评估，客观全面地解析污水处理各环节对环境的影响；建立满足水质、节能、低碳和资源回收等多目标的城市污水处理资源化技术体系，达到污水处理过程的环境负面效应最小化、能源与资源回收利用最大化目标，初步实现污水处理与总生态环境效益的和谐统一及污水处理的可持续发展。

（4）创建智慧城市水系统，广泛推广海绵城市建设。基于水资源与安全，针对饮用水源、自来水厂、污水处理厂、河道断面、湿地、地下水以及分流制雨水管道等，建立水资源自然循环和社会循环的系统仿真与优化，基于水环境与生态，研究污水能源流与物质流规律、污染物迁移转化规律等净化系统仿真与时空优化，实现城市水数值模拟与仿真；结合“互联网+”和城市水系统功能，指导运营控制与故障诊断，实现监控点诊断、控制、应急决策，并发挥物联网作用以保障公众知情权和监督权，建立数字技术、信息技术主导的智慧城市水系统；明确海绵城市建设投融资模式及规划设计、建设、运营机制，完善相应的城市规划设计与基本建设开发规范及法律，完善公共私营合作制（public private partnership，PPP）等资本运营模式和管理机制，积极推广海绵城市建设。

5. 建设具有分钟级的全球空间信息获取与处理能力，建成全球空间信息基础设施，满足我国全球化战略的发展需求。建成国家具有日度更新能力的全覆盖地理信息资源体系，满足实时地理信息服务需求，地理信息产业成为主要的信息服务产业，成为全球地理信息产业的领跑者

（1）产业核心技术自给率大幅提升，形成持续的国际竞争优势。GNSS 集成电路、软件和关键元器件，测绘专用设备仪器的研发和生产取得全面突破，拥有一批核心专利与标准，集成电路自给率高；形成一批具有自主知识产权的核心技术和创新产品，形成完整的卫星导航产业链与地理信息产业链；建立起包括空天地海多层次的智能地理信息传感网；全面掌握并应用遥感综合监测技术、多源数据融合与处理技术、遥感信息提取与解译技术、地理要素变化监测技术、地理统计与分析技术等，云计算、物联网、移动互联网等高新技术在测绘与地理信息中广泛应用，地理国情信息处理、分析、提供速度、效率和能力强，构建数据获取实时化、处理自动化、服务网络化、产品大众化、应用社会化的智能化测绘体系，形成长期、稳定、可靠的空间地理信息应用服务体系。

（2）能按需为政府和大众实时提供准确、可靠的全息测绘地理产品服务，全面支撑经济社会的健康可持续发展，成为全球地理信息产业领跑者。基本实现航天、航空、地面、海洋、地下空间五位一体的集成观测技术体系，建成全社会共享的卫星导航定位系统，综合应用于服务、地理空间信息快速提取、更新、海量数据并行批量与协同处理、遥感影像数据精细化应用及大地理空间数据挖掘、建成地理信息公共服务平台；建成中国地理空间传感网、时空信息处理与服务的云平台，能按需为政府和大众实时提供准确、可靠的全息测绘地理产品服务，全面支撑经济社会的健康、可持续发展；建成国家具有日更新能力的全覆盖地理信息资源体系，满足实时地理信息服务需求，地理信息产业成为主要的信息服务产业，成为全球地理信息产业的领跑者。

6. 全面建成布局完善、互联互通、绿色智能、耐久可靠的交通网络体系，健全更高速度等级的轮轨高速铁路技术体系，在磁浮高速铁路关键技术方面取得新突破，铁路智能化程度进一步提高，为交通强国战略实施提供强有力的支撑

（1）一批国际领先的更高速度高速铁路关键核心技术已掌握并应用建设实

施，实现更高速度高速铁路关键技术体系。围绕高速铁路沿线噪声与振动精确预测及评估、基础设施减振降噪技术研发、技术应用及后评估等方面，实现系统突破并推广应用。形成适用于更高运营速度的非封闭基础设施断面轮廓及结构长度相关标准，掌握强气动效应应对措施和具有吸能减振功能的新型基础设施建造技术，实现高速铁路的绿色出行。系统地建立基于预制架设的大跨度简支梁桥和基于节段预制、现场拼装的大跨度简支梁桥的技术体系。掌握高速轮轨型面匹配和硬度匹配关系，系统地建立高速轮轨黏着蠕滑机理及理论，掌握高速轮轨磨耗机理及减磨控制、钢轨波磨机理及控制和轮轨减振降噪核心技术。

（2）揭晓完善的安全运行理论，建立国际领先的结构性能评估、故障诊断和健康管理技术体系。系统地开展高速铁路全生命运行安全基础理论，深入揭示轮轨关系、弓网关系等不同专业相互耦合的相关性和趋势性，研究基础设施病害基本发生机制及其演变规律，在动态仿真分析、性能评估技术、故障征兆诊断、劣化趋势预测、多目标健康状态管理技术体系取得系统性成果，并在国际上处于领先地位。全面建立高速铁路全生命运行安全管理系统，实现数字化管养技术体系。

（3）初步形成完善的磁悬浮高速铁路系统研发及应用技术体系，建设商业运营示范线。在综合试验线试验验证成果基础上，在系统综合、移动装备、基础设施、运控通信、运营服务、安全保障等领域取得系统性成果，初步形成完善的磁悬浮高速铁路系统研发及应用技术体系，适当延长综合试验线，建设商业运营示范线。

（4）形成智能高铁成套技术体系，打造更加安全可靠、方便快捷、温馨舒适、经济高效、节能环保的新一代高铁运输系统。本阶段将实现铁路运输生产、运营管理、经营决策全过程、全生命周期的高度智能化，人工智能条件下的智能铁路初步建成。实现高速铁路自主智能建造；建成基于新一代可储能源的绿色高速动车组供电系统；实现自主无人条件下的列车智能运行；融合多种交通模式的全程无障碍畅行服务体系全面建成；高铁智能调度与自动驾驶实现一体化协同；铁路系统复杂情况下的智能容错；量子计算及人工智能条件下的智能铁路巨量数据实时分析处理技术获得初步应用。

7. 智慧城市建设支撑技术体系走向成熟并广泛应用，智慧城市先进技术在城市各行业领域中深度推广，具有国际影响力的先进规范标准体系开发成功

（1）掌握国际领先的城市空间泛在感知、空间语义集成融合、虚拟空间仿真模拟核心关键技术，城市安全预测预警技术达到国际先进水平。在城市空间泛在感知、空间语义集成融合、虚拟空间仿真模拟、城市安全预测预警等方向取得突破性进展，形成独具特色的城市数据实时感知－集成融合－模拟仿真的理论体系与成套技术，解决我国智慧城市实践中的数据获取、集成及表达的科学技术问题，同时为国际城市安全的科技进步做出引领性贡献。

（2）大数据支撑的城市运行优化与提升技术体系达到国际领先水平，并得到广泛推广与应用。系统地建立大数据支撑的、基于人类行为分析的城市运行优化与提升技术体系，形成优化城市设计、改善城市结构、转变城市治理模式、提升城市运行效率、促进城市发展的成套技术，并使这些技术在全国范围内得到广泛应用，引领国际城市运行优化与提升技术的发展潮流。

（3）成功研发城市规划在线协同编制、城市土地立体化利用技术平台，并得到广泛推广应用。研发构建城市空间规划在线协同工作平台，突破在线规划指标自动计算、规划协同编制模式构建、在线规划成果控制及审核等关键技术，提升城市空间规划科学性、协同性、可控性。研发构建城市土地立体化利用技术体系和系统平台，为国家城市建设发展提供强有力的技术支撑，在全国范围内广泛应用该技术体系和系统平台。

（4）建立可以引领国际技术潮流的智慧城市规范标准体系。通过加强规范标准体系布局的顶层设计，在长期系统深入研究的基础上，形成具有国际影响力的智慧城市行业规范标准体系，使规范标准逐步成为我国智慧城市建设的重要技术依据和准则，在引领技术方向、保障工程质量安全、推广应用先进技术、提升核心技术竞争力方面发挥至关重要的作用。

（5）智慧城市先进科技成果广泛推广和应用于规划、国土、海洋、交通、市政、教育、医疗等各行业领域，并发挥重要支撑作用。智慧城市领域的高科技成果成功应用于城市空间规划、城市基础建设开发、海洋资源开发利用、交通管理、市政管理、教育事业、医疗卫生等一系列行业和领域，并在城市各相关

领域的深度融合中拓展出更大的创新空间，为城市建设发展发挥至关重要的支撑作用。

第三节　本领域工程科技发展的总体架构

1. 城市与建筑领域工程科技发展的总体架构与发展路线

城市与建筑领域工程科技发展的总体架构应兼顾城市与建筑，平衡新建与更新，强调多学科的交叉和融合，协调本领域特有的科技属性和人文属性。具体应在如下 6 个方面实现全面发展：①生态低碳城市规划设计方法；②城市更新模式与技术体系；③绿色建筑全生命周期设计、建造与运营管理技术；④基于地域和文脉的建筑与城市设计理论及方法；⑤城市与建筑遗产保护技术；⑥先进数字技术及其在城市和建筑上的运用。本领域的总体发展路线如图 4-1 所示。

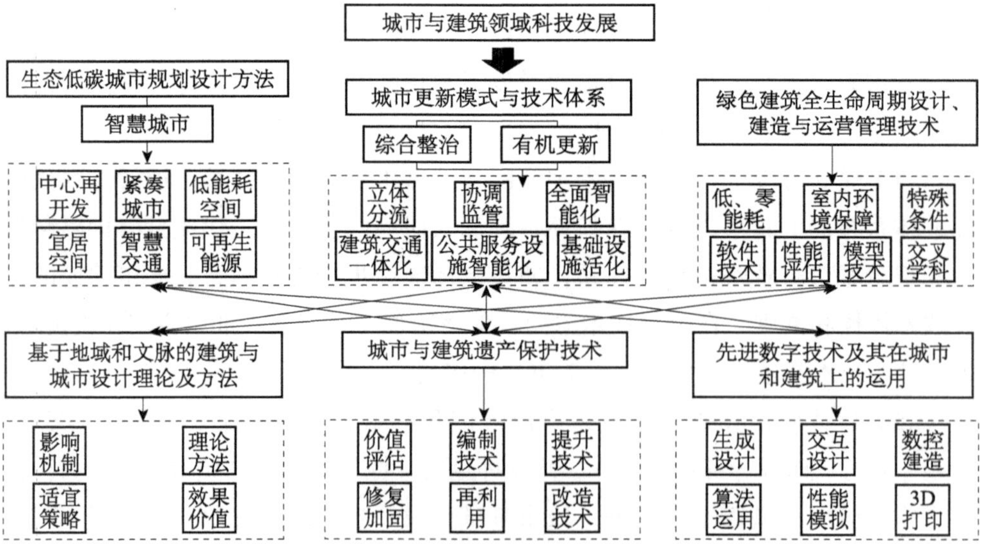

图 4-1　城市与建筑领域工程科技发展总体路线图

2. 土木工程领域科技发展的总体架构与发展路线

面向2035年土木结构工程领域科技发展的总体架构如图4-2所示。在2035年国家新型城镇化建设战略、“一带一路”倡议、可持续社会建设压力、人口红利消退等一系列国家经济社会发展情景的大背景下，发展高性能可持续土木结构工程技术将成为面向2035年我国土木结构工程领域科技发展的核心战略。多学科交叉融合将成为未来土木结构工程科技发展的突出特征，现代自动化技术、信息技术、机械技术、控制技术、电子技术、网络技术、软件技术和计算技术等将为传统土木结构工程科技发展带来全新的活力。土木结构工程先进技术也将向更广阔的领域拓展，在清洁能源、海洋工程、军事防护、战略仓储等领域发挥重要的支撑作用。预计到2035年，土木结构工程领域将全面实现绿色低碳可持续、现代化与智能化、产业结构转型升级、民生保障质量提升的发展愿景。高性能可持续土木结构工程技术的具体发展路径如下。

（1）核心目标：发展以高安全性能、高施工性能、高使用性能、高耐久性能、高维护性能和高经济性能等为特征的高性能结构体系，具体包括高性能材料结构体系、立体综合巨型结构体系、智能结构体系、广义组合结构体系、功能快速恢复结构体系、绿色生态结构体系、仿生结构体系、长寿命深海结构体系、高性能军事防护结构体系等。

（2）手段与途径：理论、试验、计算仍然是土木结构工程科技研发的三大支撑手段。在理论方面，通过系统集成创新，建立与我国工程结构服役环境相适应的各类结构全生命设计理论与方法；在工程结构试验方面，重点发展与现代信息及控制技术相结合的复杂恶劣服役环境下的土木结构工程精细化试验和测试方法；在工程结构计算方面，重点突破现代土木工程结构仿真分析和优化设计的现代高性能工程计算方法。

（3）重点突破的核心关键技术：围绕高性能结构体系的发展目标，面向2035年土木工程领域将掌握一批国际领先的高性能土木结构工程关键核心技术，其中重点突破可持续高性能材料与结构关键技术，全生命周期设计、施工、运维关键技术，综合防灾减灾关键技术，恶劣环境巨型复杂土木工程关键技术，智能绿色建造关键技术，高性能模拟仿真关键技术等。

（4）预计取得的标志性成果：土木结构工程 CAE 软件以及规范标准体系历来是反映各国土木工程科技水平的标志性成果，也是制约中国土木工程科技国际竞争力的两大短板。中国要迈向世界土木工程强国之列，就必须在自主知识产权的有世界影响力的土木结构工程 CAE 软件及引领国际潮流的规范标准体系方面取得突破性进展。

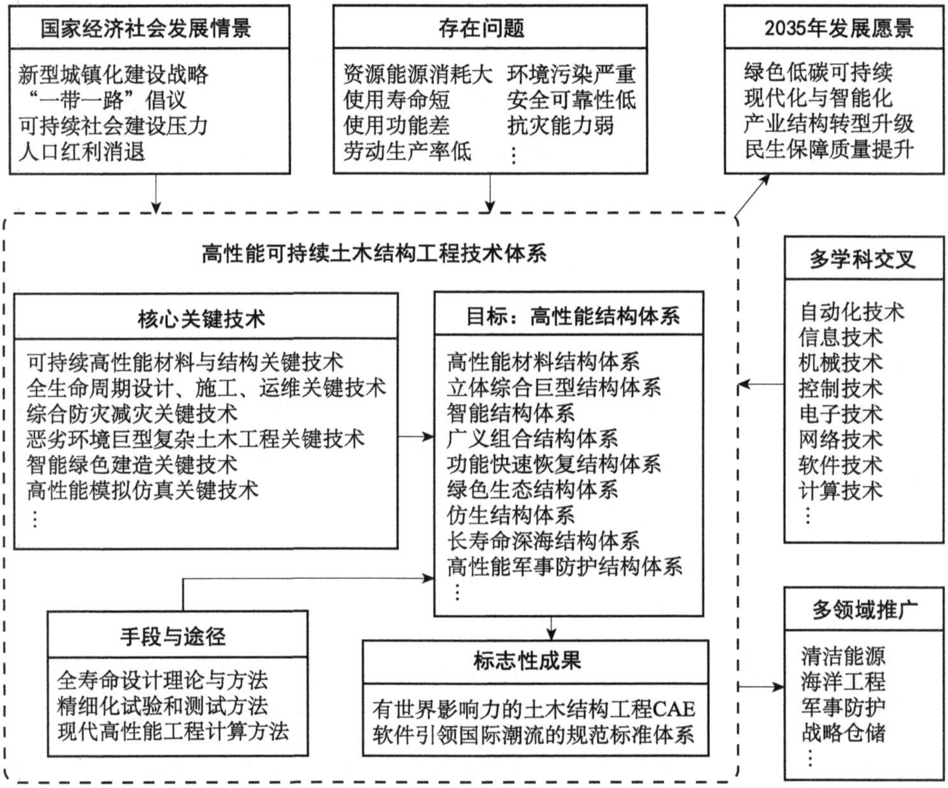

图 4-2　土木工程领域工程科技发展总体路线图

3. 水利与水资源领域科技发展的总体架构与发展路线

面向 2035 年水利与水资源领域科技发展的总体发展路线如图 4-3 所示。在 2035 年国家新型城镇化、工业化，深入推进生态文明建设，京津冀、“一带一路”、长江经济带等经济区发展，粮食安全、能源安全保障等一系列国家经济社会发展的大背景下，针对我国经济社会缺水与生态用水保障不足并存、用水需求过大与供给不足并存、常态缺水与干旱受灾并存等一系列问题，发展水资源安全保障技术支撑体系将成为面向 2035 年我国水利与水资源领域科技发展的核心战略。多学科交叉融合将成为未来水利与水资源工程科技发展的突出特征，现代环境修复、遥感监测、大数据、物联网、材料工程、公共管理等学科的发展将为传统土木工程科技发展带来全新的活力。水利与水资源先进技术也将向更广阔的领域拓展，在高效农业、海洋工程、新型城镇化、公共安全等领域发挥重要支撑作用。预计到 2035 年，水利与水资源领域将全面实现人水和谐、民生改善、智能化与精细化、水生态系统整体恢复的发展愿景。水资源安全保障技术支撑体系的具体发展路径如下。

（1）战略目标：构建具有国际水平的水资源高效开发利用理论技术体系和实验基地平台，抢占国际水资源安全研究的制高点。国家和重点经济区水资源安全保障能力显著增强，全国缺水量降至 200 亿 m^3 以下，缺水率降至 3% 左右，顺利实现水资源管理红线控制目标。

（2）手段与途径：围绕中央确定的“节水优先，空间均衡，系统治理，两手发力”治水方针开展系统研究。支撑“节水优先”，一方面需要突破重点行业关键领域节水技术和设备；另一方面需要创新研制包括再生水、海水、苦咸水、雨洪水等非常规水资源安全高效开发利用技术与设备。支撑“空间均衡”，一方面需要摸清水循环与水资源的演变规律，提出适应发展新常态需求的国家和重点地区水资源配置方案；另一方面需要创新发展重大水资源配置工程关键技术与设备。支撑“系统治理”，一方面需要创新发展统筹水安全和生态友好的江河治理技术；另一方面需强化对自然 - 社会水循环过程的科学调度，在具体管理路径上体现“两手发力”的理念与要求。

（3）重点突破的核心关键技术：重点行业核心节水技术、非常规水资源经济开发技术、水循环信息精准监测与预报技术、水资源巨系统多目标智能调度技术、复杂条件下的大型水工程安全建设技术、河湖综合整治与水沙调控技术。

（4）预计取得的标志性成果：京津冀、长江经济带、丝绸之路经济带等重点示范区水资源安全保障；南水北调西线、西南水电开发等重大水工程的技术壁垒得到攻克。

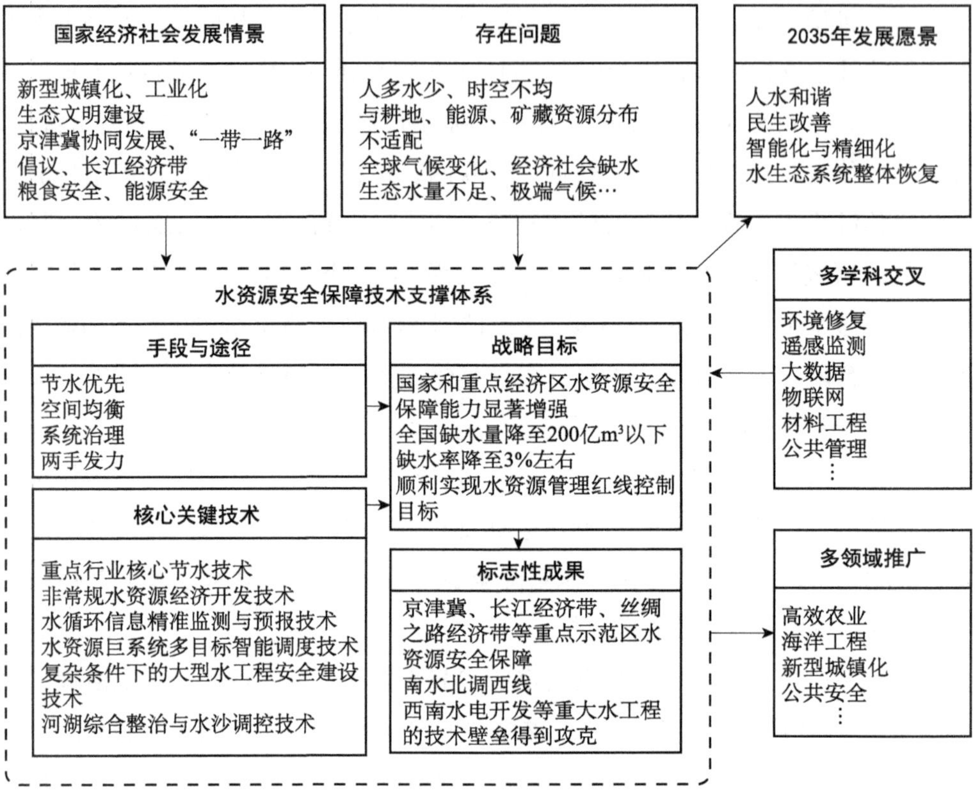

图 4-3 水利与水资源领域工程科技发展总体路线图

4. 城市水安全领域科技发展的总体架构与发展路线

面向 2035 年城市水安全领域科技发展的总体发展路线如图 4-4 所示。在城镇化率显著提高对城市水环境安全提出巨大需求、人均水资源占有率下降激发水资源再生利用的技术革新、工业快速发展对污水分质收集与高效处理净化基础提出挑战、可持续生态型社会建设和节能减排要求为水环境安全技术提供发展机遇等一系列国家经济社会发展情景的大背景下，针对我国污水处理目标单一、污泥排放量大、温室气体排放多、能源消耗大、污水再生利用率低、污水雨水配套管网建设滞后、设施建设不平衡、城市水系统缺乏整体规划，运营资金不足、运营监管不到位等问题，发展可持续的城市水安全保障技术及管理体系将成为面向 2035 年我国城市水安全工程领域科技发展的核心战略。环境工程、微生物学、毒理学、环境化学、水利工程、材料科学、生态学、自动化工程、信息科学等多学科交叉融合将成为未来城市水安全工程科技发展的突出特征，需要规划、环保、园林、水利、水务、城建、交通、旅游等多个部门的综合协同管理。预计到2035年，城市水安全领域将全面实现低耗高效污水处理厂全面建设、污水再生回用率大幅度提高、污水中物质和能源高效回收、城市水系统智慧化建设、生态功能和人工干预功能统筹发挥的可持续发展愿景。可持续的城市水安全保障技术及管理体系的具体发展路径如下。

（1）核心目标：围绕水污染防治、水生态保护、水资源管理三方面，建立基于多目标管理的城市污水处理技术体系，实现污水处理与总生态环境效益和谐统一，实现多等级、多途径的污水再生及资源回收，结合“互联网+”的智慧城市水系统，发展自然净化与人工强化有机结合的城市水系统综合规划管理技术平台，推动具有自然渗透、自然积存、自然净化功能的海绵城市建设。

（2）手段与途径：理论、试验、装置搭建与系统集成是城市水安全工程科技研发的重要支撑手段。在理论方面，重点解析污水处理过程中的物质流和能量流规律、污染物的迁移转化规律，建立基于生命周期评价的、多目标管理的城市污水处理资源化理论；在试验方面，重点发展低耗高效的污水深度处理新方法、污水回用技术、资源回收技术、能源回收技术、城市水环境生态安全诊断方法、城市水数值模拟方法等；在装置搭建与系统集成方面，重点开发低成本高效率的污水处理成套装置，污水深度净化和回收利用设备，污泥稳定化、无害化、分质资源化处理处置成套设备和城市供水、排水、雨水分质收集与处理设备等。

（3）重点突破的核心关键技术：围绕核心目标，面向2035年城市水安全领域将掌握一批国际领先的可持续城市水安全保障关键技术，其中重点突破污水再生与多途径利用技术，基于多目标管理的城市污水处理技术，城市污泥减量、稳定化、无害化、分质资源化技术，城市水环境生态安全诊断与功能优化技术，海绵城市建设关键技术，新型水系统规划设计、优化运行与水质保障技术等。

5. 测绘与区域发展领域科技发展的总体架构与发展路线

面向2035年测绘与区域发展领域科技发展的总体发展路线如图4-5所示。建立航天、航空、地面、海洋、地下空间五位一体的集成观测技术体系，形成高、中、低空间分辨率合理配置、多种观测技术优化组合的综合高效全球观测和数据获取能力，建成全社会共享的卫星导航定位综合应用于服务、地理空间信息快速提取、更新、海量数据并行批量与协同处理、遥感影像数据精细应用

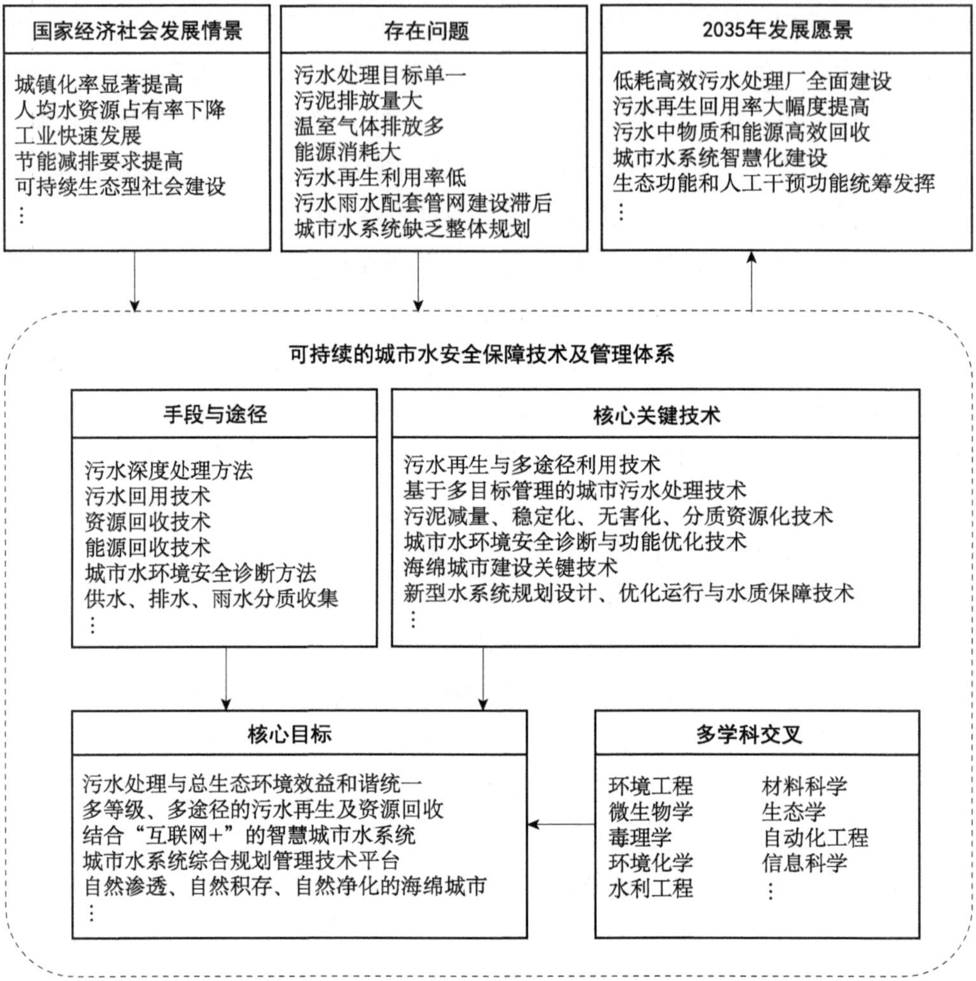

图 4-4　城市水安全领域工程科技发展总体路线图

及大地理空间数据挖掘、地理信息公共服务平台；建立中国地理空间传感网、时空信息处理与服务的云平台，推动大数据、智慧中国、云计算、物联网、移动互联网等高新技术与测绘地理信息的深度融合，抢占未来发展的制高点；突破海量复杂地球空间观测数据的快速存储、高效传输、实时处理和解译等一系列关键技术。2035 年，我国测绘地理信息工程科技整体上达到发达国家水平，若干领域国际领先；产业核心技术自给率大幅度提升，形成持续的国际竞争优势；能按需为政府和大众实时提供准确、可靠的全息测绘地理产品服务，全面支撑经济社会的健康可持续发展，成为全球地理信息产业领跑者。

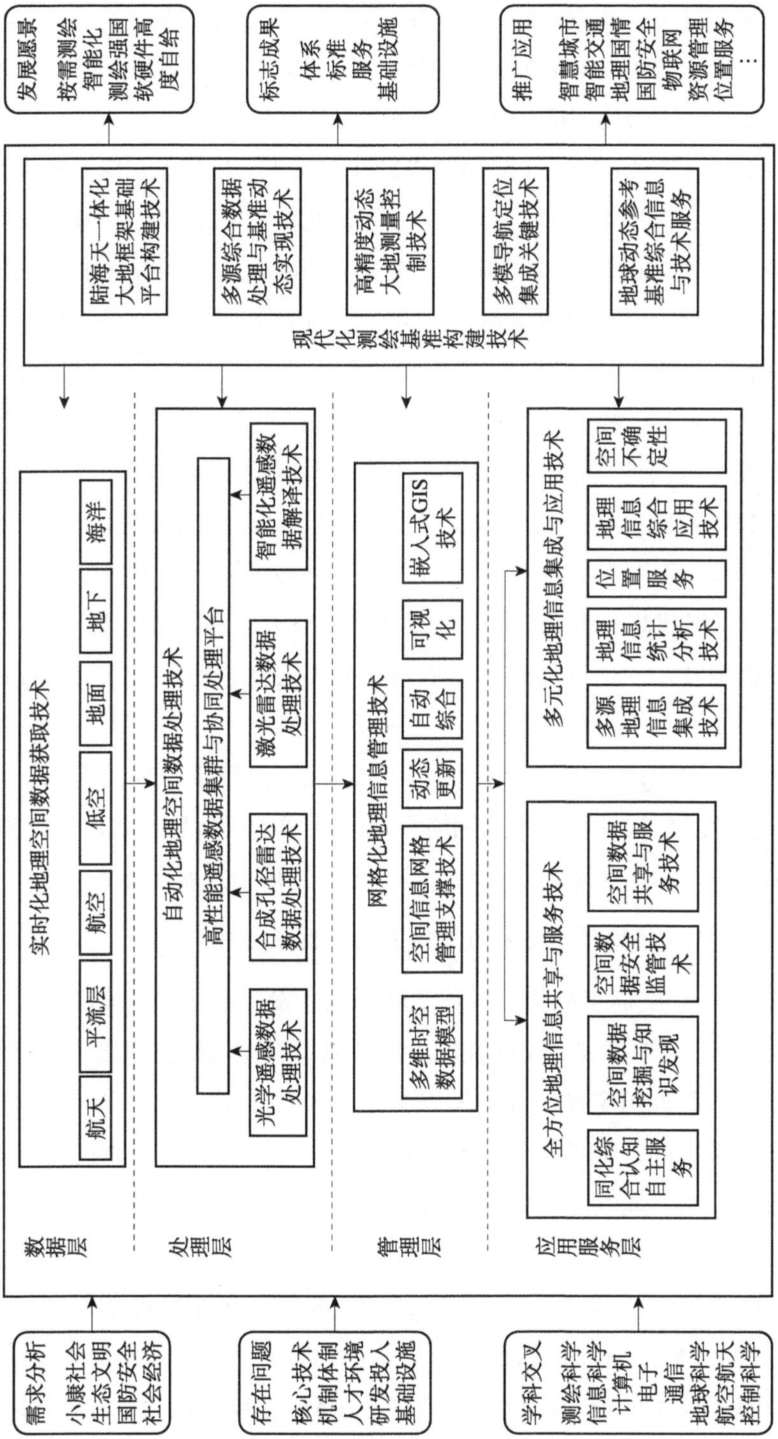

图 4-5 测绘与区域发展领域工程科技发展总体路线图

（1）核心目标：实现全球统一测绘基准及其现代化测绘基准、实时化地理信息数据获取、自动化地理信息数据处理、智能化数据管理、测绘地理信息成果网络化分发、测绘地理信息社会化应用。

（2）手段与途径：建设并持续发展先进的北斗卫星导航系统、超高分辨率的遥感对地协同观测网络系统。建立我国智慧城市时空地理信息基础设施，与新一代网络、感知、超算等共同构成智慧城市基础设施。联合其他国家提出并实施1～2项关系人类共同发展的科学工程，并实施地理信息对外援助工程，建立全球空间信息基础设施。

（3）重点突破的核心关键技术：地球空间信息的获取、传输、处理、分析、应用和服务是测绘地理信息领域技术突破与发展的主体脉络，其工程科技的发展依赖于我国软硬件技术的整体发展水平，包括集成电路芯片设计、高性能计算、网络传输、海量数据实时处理等，重点突破全球高程基准统一、精密定位导航、亚分米级超高分辨率成像、三维成像、空天地协同感知监测、高性能遥感影像智能识别技术、地理信息智能更新、地理关联、地理信息空间分析决策等技术。

（4）预计取得的标志性成果：建成先进北斗全球卫星导航系统、全球亚分米级高分辨率遥感对地协同观测网络系统及全球空间信息基础设施，实现Geo+泛在实时的地理信息智能服务能力，具备全球地理信息服务能力。

6. 交通工程领域科技发展的总体架构与发展路线

面向2035年交通工程领域科技发展的总体发展路线如图4-6所示。在2035年国家“一带一路”倡议、交通强国发展战略、新型城镇化建设、国家创新驱动发展战略等一系列国家经济社会发展情景的大背景下，针对我国高速铁路运营效率存在提升空间，缺乏先进的全生命管理技术体系，养修智能化水平低、运营速度有待提高，超高速高铁系统技术研究不足，智能安全保障策略需提升等一系列问题，发展高速度和高安全性高速铁路将成为面向2035年我国交通工程领域科技发展的核心战略。多学科交叉融合将成为未来交通工程科技发展的突出特征，激光测量、红外线辐射探测、超声波探测、图像测量、自动化控制、雷达、卫星等技术的进步，以人工智能、BIM、物联网、大数据、移动互联网等为核心的新一代信息技术的广泛应用使得高速铁路基础设施检测与监测技术由低集成度、分项目的单项检测逐步向高度集成、多项目的综合检测智能方向发展。预计到2035年，交通工程领域将全面实现安全便捷、经济高效，绿色智能、开放融合，引领世界交通工程技术发展的发展愿景。高速度和高安全性高速铁路技术的具体发展路径如下。

（1）核心目标：发展以高运营速度和高安全性能为特征的高速铁路建设、运营、评估和养护管理的综合体系。具体包括高速轮轨关系体系、基础设施减振降噪体系、超高耐久性体系、信息化安全监测体系、基础设施故障预测和健康管理体系与数字化运营维护技术体系等。

（2）手段与途径：理论、设计和开发仍然是交通工程科技研发的三大支撑手段。在理论方面，通过系统集成创新，建立高速铁路高速度和高安全性关键技术设计理论体系；在设计方面，重点发展基于大数据和信息化的产品设计方法和系统平台搭建；在技术开发方面，重点突破基础设施功能试验方法和调试技术手段。

（3）重点突破的核心关键技术：围绕高运营速度和高安全性能高速铁路的发展目标，面向2035年交通工程领域将掌握一批国际领先的高速铁路关键核心技术，其中重点突破更高速度的轮轨高速铁路建造技术、时速600km及以上磁浮高速铁路关键技术和高速铁路全生命安全运行成套技术等。

（4）预计取得的标志性成果：在2035年建成全面感知、信息互联、业务协同的智铁路建造和技术体系，实现更高速度的轮轨高速铁路商业运营，建立时速600km及以上磁浮高铁载人运输示范线，实现BIM的全生命周期管理体系。

7. 智慧城市领域科技发展的总体架构与发展路线

面向2035年智慧城市领域科技发展的总体发展路线如图4-7所示。在2035年国家新型城镇化建设战略、“一带一路”倡议、可持续社会建设压力及人口红利消退等一系列国家经济社会发展情景的大背景下，针对我国城市管理和建设中的土地粗放和高密度开发并存、交通拥堵、环境污染、规划失调、安全隐患等一系列“城市病”，在信息化、互联网、物联网、大数据和高性能云计算等重

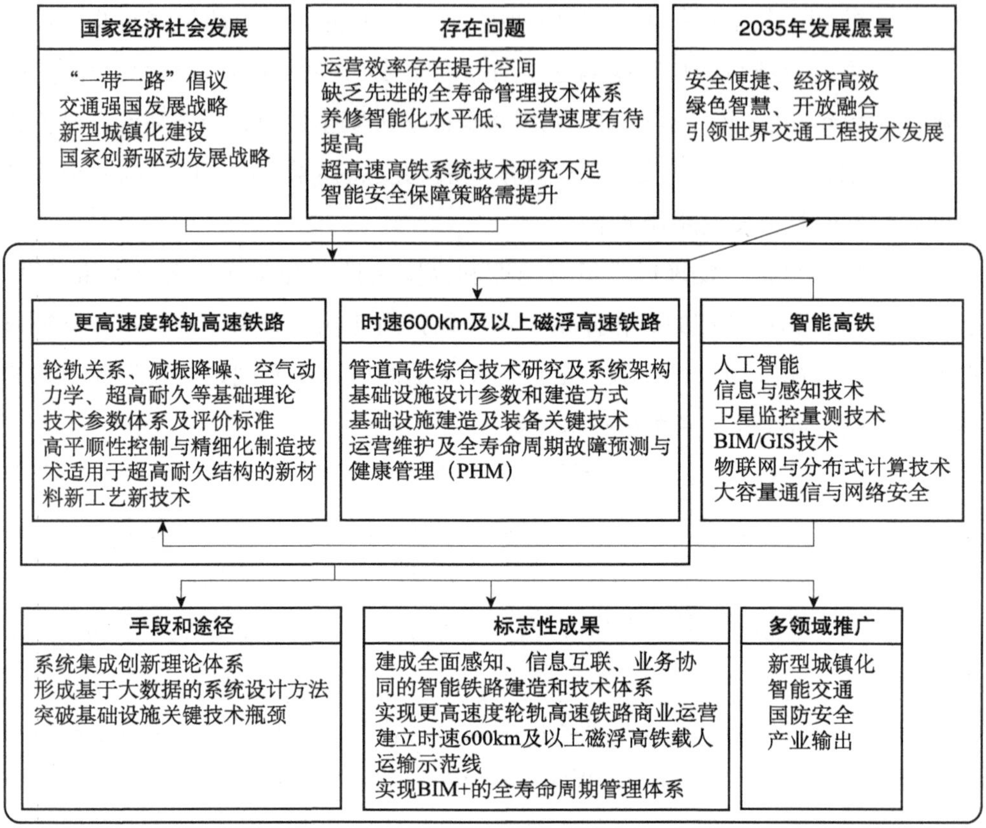

图 4-6　交通工程领域工程科技发展总体路线图

大技术机遇下发展新型智慧化城市管理和建设技术将成为面向2035年我国智慧城市领域科技发展的核心战略。多学科交叉融合将成为未来智慧城市工程科技发展的突出特征，地理信息技术、城市管理、城市规划、交通管理、建筑设计、通信技术、电子技术、网络技术、软件技术、计算技术等将为传统城市管理与建设的工程科技发展带来全新的活力。城市的建设与管理技术将向着城市空间全维度虚拟化、智慧化、信息化、网络化等新的发展方向快速的扩展和演进，在城市规划、交通、生态、环境、医疗、民生、土地管理、公共设施建设、城市安全等涉及城市管理领域的方方面面都发挥着重要支撑作用。预计到2035年，智慧城市领域将全面实现城市社会、经济、民生、政府信息等统一空间内的开放虚拟智慧仿真，实现城市全方位信息开放共享、智慧在线协同规划与管理、泛在感知与快速智慧分析响应等核心技术，促进"城市病"的有效治愈与破解，整个城市产业升级乃至形成新型城市管理与建设发展格局的发展愿景。智慧城市技术的具体发展路径如下。

（1）核心目标：在统一的数字化城市空间中实现全维度信息开放共享的基础支撑平台，在此基础上发展高度在线协同的智慧化城市管理、建设与发展的核心技术，实现城市的泛在感知、高度互联、智慧分析、科学管理、优化建设和提高幸福感的核心目标。

（2）手段与途径：融合多种先进技术，综合城市管理与建设的实际需求以及破除“城市病”的各个分支研究学科，利用大数据技术、网络技术、地理信息技术、物联网技术、软件技术和计算技术等，在建设统一的全维度数字化城市虚拟仿真空间平台的基础上，打通各种壁垒并实现城市各种维度信息的深度互联与协调统一，构建大规模、高性能和智慧化分析的计算平台，实现城市管理与建设的智慧化、信息化、网络化、协同化体系。

（3）重点突破的核心关键技术：强化城市感知的顶层设计，构建可交换、可共享、可集成整合的感知网络，研究感知数据挖掘技术，从而获取城市运行状态的第一手数据资料，为智慧城市的应用分析提供数据支撑。基于城市大数据、空间分析和专业模型，建立全数字化的分析平台，实现城市环境、规划方案、建筑设计、设施配置、路网布局以及各类城市空间决策的模拟、仿真与优化是智慧城市的基础性关键技术之一，也是大数据技术进入智慧城市并发挥作用的最佳切入点之一。在大数据时代，集几何、物理、行为和人文等多种模型于一体的虚拟城市环境需要构建可动态、广泛地融入地理规律的城市地理环境综合认知体系，集成地理过程模型、地理协同、人类活动与专家知识，建立城市地理环境模型形式化与情境化的动态表达技术体系，实现城市行为和状态的集成表达、推演预测、评估调控，提升利用地理知识理解城市海量数据和演化机制，并重现城市地理现象及变化过程的能力，最终提升城市的自由调控能力。

（4）预计取得的标志性成果：统一的全维度信息集成的数字化城市虚拟空间平台是智慧城市在信息化时代建设的基础支撑，也是必经之路，因此它的建成是智慧城市建设起步的标志之一，在统一虚拟城市空间的基础上构建各种维度信息的深度开放互联体系，并在泛在感知技术基础上实现分布式的高性能、大规模智慧化分析与挖掘的信息平台。

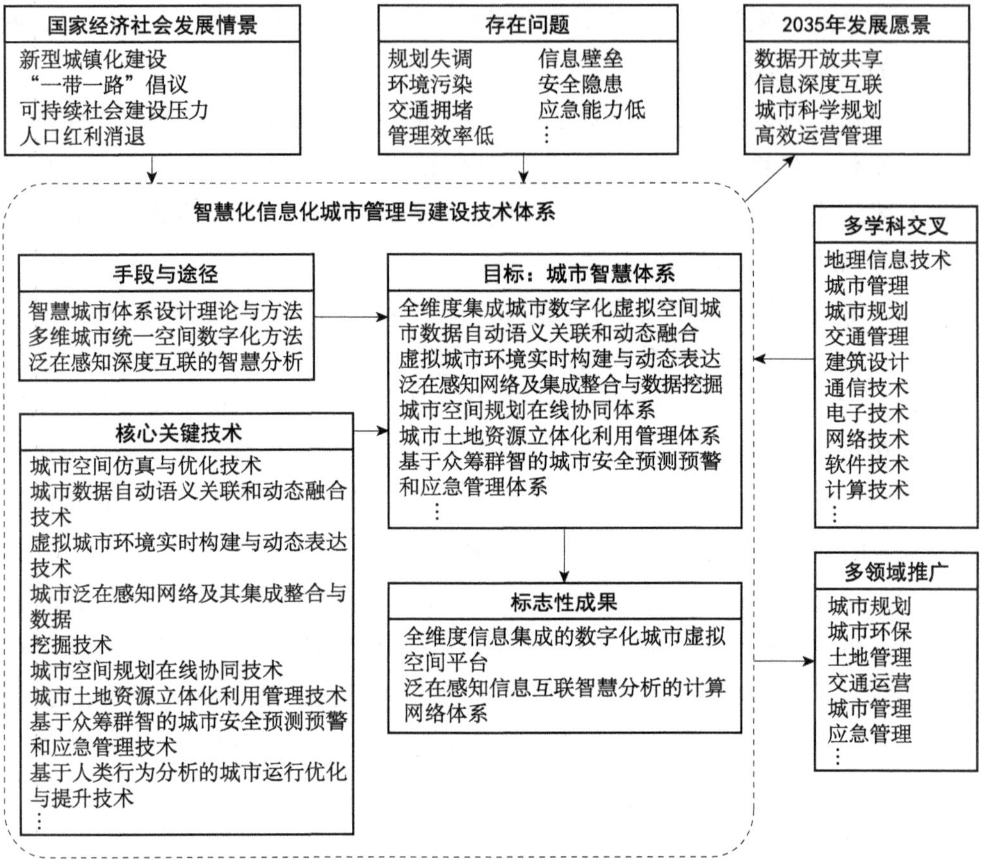

图4-7 智慧城市领域工程科技发展总体路线图

第五章
工程科技重点任务与发展路径

第一节　城市与建筑领域重点任务

一、目标

至 2035 年，通过持续深入的研究、开发和应用，城市与建筑领域力争达到如下发展水平：基于生态文明时代和新时代可持续发展的要求，在城市与乡村的规划和设计、建设、管理上形成较为系统和完整的技术体系，有效解决新型城镇化下半程出现的一系列问题，为可持续的城乡发展提供关键的理论指导和技术支撑；提出基于环境品质提升的城市更新新模式，建立起适合中心区、老工业区、旧住宅区等不同类型既有城区更新的技术体系；绿色建筑成为普遍的共识和自觉的行动，从设计到建造再到运营管理，研发出完善的在全生命周期中符合“四节一环保”理念的技术体系；数字技术在城市和建筑领域运用的广度和深度大幅度提高，大数据、移动互联网、人工智能、云计算等先进数字技术将从本质上提升城市设计的科学性，同时可将建筑设计的想象力转化成生产力，设计并建造出大量兼具创造性和实用性的建筑作品；建筑节能和室内热舒适环境保障水平显著提升，大规模实现低能耗建筑乃至零能耗建筑；建立起符合中国地域和文化特色的城市与建筑设计的理论和方法，在此指导下完成符合新时代要求的大批城市与建筑案例，并达到国际先进水平；城市与建筑遗产保护的技术水平显著提升，并以技术发展带动相关规范标准和政策的进步，传承中华历史文化。

二、重点任务

面向2035年城市与建筑领域的重点任务是：先进技术支撑下的生态低碳城市规划设计方法，城市更新模式与技术体系，绿色建筑全生命周期设计、建造与运营管理技术，基于地域和文脉的建筑和城市设计理论及方法，城市与建筑遗产保护技术，先进数字技术及其在城市和建筑上的运用等。

（1）先进技术支撑下的生态低碳城市规划设计方法。研究生态低碳导向的智慧城市多系统支持模块，包括城市中心再开发与性能提升关键技术、紧凑城市和空间集约利用技术、城市低能耗空间规划组织技术、城市微气候与空间形态优化技术、宜居空间形态生态设计技术、智慧交通与物联网的无缝衔接技术、城市公共设施的微型绿色能源技术、城市空间的可再生能源利用技术等。

（2）城市更新模式与技术体系。研究城市综合整治与有机更新的技术体系，包括结构－形态－街坊－街巷－建筑多重尺度精细大模型支撑下的功能提升与空间紧凑发展模式；地下空间的深度开发与空中慢交通系统的立体分流技术；基于大数据数字地图的即时交互处理系统形成跨工种、多部门协同监测管制技术；多学科技术集成的大型智慧综合体建筑以实现日常业务运营、通勤交通导流、物业后勤管理操作的全面智能化技术；公共交通与大型公共建筑高效无缝连接的建筑交通一体化技术实现建筑、结构、市政、交通、设备、物联网等集成；既有建筑改造技术；公共服务设施智能化与基础设施活化技术。

（3）绿色建筑全生命周期设计、建造与运营管理技术。研究绿色建筑从设计到建造再到运营管理的技术体系，包括多专业整合的绿色建筑设计方法、绿色建筑性能模拟及优化技术、以工业化为代表的绿色建筑建造技术、以智能化为核心的绿色建筑运营管理技术等；研究实现低能耗及零能耗建筑的技术；研究舒适健康的建筑室内环境保障技术；研究在特殊地理和气候条件下的绿色建筑设计及实现技术；开发支撑绿色建筑设计的关键软件技术工具；研究绿色建筑的性能评估指标体系和技术；研究建筑信息模型技术；研究信息、能源、材料等交叉学科先进技术在绿色建筑上的应用。

（4）基于地域和文脉的建筑与城市设计理论及方法。在充分吸取国际建筑类学科发展前沿思想和理论的基础上，基于中国特有的地域和文脉，提出建筑和城市设计的理论及方法。具体研究地域和文脉对建筑及城市设计的影响机制；研究考虑具有中国地域和文脉特色的建筑与城市设计理论及方法；结合中国典型区域的地理条件、资源禀赋、文化特色，提出适宜性的建筑和城市设计策略；展开工程实践，并评价相关理论和方法的效果与价值。

（5）城市与建筑遗产保护技术。研究城市与建筑遗产的价值评估；研究历史文化名城、镇、村的保护规划编制技术；开发历史街区保护与功能提升技术；研究建筑遗产的修复和加固技术；研究建筑遗产的适应性再利用技术；研究建筑遗产的低碳绿色化改造技术。以研究和技术为依托，推动相关规范、标准、导则的研究和编制。

（6）先进数字技术及其在城市和建筑上的运用。研究城市与建筑领域的先进数字技术并探索其应用的方式和途径，包括生成设计、交互设计、数控建造、算法运用、性能模拟和优化、3D 打印等，实现技术 - 想象力 - 生产力的链条；在城市和建筑项目上应用先进数字技术并创造出一批兼具技术先进性、想象力和实用性的作品。

三、关键技术（技术群）及发展路径

为实现面向 2035 年城市与建筑领域的重点任务，应集中力量发展生态低碳城乡规划设计关键技术群，城市更新关键技术群，绿色建筑全生命周期设计、建造与运营管理关键技术群，文脉导向下的地域建筑和城市设计关键技术群，城乡及建筑文化遗产的适应性保护技术群及建筑先进数字技术关键技术群。

（1）生态低碳城乡规划设计关键技术群。以规划设计生态、低碳的城市与乡村为目标，以经济、环境、社会、人文协调发展为理念，通过多学科交叉，研发并建立起生态低碳城乡规划设计的关键技术群。具体包括研发城乡资源环境承载力的动态评估技术，以之作为规划设计的基础和前提；研发紧凑型城市和空间集约利用的规划设计技术；研发城市低能耗空间规划组织技术；研发城市物理环境改善和优化技术，包括监测、模拟和规划设计等；研发宜居空间形态生态设计技术；研发适应地理、气候、社会、经济条件的乡村规划设计技术；研发交通与空间互动的协同规划设计技术。

（2）城市更新关键技术群。针对城市中心区、居住区、工业区等不同类型的城市空间，研发城市更新和再利用的关键技术群，实现提升城市空间品质、改善人居环境的目标。具体研发城市综合整治与有机更新的技术；研发地上地下一体化的城市空间深度开发、利用和建设技术；研发城市空中慢行交通系统的立体分流技术；研发公共交通与大型公共建筑高效无缝连接的建筑交通一体化技术；研发基于大数据的城市更新模式和策略构建技术；研发跨工种、多部门协同的城市协同监测管制技术；在城市更新的大背景下，研发不同类型建筑的改造和再利用技术。

（3）绿色建筑全生命周期设计、建造与运营管理关键技术群。关注绿色建筑生产建设的全链条，从设计到建造再到运营管理，研发支撑绿色建筑全生命周期的关键技术群。具体研发绿色建筑性能模拟和智能优化技术，开发新一代高效能绿色建筑性能模拟与优化软件；研发基于多专业协同的绿色建筑整合设计技术；研发以工业化为代表的绿色建筑建造技术和以智能化为核心的绿色建筑运营管理技术；研发绿色建筑性能在线监测与优化调节技术；研究在不同地理、气候、资源条件下的地域绿色建筑设计与建造技术；研发绿色建筑整体性能评估技术；研究建筑信息模型技术在绿色建筑中的应用；通过与信息、能源、材料等学科的交叉，研发先进技术、材料、产品在绿色建筑上的应用及效能。

（4）文脉导向下的地域建筑和城市设计关键技术群。基于国际建筑类学科发展前沿，在尊重并传承丰富的中华文脉的基础上，研究并形成适合不同地域的建筑与城市设计关键技术群。具体包括研究基于中国特有地域条件和文脉特点的建筑与城市设计的理论、方法和思想体系；研发综合考虑材料、构造、空间、形式的地域建筑设计技术；研发绿色生态的城市形态控制与设计技术；研究建筑与城市设计效能评价的指标体系及评价方法；展开工程实践，评价相关理论、方法、技术的价值与效果。

（5）城乡及建筑文化遗产的适应性保护技术。为了扭转城乡及建筑文化遗产破坏严重的困境，促进遗产保护与城乡建设的协调发展，研究并建立起城乡及建筑文化遗产的适应性保护关键技术群。具体包括研发城乡及建筑文化遗产价值的科学评价技术；研发不同环境、不同类型、不同尺度的文化遗产的适应性保护与再利用技术；研发城乡及建筑遗产的高效精细测绘技术；研究建筑遗产关键材料的性能退化机理和耐久性评价技术；研发建筑遗产本体的保护技术并开发相关保护材料和工艺。

（6）建筑的先进数字技术关键技术群。探索先进数字技术在建筑上的应用及其对建筑设计和建造的影响，研发并形成一整套建筑数字设计和数字建造关键技术群。具体包括研究数字技术驱动的建筑形态与空间生成方法；研发机械臂、工业机器人、3D 打印等先进制造手段在建筑建造上的应用；研发建筑的数控建造技术；研发非线性复杂建筑的数字化设计与建造控制技术；研发物理计算技术及其在建筑设计上的应用；研究各类算法在数字建筑上的应用及其效能。

实现上述关键技术及技术群的发展路径可用如图 5-1 所示的城市与建筑领域工程科技发展技术路线图表示。

第二节　土木工程领域重点任务

一、目标

土木结构工程领域将以“高性能可持续土木结构工程”作为核心战略目标，

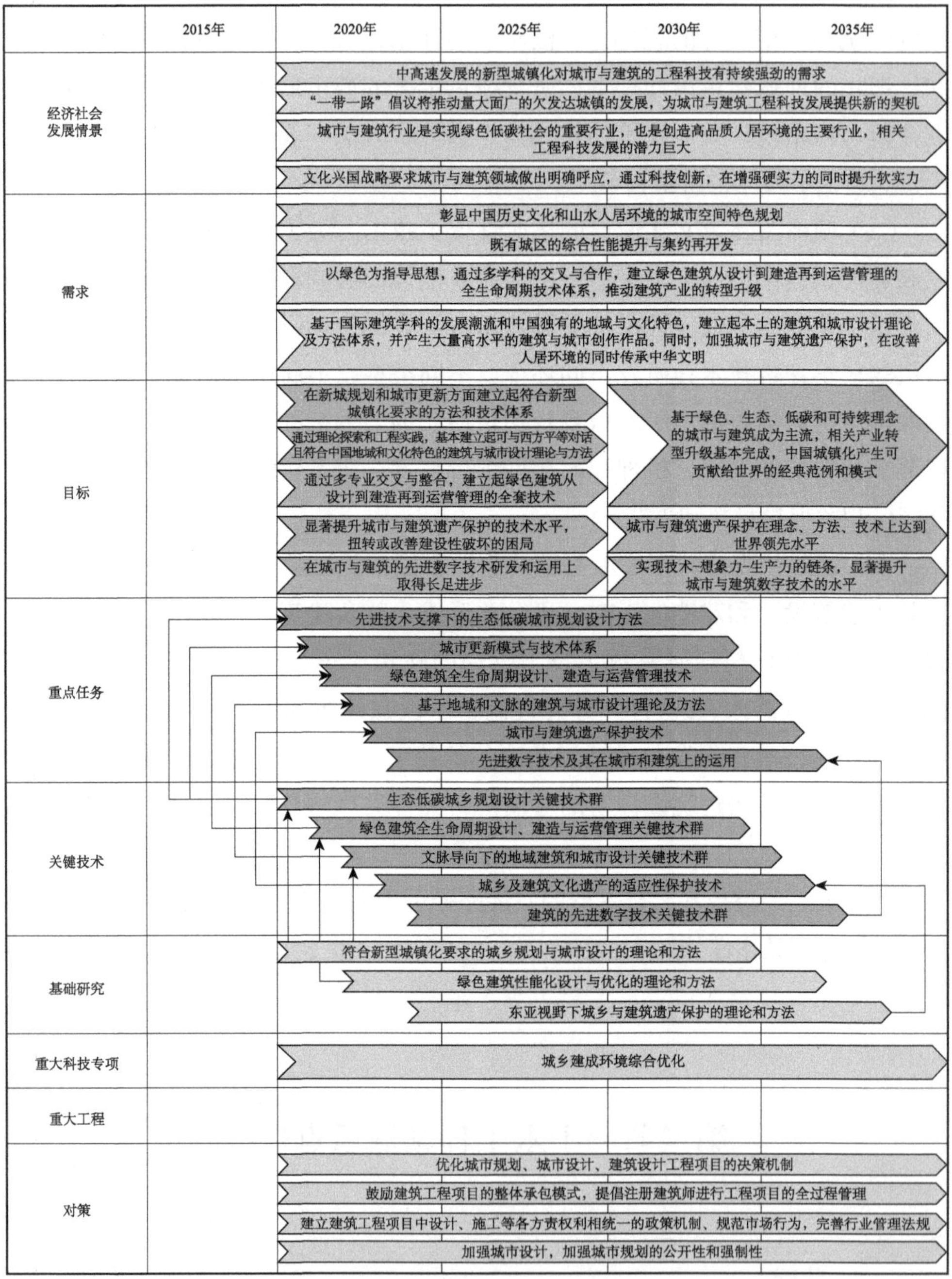

图 5-1　城市与建筑领域工程科技发展技术路线图

预计到2035年力争达到如下发展水平：研发成功一系列新型高性能结构体系，取得若干引领国际潮流的关键核心技术，并在全国范围内得到广泛推广与应用；在工程结构全生命基础理论与方法方面取得原创性成果；系统地建立多重灾害作用下土木工程结构全生命可靠度设计理论与方法，掌握国际领先的土木工程防灾减灾核心关键技术，土木工程防灾减灾科学技术在国际上占有一席之地；成功实现复杂恶劣环境条件下土木结构工程精细化计算、试验与测试新方法；建立现代工业化建造体系，实现绿色建造；建立完善的结构工程数据理论，既有土木工程结构检测、维护、改造与性能提升技术取得突破性进展；建立可以引领国际技术潮流的土木工程规范标准体系；成功开发具有国际影响力的自主知识产权土木工程CAE软件系统；“绿色低碳可持续”在土木工程行业内取得普遍认可，获得充分的技术保障与制度保障，成为土木工程行业的新常态；土木工程先进的科技成果广泛推广应用于海洋、国防、新能源等其他领域，并发挥重要支撑作用。

二、重点任务

面向2035年土木工程领域的重点任务是：发展全生命周期可持续高性能结构工程，发展极端灾害条件下的高性能结构工程，发展恶劣环境条件下的巨型复杂土木结构工程。

（1）全生命周期可持续高性能结构工程。高性能可持续结构工程是面向2035年土木工程技术发展的主旋律。伴随全生命周期结构工程设计理论及方法的突破，一系列具有高性能、低消耗、低排放、长寿命、高安全、高品质、高效率等特征的土木结构工程应运而生。面向2035年，土木工程结构将在全球人类生活质量改善的总体框架下发展其技术体系，将更加关注土木工程和自然环境的相互作用问题，探索土木工程结构在社会运行中的角色以及人类行为对土木工程结构性能的影响，探究土木工程基础设施、自然环境、人类社会的相互作用和影响，研究土木工程结构规划、设计、建造、运营、维护与重建对自然环境可持续性的影响，实现土木工程结构的可持续规划、设计、建造、运营与维护，使土木工程在自然环境健康发展，以及提升公众健康、安全、福利方面起到主导积极作用。加强土木工程材料与结构之间的深度融合，提出面向结构的材料指标，并为材料量身定做最契合的结构设计理论，实现材料结构一体化。此外，随着城镇化进程的不断推进，人口向城市的聚集和迁移使得既有土木工程基础设施超负荷运转，其老化和劣化问题突出，加强既有土木工程结构维护、加固改造、性能提升的意义日益凸显，也将成为土木工程领域的重点任务。

（2）极端灾害条件下的高性能结构工程。土木工程结构将处于大规模自然灾害和人为灾害（如恐怖活动）所带来的高风险环境中。面向2035年，将重点关注整个生命周期中土木工程结构遭受多重自然灾害（地震、海啸、飓风、龙卷风、洪水、风暴潮、滑坡等）或人为灾害（爆炸、火灾、武器打击等）后的快速恢复问题，建立基于全球网络的多灾种高性能模拟仿真基础设施，发展以风险和不确定性为基准的规范体系，建立面向多灾种快速恢复与可持续结构的决策框架，尽可能避免自然和人为灾害向社会灾难的转变。未来土木工程基础设施将具有超强的抗灾变能力，提升抵御多重灾害的能力将成为未来高性能土木工程科技发展的重要任务，某一灾害引起的次生灾害以及多灾种的耦合作用，将成为土木工程防灾减灾技术的全新突破点，多灾种的物理模型及全球气候灾变条件下土木工程灾变模拟与控制技术将取得重大飞跃。

（3）恶劣环境条件下的巨型复杂土木结构工程。人类社会将长期面临资源紧缺、能源短缺、环境污染、生态破坏、灾害频发和国防威胁等一系列严峻的挑战，人口增长使得地球环境承受更大的压力，海平面上升、风暴活动不断增加、全球气候变暖等促使人类生存环境恶化，在有力地推进可持续发展战略的同时，土木工程还将为拓展人类生存空间做出重要贡献。面向2035年，土木结构工程创新技术将在我国大型立体城市集群构建、深海工程建设、新型能源开发利用、战略物资储备、军事防护设施革新等领域的颠覆性突破中发挥举足轻重的作用，为适应这些新兴领域的应用需求，土木工程将向巨型化、复杂化、超高化、系统化的方向发展，同时还将具备强大的抵御自然灾害、极端气候、武器打击等各类恶劣复杂环境作用的能力。为此，需研发适用于大型立体城市集群建设的超大规模地下空间结构和空中城市结构新体系；研发适用于海上城市综合体的巨型结构新体系；跨海连岛工程的新型超大跨度桥梁、深海基础、超长海底隧道结构新体系；研发适用于深海资源开发利用的新型海洋发电结构和超大规模漂浮平台岛屿结构等新体系；研发适用于复杂地质条件的超高坝和超大水库等新体系；研发适用于国家战略物资储备的大型粮仓、煤仓等结构新体系；研发具有优越的抗武器打击能力的军事防护结构和重大军事目标新体系，包括新一代核电厂安全壳结构新体系等。

三、关键技术（技术群）及发展路径

为实现面向 2035 年土木工程领域的重点任务，应集中力量发展可持续高性能土木工程材料与结构体系关键技术群，全生命周期土木工程结构设计、施工、运维关键技术群，土木工程结构综合防灾减灾关键技术群，恶劣环境条件巨型复杂土木结构工程关键技术群，土木工程结构智能绿色建造关键技术群，土木工程结构高性能模拟仿真关键技术群。

（1）可持续高性能土木工程材料与结构体系关键技术群。发展以高安全性能、高施工性能、高使用性能、高耐久性能、高维护性能和高经济性能等为特征的高性能可持续结构体系。研发新型高性能可持续土木工程材料及其在工程结构中的应用技术，实现“材料高性能”向“结构高性能”的跨越。研发立体巨型综合体新型高效结构体系；研发高性能广义组合结构体系；研发快速恢复功能结构新体系；研发智能感知与驱动材料、多功能材料在结构工程中的应用技术，研发具有自免疫、自修复、自恢复、自适应等特征的智能结构体系；研究天然绿色可再生材料（竹材、木材等）、可循环利用材料、废弃回收材料、基于纳米生物技术的环境友好型生态材料、低碳排放材料在结构工程中的应用技术，研发绿色生态结构体系；研究仿生材料与仿生技术在结构工程中的应用技术；研究土木工程结构废弃物循环再利用技术，找寻传统土木工程材料在结构工程中的新用途。

（2）全生命周期土木工程结构设计、施工、运维关键技术群。研发可持续结构工程的分析、设计、建造、运营、监测、检测、维护、加固、改造集成技术；研究基于信息技术和大数据管理的土木工程结构全生命周期资源配置技术，极大地改进土木工程设计、监控、建造、维护综合能力；研发土木工程结构快速建造、拆除、分解、再利用、功能恢复集成技术；研发自适应健康监测系统与安全监控物联网技术，建立基于实时动态超大规模数据库的快速诊断决策技术；研发既有结构剩余使用年限的精准预测技术、重要结构的延寿技术、退役拆除的定量决策技术。通过对上述技术的系统集成，建立与我国工程结构服役环境相适应的各类结构全生命周期设计技术体系、耐久性结构施工技术体系、运营维护技术体系。

（3）土木工程结构综合防灾减灾关键技术群。深入研究土木工程结构在地震、海啸、飓风、龙卷风、洪水、风暴潮、冰雪灾害、地质灾害、爆炸、火灾和偶然性冲击等多重灾害作用下相应的数值与试验分析技术，发展基于全生命可靠度的结构综合防灾减灾设计方法。研发一系列高防灾减灾性能的新型结构体系和关键技术，如土木工程结构智能减振控制技术、灾后功能快速恢复新型结构体系、特大地质灾害预警与防治技术、抵御恐怖主义袭击的新型结构工程技术等。研究利于生物技术与仿生理念减轻灾害对土木工程结构的破坏性影响；研究面向城市和区域的多灾种设计与决策系统，发展城市和区域防灾减灾风险评估方法，开发城市和区域灾害规划管理系统，建立城市和区域生命线系统的安全性监测、灾害预警与应急处置系统；研究特大型灾变的反演技术。

（4）恶劣环境条件下的巨型复杂土木结构工程关键技术群。面向特殊功能需求和恶劣服役环境，将传统土木工程的先进科技成果推广到能源工程、海洋工程、航空航天工程、国防工程等交叉学科领域，研发适用于大型立体城市集群建设的超大规模地下空间结构、空中城市结构、海上城市结构的设计建造技术，适用于跨海连岛工程的新型超大跨度桥梁、深海基础、超长海底隧道结构的设计与建造技术，适用于深海资源开发及利用的新型海洋发电结构和超大规模漂浮平台岛屿结构等新体系的设计建造技术，适用于国家战略物资储备的大型粮仓、煤仓等结构新体系的设计建造技术，以及具有优越的抗武器打击能力的军事防护和重大军事目标结构新体系的设计与建造技术等。研究各类复杂恶劣服役环境下的巨型复杂土木工程结构高精度仿真技术、精细化试验装备及优化设计技术。

（5）土木工程结构智能绿色建造关键技术群。通过与传统土木工程技术与电子控制技术、信息技术、智能设备、数字仿真技术和数据挖掘技术等先进技术的深度交叉融合，实现土木工程建造技术的革命。利用实时数据库、传感器、诊断工具、信息管理工具实现建造过程中的科学决策。研究利用智能设备（内置传感器、实时便携诊断仪、MEMS 传感器等）用于土木工程建造过程中的监控、感应、数据采集、数据存储与建模。利用机器人开展施工，发展在极端恶劣环境和高风险区域的土木工程智能建造技术。发展智能传感器、智能芯片、可穿戴便携式智能设备，实现现场工程师、工人和监理的实时交流。研究基于资源高效利用的绿色建造技术、土木工程结构 3D 打印建造技术、基于信息化技术的土木工程装配式建造技术。

（6）土木工程结构高性能模拟仿真关键技术群。发展基于内在物理机制的计算和模拟技术，包括理论分析技术、数值计算技术、试验技术和数据构建技术等。尽管模型试验和数值仿真依然是研究土木工程结构性能的两个核心手段，但数值仿真将在检验新技术可靠性方面起到前所未有的决定性作用，从而加速推动创新技术的应用。在数值仿真方面，研究新型土木工程材料在动力、多场耦合加载条件下的本构关系，发展土木工程结构在极端灾害以及复杂恶劣环境作用下的多场、多尺度、并行化的数值模拟方法，开发具有自主版权的土木工程 CAE 软件系统。在模型试验方面，研发多灾种及极端恶劣服役环境的实验室模拟技术，研发土木工程结构在复杂岩土介质、水介质等环境下的多场多灾种试验模拟技术，研发复杂灾变试验中的精准加载控制技术与边界条件精细化模拟技术，探索 MEMS 传感器技术、摄影测量技术、无线传感器网络技术等在结构试验中的应用，研发可全场量测的高精度、高灵敏度和实时响应的结构试验量测技术。

实现上述关键技术及技术群的发展路径可用如图 5-2 所示的土木工程领域工程科技发展技术路线图表示。

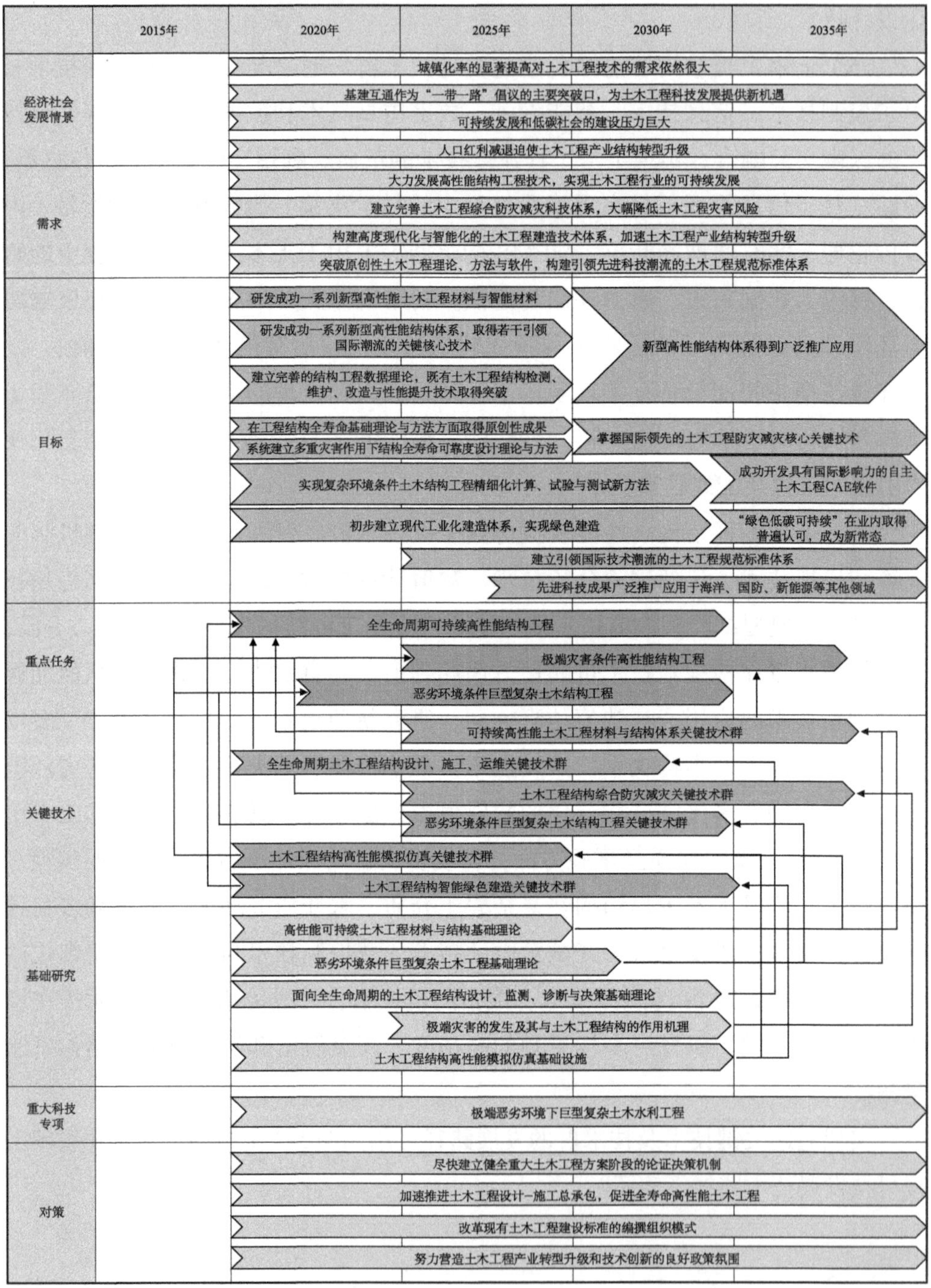

图 5-2 土木工程领域工程科技发展技术路线图

第三节 水利与水资源领域重点任务

一、目标

水资源配置与调度技术、节水减排与非常规水资源利用技术、水生态系统保育技术、水工程安全建设与管理技术、水灾害预警和风险管理技术基本适应现代治水实践需求，中国特色水循环理论与水资源科学体系建立，国家智能水网和智慧流域平台基本建成，水治理体制机制健全，国家水安全保障体系基本建成，工农业用水效率达到国际先进水平，水环境质量全面达标，水生态系统趋于健康，科技成果转化率提高到80%以上，科技贡献率超过65%，依靠科技创新和科技进步，提高科技贡献率和成果转化率，水资源科学技术水平整体处于世界先进水平行列。

二、重点任务

围绕中央确定的“节水优先，空间均衡，系统治理，两手发力”治水方针，统筹节水与供水、地表水和地下水、常规和非常规水、实体水和虚拟水，实施全链条创新，构建水资源综合利用理论技术体系和示范推广平台，跻身国际水资源研究先进行列。

（1）综合节水理论与关键技术设备研发。开展社会水循环全过程深度节水、基于ET减量化的真实节水、节水潜力评价等综合节水基础理论和方法研究；研发规模化农业高效用水设备和过程精量控制技术、水－肥－药一体化调控技术；研发高耗水工业低成本、低能耗水资源替代技术与水资源高效循环技术，工业园区循环利用与综合节水关键技术；研发公共供水管网漏损控制、微观尺度生活与公共用水评价与节水新技术；开展现有节水技术的适应性分析，建立数字化的推广应用平台，与市场紧密结合，大力推广与应用高效用水技术。

（2）非常规水资源开发利用技术研发与示范。研究再生水回用优控污染物的识别技术与削减技术，构建基于风险可控的再生水安全高效利用技术集成模式；研发低成本和低能耗反渗透海水膜、能量回收装置及低温多效海水蒸发装置等核心设备，研究淡化水后处理及作为市政水源入网、浓海水综合利用等技术和配套设备；开展我国典型区域水循环大气过程解析及其演化研究，研发大规模云水资源开发和调配新技术；研究水库群汛期运行水位动态调控与雨洪水安全利用技术，研发地下水库和适应我国城市特点的雨水集蓄利用与海绵城市建设关键技术；研究适用于不同水质特点的苦咸水、高砷高氟地下水处理工艺和土壤水资源应用技术，开展矿井水减排、资源化与综合利用模式研究。

（3）流域水循环演变与复杂水资源系统配置。研究变化环境下江河源头区、生态敏感区、地下水严重超采区、特大城市（群）水循环演变机理及水资源效应，开展非稳态二元水循环系统、城市复杂立体水循环系统的模拟与预测；研究区域和流域水资源与水环境承载能力、基于物理机制的流域生态需水评价方法、复杂水资源系统多维均衡配置技术；研究国家水资源配置战略格局与重大措施，京津冀、长江经济带、"一带一路"等重点经济区水资源综合配置与安全保障，水资源－能源－粮食联动关系与协同安全保障；按照"一河一策"的原则研究国际河流开发、利用策略与合作模式，构建国际河流基础信息系统；研究国家与区域层面的虚拟水与水足迹基础与重大调配措施。

（4）重大水资源工程建设与安全运行技术。研究重大水工程全生命周期性能演化机理与安全控制方法，建立重大水工程风险评估与调控理论及控制标准；开展高坝新坝型适应性及改进技术研究，开展环境友好的水工程建设技术研究，研发生态环境友好的水利工程泄洪消能技术；研究极端复杂地质条件下长距离深埋输水引水隧洞工作机制与运行安全技术，长距离调水工程安全高效运行水力控制技术与应急处置机制；研发100m以上水深水工程隐患检测、修补与加固技术；研究不同类型重大水工程的破坏模式与破坏机理、风险评价方法和控制标准、机械化抢险技术，开发基于风险控制的重大水工程安全管理策略。

（5）江河治理与水沙调控技术。研究江河源区水沙产生机理及水沙输移的规律，研究大江大河水沙变化的机理和变化趋势；研究河流中多相耦合流动的高精度数值模拟和大时空尺度实体模型相似理论与方法；研究河流干支流梯级水库群作用下水沙输移规律，发展全河段水沙联合调控技术；开展大型水利枢纽下游河流演变和河湖关系演化规律，研发长江黄金水道、河口海岸治理适应性评价方法与治理技术；研究水利水电工程及涉河工程对河流水沙和水生态环境的多时空尺度影响机理与累积效应，研发河湖连通、环境生态协调发展的江河修复治理技术。

（6）水资源智能调度技术与管理改革支撑。研发水循环全过程智能监测新技术和关键设备，研究多源水循环信息的提取、降噪及其挖掘技术；开展水资源大数据系统建设模式与云计算应用研究，研发水循环智能化控制与智能水网综合服务平台；开展复杂水资源系统调度模拟、运行控制与多目标优化决策关键技术研究；开展地下水调控技术应用示范与水位－水量双控制关键技术；研究我国水资源配置的政府与市场分工及改革理论，研究水权、水价、水市场交易、水生态补偿等水管理实施的关键定量支撑技术，开展水资源－环境－生态－经济一体化核算技术研究。

三、关键技术（技术群）及发展路径

为实现面向 2035 年水利与水资源领域的重点任务，应集中力量发展综合节水与各行业高效用水关键技术群、非常规水资源开发利用关键技术群、流域水循环演变与复杂水资源系统配置关键技术群、重大水资源配置工程建设与安全运行关键技术群、江河治理与水沙调控关键技术群、水资源智能调度与精细化管理关键技术群。

（1）综合节水与各行业高效用水关键技术群。开展社会水循环全过程深度节水、基于 ET 减量化的真实节水、节水潜力评价、城镇水循环利用理论等综合节水基础理论和方法研究；研发规模化农业高效用水设备和过程精量控制技术、水－肥－药一体化调控技术；研发高耗水工业低成本、低能耗水资源替代技术与水资源高效循环技术，工业园区循环利用与综合节水关键技术；研发公共供水管网漏损控制、微观尺度生活与公共用水评价及节水新技术；研发用水与节水信息监测、精准化调控和大数据分析技术，开展多行业循环联用节水技术及系统集成创新。

（2）非常规水资源开发利用关键技术群。研究再生水回用优控污染物的识别与削减技术，构建风险可控的再生水安全高效利用技术集成模式；研发反渗透膜法和低温多效蒸馏法海水淡化技术；研究淡化水后处理及作为市政水源入网、浓海水综合利用等技术和配套设备；开展我国典型区域水循环大气过程解析及其演化研究，研发大规模云水资源开发和调配新技术；开展水库群汛期运行水位动态调控与雨洪水安全利用技术研究，研发适应我国城市特点的雨水集蓄利用与海绵城市建设关键技术；研究适用于不同水质特点的苦咸水、高砷高氟地下水处理工艺，浅层微咸水改造利用技术和土壤水资源应用技术。

（3）流域水循环演变与复杂水资源系统配置关键技术群。研究变化环境下江河源头区、生态敏感区、地下水严重超采区、特大城市（群）水循环演变机理及水资源效应；开展变化环境下流域非稳态自然 – 社会二元水循环系统、城市复杂立体水循环系统的模拟与预测；开展区域和流域水资源与水环境承载能力研究，研发基于物理机制的流域生态需水评价方法、复杂水资源系统多维均衡配置技术研究；研究国家水资源配置战略格局与重大措施，开展水资源 – 能源 – 粮食联动关系与协同安全保障研究，研究虚拟水与水足迹基础与重大调配措施；研究国际河流开发利用策略与合作模式，构建国际河流基础信息系统。

（4）重大水资源配置工程建设与安全运行关键技术群。研究重大水工程全生命周期性能演化机理与安全控制方法，建立重大水工程风险评估与调控理论及控制标准；开展高坝新坝型适应性及改进技术研究，实现坝高由 200m 级提升至 300m 级的突破；开展环境友好的水工程建设与水利工程泄洪消能技术；研究极端复杂地质条件下长距离深埋输水、引水隧洞工作机制与运行安全技术，长距离调水工程安全高效运行水力控制技术与应急处置机制；研发 100m 以上水深水工程隐患检测、修补与加固技术，建立引调水工程各类水工建筑物安全监测技术手段和标准；开展地震等不同类型重大水工程的破坏模式与破坏机理、风险评价方法、风险控制标准、机械化抢险技术研究。

（5）江河治理与水沙调控关键技术群。研究大江大河水沙变化的机理和变化趋势，发展适应新水沙情势的江河治理理论与方法；研究河流中多相耦合流动的高精度数值模拟和大时空尺度实体模型相似理论与方法；研究河流干支流梯级水库群作用下水沙输移规律，发展全河段水沙联合调控技术，优化配置水沙资源；开展大型水利枢纽下游河流演变和河湖关系演化规律，研发长江黄金水道、河口海岸治理适应性评价方法和治理技术；研究水利水电工程及涉河工程对河流水沙和水环境生态的多时空尺度影响机理及累积效应，研发河湖连通、环境生态协调发展的江河修复与治理技术。

（6）水资源智能调度与精细化管理关键技术群。研制自然 – 社会水循环全过程信息智能监测新技术开发及其关键设备；研究多源水循环信息的提取、降噪及其挖掘技术；开展水资源大数据系统建设模式与云计算应用研究，研发水循环智能化控制与智能水网综合服务平台；以梯级水库群、长距离调水工程、复杂水网系统等为重点，开展复杂水资源系统调度模拟、运行控制与多目标优化决策关键技术研究；研究超采区地下水补给和修复机理，开展地下水调控技术应用示范与水位－水量双控制关键技术；研究我国水资源配置的政府与市场分工和改革理论，以及最严格水资源管理制度框架下的体制与机制改革路径；研究水权、水价、水市场交易、水生态补偿等水管理实施的关键定量支撑技术，及管理效应的计量经济学评价技术。

实现上述关键技术及技术群的发展路径可用如图 5-3 所示的水利与水资源领域工程科技发展技术路线图表示。

第四节　城市水安全领域重点任务

一、目标

预计经过十几年的努力，城市水安全领域到 2035 年将达到如下发展水平：研发成功一系列低耗高效的污水处理工艺，取得若干引领国际潮流的关键核心技术，形成适合中国国情的新型污水处理技术集成体系和水环境综合整治技术体系，并在全国范围内得到广泛推广应用；掌握国际领先的城市污水再生处理及综合利用关键技术，城市污水再生处理及综合利用技术在国际上占有一席之地，形成多工艺、多等级、多途径的污水再生处理技术集成体系，大幅度提高城市再生水回用率，初步实现物质资源和能源的高效回收与循环利用；完成由传统的以水质为单一目标的污水处理向满足水质、节能、低碳和资源回收的多目标管理理念的转变，系统地建立多目标管理的城市污水处理资源化新型技术理论与方法，将城市污水处理放在大环境背景下，建立城市污水处理的生命周期评价体系，实现污水处理的环境负面效应最小化、能源与资源回收利用最大化，初步实现污水处理的可持续发展；实现城市供水、排水及雨水的分质收集与处理，研发成功具有自主知识产权的新型管网监测技术与联合调度系统，掌握水资源自然循环和社会循环的系统仿真与优化技术及净化系统仿真与时空优化技术，实现城市水数值模拟与仿真，创建数字技术、信息技术主导的

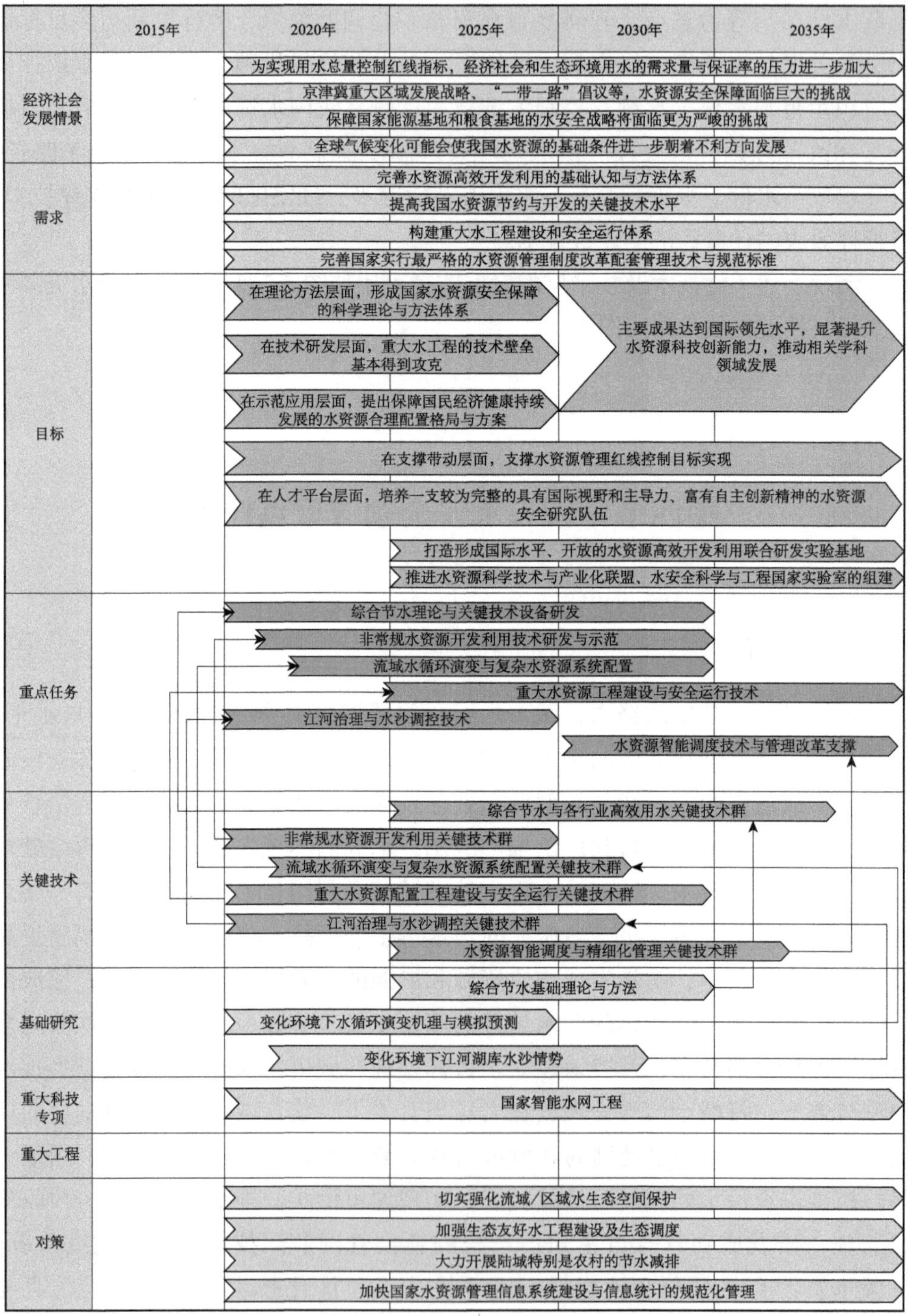

图 5-3 水利与水资源领域工程科技发展技术路线图

智慧城市水系统，推广具有自然渗透、自然积存、自然净化功能的海绵城市建设。

二、重点任务

面向2035年城市水安全领域的重点任务是：研究污水再生与多途径利用技术，基于多目标管理的城市污水处理新型技术及资源化体系，工业集聚区污染治理模式与环境风险评估体系，城市污泥过程减量、稳定化、无害化、分质资源化处理处置成套化技术，城市水环境生态安全诊断与功能优化技术，海绵城市建设关键技术，城市新型水系统规划设计、优化运行与水质功能保障技术等。

（1）污水再生及多途径利用技术。研究城市污水再生处理集成技术、高品质再生水深度处理关键技术、再生利用生态风险控制技术、再生水的生态储存与风险控制技术、高品质再生水补充饮用水水源技术，完善不同用途的再生水水质标准，建立污水再生处理设施及输配水方式的设计、建设、运营模式和配套政策，提高水质水量安全保障，加快多等级、多途径再生利用技术的示范应用。

（2）基于多目标管理的城市污水处理新型技术及资源化体系。在保障出水水质满足一定的排放标准的前提下，开发具有物质合理循环、水资源可持续循环利用、提高能源自给率和环境友好特征的污水处理技术，降低污水处理能耗、减少温室气体排放、回收水资源和物质资源，开发满足水质、节能、低碳和资源回收等多目标的污水处理技术体系与关键技术及设备。

（3）工业集聚区污染治理模式与环境风险评估体系。通过创新工业园区污染治理新模式，在资本运作上结合政府和社会资本进行第三方治理，在技术上分散治理和集中治理结合，完善相应的接管标准体系，建立有效的监督监管和惩罚体制，建立工业集聚园区环境风险评估和预防体系，为区域环境安全和临近自然水体安全提供预案。

（4）城市污泥过程减量、稳定化、无害化、分质资源化处理处置成套化技术。研发城市污水处理过程污泥减量化技术、已产生污泥的稳定化、无害化、资源化技术与设备，根据不同类型污泥特征，开发节能型污泥原位处理技术和污泥分质资源化处理、处置技术，完善污泥处理、处置的环境风险评估体系，加快污泥处理、处置设施建设，提高污泥无害化处理率和污泥处理处置规模。

（5）城市水环境生态安全诊断与功能优化技术。开发城市水环境突发性和累积性生态风险预警诊断技术体系、城市水环境复合污染体系综合毒性评估技术、城市整体水生态环境评估与多维度-多目标联动调节技术系统、点-线-面-域水环境质量监控体系，并结合"互联网+"技术实现毗邻城市间乃至全国范围内城市水环境生态安全信息共享，加速推进智慧水环境和智慧水系统技术，推进数字技术、信息技术主导的水生态安全诊断及功能化技术，并逐步推进技术的大规模应用。

（6）海绵城市建设关键技术。研发渗、滞、储、净、排、用多功能一体化海绵城市绿色技术，研发城市内河健康生态与复合型人工滨河（湖）带湿地生态系统构建及利用技术，研发适合我国国情的城市建成区雨水减量、调蓄净化与生态景观均衡利用关键技术，研发城市污水源分离与收集技术、初期雨水污染识别与自动弃流技术、城市公共建筑收集的微污染雨水生态净化技术、屋顶雨水收集调蓄与过滤净化技术、地下模块化雨水调蓄池构建技术、城市雨水低能耗建筑生态利用技术、绿地灌溉技术、生活杂用利用技术、湿地保养和景观利用技术、消防利用技术、补源回灌利用技术等。

（7）城市新型水系统规划设计、优化运行与水质功能保障技术。开展城市涉水系统的整体性与时空关联性研究，实时监控城市外源和内源对水系统的污染及影响程度，研发仿真系统、水体（绿色能源）动力循环、生态净化和修复模式，开发城市水系统监管与预警管理网络平台，建立科学合理的城市水系统评估、规划、设计、建设和运行管理技术体系及标准规范。

三、关键技术（技术群）及发展路径

为实现面向2035年城市水安全领域的重点任务，应集中力量发展城市污水再生处理与多途径利用关键技术群、基于多目标管理的城市污水处理及资源化关键技术群、城市水环境生态安全诊断与功能优化关键技术群、海绵城市建设关键技术群、城市新型水系统规划设计与水质功能保障关键技术群，以及城市水安全与其他学科和领域交叉技术群。

（1）城镇污水再生处理与多途径利用关键技术群。针对不同回用途径，建立再生水回用安全评估技术体系，包括再生水品质的快速检测与评价技术、再生水管网生物膜控制技术、再生水与人体健康评估技术及生态风险评价技术。

在此基础上，开发针对微量有机污染物、重金属和病原微生物的一系列去除技术，如高级氧化技术、吸附技术、膜分离技术等，研发不同回用途径的城镇污水多尺度深度处理及回用技术、城镇污水大尺度生态工程处理再生利用技术、再生水生态储存与风险控制技术、再生水输配水配套技术等。

（2）基于多目标管理的城市污水处理及资源化关键技术群。基于水质、节能、低碳和资源回收等多个目标，研发具有较高科学性、系统性和综合性的污水处理评价技术体系，在此基础上，研发低环境影响的城市污水污泥处理关键技术，开发新型污水深度处理装备与技术、有机物及无机营养物资源回收型污水处理技术、能源回收型污水处理技术、资源与能源综合利用技术，以及污泥减量化、稳定化、无害化、资源化处理处置技术。研发高效低耗废水强化处理达标减排技术、工业废水源头治理循环利用技术、废水资源与能源转化技术、工业集聚区污染综合整治技术等。

（3）城市水环境生态安全诊断与功能优化关键技术群。重点研发水环境监测、控制网络化和智慧化技术，推进基于“互联网 +”的水务监控与服务综合管理决策平台，推进数字技术、信息技术主导的水生态安全诊断及功能化技术，包括城市水环境信息采集 - 管理 - 预警一体化技术、城市整体水生态环境评估与多维度 - 多目标联动调节技术、点 - 线 - 面 - 域水环境质量监控技术等。

（4）海绵城市建设关键技术群。深入研究海绵城市水系统评估与规划设计技术，发展生态斑块识别技术和生态廊道构建技术，建立城市总体规划、专项规划和控制性详细规划分层设计体系，研发海绵城市地区差异性特种技术。以城市降雨径流数值模拟技术为基础，研发一系列城市雨水的截流调蓄和净化技术，如雨水分质收集与处理技术、城市建筑绿色屋顶技术、透水地面铺设技术、初期雨水污染识别与自动弃流技术、微污染雨水生态净化技术与过滤净化技术、地下模块化雨水调蓄池构建技术和城市雨水生态利用技术等。研发一系列生态净化与生态修复技术，如城市黑臭水体生态环境改善技术、湿地生态系统构建与景观利用技术。研发一系列城市雨水与中水回用技术，如建筑灰色水与黑色水分离与分质回用技术、绿地灌溉技术、补源回灌利用技术、消防利用技术等。

（5）城市新型水系统规划设计与水质功能保障关键技术群。重点研发城市水数值模拟与仿真技术体系，基于水资源和安全，针对饮用水源、自来水厂、污水处理厂、河道断面、湿地、地下水及分流制雨水管道等，建立水资源自然循环和社会循环的系统仿真与优化技术；基于水环境和生态，研究污水能源流与物质流规律、污染物迁移转化规律等净化系统仿真及时空优化技术。在此基础上，研究城市新型水系统的统筹规划设计技术体系，开发不同时空条件下水源、水量、水质与供需的动态平衡调控技术，建立城市水系统评估、规划、设计、建设和运行管理技术体系，保障水系统的节水、减排、生态、高效和安全运行。

（6）城市水安全与其他学科和领域交叉技术群。研究化学工程和材料科学等先进技术与城市水安全领域的交叉应用技术，推动城市污水处理及再生利用技术革新；研究数字化信息技术与城市水安全保障技术的交叉应用技术，研发自动化控制、智慧化管理的水安全保障系统；研究金融、土木、建筑、管理等技术领域与城市水安全领域的交叉应用技术，促进城市水安全系统的有效转化、示范应用和高效运行。

实现上述关键技术及技术群的发展路径可用如图5-4所示的城市水安全领域工程科技发展技术路线图表示。

第五节 测绘与区域发展领域重点任务

一、目标

到2035年将完成对现有技术体系的网络化、信息化、智能化改造，全面开展北斗卫星导航系统的应用，实现北斗卫星导航系统与测绘地理信息生产服务的融合，建成全球空间信息基础设施。整合国内与国外、军队与地方资源，强化卫星遥感资源的综合利用，建立卫星遥感应用产品对全国测绘生产服务一线的分发服务机制，建设成具有分钟级的全球空间信息获取与处理能力。卫星遥感、卫星定位、航空遥感及地面测绘等多源数据的综合处理分析能力大幅度提高。国家应急测绘保障能力增强，形成主要由现场快速航空应急测绘、应急快速处理、应急测绘成果快速共享、应急前线快速保障服务等组成的规范化应急测绘业务流程及多类型服务产品体系。建立地理信息网络化服务体系，全面整合各类地理信息资源，以线上、线下、定制等多种方式提供综合地理信息服务。

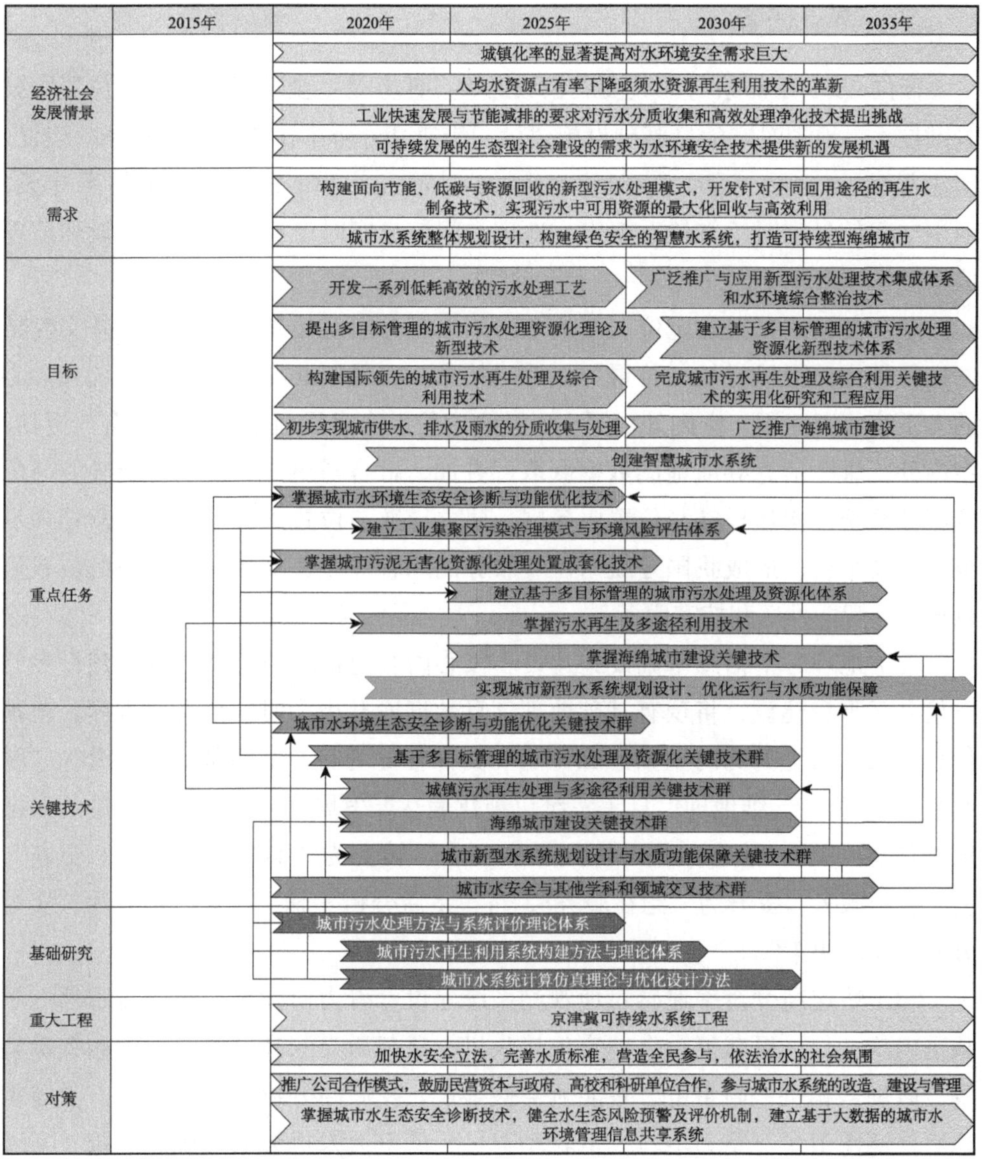

图 5-4　城市水安全领域工程科技发展技术路线图

测绘地理信息生产服务实现高度网络化、信息化、智能化和社会化，按需、灵活、泛在的测绘地理信息服务全面实现。建成具有日度更新能力的全覆盖地理信息资源体系，满足实时地理信息服务需求，地理信息产业成为主要的信息服务产业，成为全球地理信息产业的领跑者。

二、重点任务

面向2035年测绘与区域发展领域的重点任务是：全球卫星导航与位置服务关键技术、地理时空信息基础设施建设、快速高分辨率遥感对地观测系统建设、国家导航、定位、授时（positioning，navigation and timing，PNT）体系建设、地理空间信息实时感知体系建设、地理空间信息实时泛在服务体系建设和地理信息产业体系建设。

（1）突破泛在精确定位、城市室内外无缝导航定位技术、全球室外实时精密定位等全球卫星导航与位置服务关键技术。实现以北斗卫星导航系统为核心的多系统兼容互用、室内外协同实时精密定位、全息导航地图获取融合与更新、室内外三维全信息导航地图数据获取、叠加、融合与更新，研制智能导航与位置服务系统，构建导航与位置服务网，建立导航与位置服务网络和运营管理示范系统及平台，形成我国导航与位置服务的综合体系，支撑亿级用户的位置信息搜索、智能推送和按需服务。

（2）地理时空信息基础设施建设。核心内容包括时空信息数据库建设和时空信息云平台建设，将现有基础地理信息数据库升级为时空信息数据库，地理信息公共平台上升为时空信息云平台。具体任务为将“空间基准”提升为“时空基准”，将“二维地理信息＋三维可视化表达”发展为“统一时空基准的四维地理信息”，将“静态数据＋周期性的更新”转变为“实时获取＋动态更新”，将“有限服务”提升为“泛在服务”，将“事后分析＋辅助决策”提升为“实时分析＋实时决策”。

（3）快速高分辨率遥感对地观测系统建设。着力研发星载智能传感器、星载重力梯度仪、星载复合全球定位接收机、星载激光测高仪等对地观测关键装备，研制多相机、高精度、智能航空摄影仪，发展高分辨率遥感卫星、干涉雷达立体测图卫星、重力卫星、低轨小卫星、低空无人机等对地观测系统。实现卫星遥感数据的在轨处理，直接从卫星上传回经在轨处理后的有用数据和信息，实现遥感数据处理的自动化、智能化与实时化，自动综合、集成、融合、同化多源异构遥感对地观测数据。

（4）国家PNT体系建设。增强GNSS的PNT服务能力，发展完全不依赖于GNSS实现的PNT技术，基于新的PNT系统和技术概念，研究精确惯导系统和全源导航系统关键技术，尤其是自主导航系统技术，如微机电精确惯性导航系统冷原子干涉惯性导航系统；激光雷达线性扫描导航系统；利用地磁异常实现的室内导航系统；超宽带信号室内定位系统；利用外部可用信号源的导航系统；光学导航与惯性导航组合系统；“通用即插即用”传感器全源导航系统等，开发量子辅助传感与读取设备，开展超快激光科学与工程项目，实现恶劣环境下的空间、时间和定向信息获取。

（5）地理空间信息实时感知体系建设。建立天、空、地一体化的地球空间信息智能传感器网，实现利用GNSS、多种智能传感器、射频标签等随时随地全面实时感知地域目标多尺度、多时相的时空和理、化、生等动态属性地理信息；建立信息共享和协同处理的机制、协议与技术，通过无线局域网、各种电信网络与互联网的融合，将地域目标的信息实时、准确和安全地传递出去，并可接收输入的控制或标定、补偿、修正等信息；利用云计算、模糊识别等各种智能计算与并行和分布处理方法，对地域情况及其变化进行综合分析并进行有效控制和及时决策。

（6）地理空间信息实时泛在服务体系建设。基于各种信息获取设备自动采集地理信息相关数据及智能加工，确保基于泛在网络的多源异构融合后的地理信息实时传输，满足基于泛在服务功能中心的地理信息存储、计算、处理及管理，实现基于泛在终端及网络的地理信息的显示表达及服务提供。

（7）地理信息产业体系建设。推动国产测绘卫星遥感数据的公益性服务和商业化应用，提升国产卫星遥感数据的市场占有率和高分辨率卫星遥感数据自主保障率，加强测绘遥感数据在国土资源、农业、林业、水利、气象、海洋、环境、减灾、统计、交通、教育等领域和城乡区域规划管理及在重大工程建设中的应用，引导遥感数据应用市场从政府、企业、军队向社会公众领域拓展，进一步推动遥感数据在网络地图服务、电子商务等方面的应用。结合下一代互联网、物联网、云计算等新技术的发展趋势，大力推进地理信息软件研发，在大型地理信息系统、高性能遥感数据自动化处理等核心基础软件产业化方面实现突破，推进现代测绘基准的广泛应用，结合全球卫星导航产业的发展，提升导航电子地图、互联网地图等基于位置的服务能力，发展推动国民经济建设和方便群众日常生活的移动位置服务产品，推进面向政府管理决策、面向企业生产运营、面向人民群众生活的地理信息应用，促进地理信息深层次应用。结合国家重大战略实施，创新在资源环境监测、信息化建设等方面的服务模式，形成从需求、设计、建设到运营全过程的地理信息应用服务体系。

三、关键技术（技术群）及发展路径

为实现面向 2035 年测绘与区域发展领域的重点任务，应集中力量发展全球卫星导航与位置服务关键技术群、快速实时高分辨率遥感对地观测系统建设关键技术群、地理空间信息实时感知关键技术群、地理空间信息实时泛在服务关键技术群及测绘与其他学科和领域交叉技术群。

（1）现代化测绘基准构建关键技术群。构建全球参考系统框架，为 CGCS2000 维持与更新提供支持；突破全球多模 GNSS 跟踪系统研制关键技术，提高北斗卫星导航系统轨道精度，进而提升北斗卫星导航系统的全球服务能力；构建多 GNSS 监测系统，为监测卫星导航系统异常提供实时信息。

（2）全球卫星导航与位置服务关键技术群。突破室内外协同实时精密定位、全息导航地图获取融合与更新、室内外三维全信息导航地图数据获取、融合与更新等关键技术，研制智能导航与位置服务系统，建立导航与位置服务网络和运营管理示范系统及平台，形成我国导航与位置服务的综合体系，支撑亿级用户的位置信息搜索、智能推送和按需服务。

（3）国产卫星数据处理与全球测图关键技术群。研究全球 DEM/DOM 三维遥感制图关键技术，发展国产遥感卫星多星联合对地定位理论与方法；研究国产光学卫星工程化辐射标校关键技术，突破“地面辐射不变目标”筛选、几何辐射联合标定数据库、多源多时相卫星数据互校正、适应我国地形地貌的 BRDF 校正和精细地形光照模型校正等技术难题，建立国产光学卫星辐射标校技术体系，实现标准化高效率的辐射校正处理，有效提升国产遥感卫星的全球遥感制图几何精度和辐射精度。

（4）空 - 天 - 地一体化遥感对地观测系统与实时在轨处理关键技术群。突破高分辨率遥感卫星、干涉雷达立体测图卫星、重力卫星、低轨小卫星、低空无人机等对地观测。发展卫星遥感数据的在轨处理技术，直接从卫星上传回经在轨处理后的有用数据和信息，实现遥感数据处理的自动化、智能化与实时化。发展多模数据融合技术，实现多源地球观测数据的自适应集成与同化。

（5）全方位地理信息共享与服务关键技术群。面向对地观测的结构化大数据深化应用等需求，发展位置认知与语义理解、时空图谱与动态演化特征等理论方法，建立信息共享和协同处理的机制、协议及技术。协同云计算、模糊识别等各种智能计算与并行和分布处理方法，攻克地理大数据协同计算、图斑动力模式挖掘、模糊位置精准化等前沿核心技术，发展位置数据自动发现与匹配和校正及跟踪、海量地理时空数据模式发现等算法。

（6）测绘与其他学科和领域交叉技术群。围绕智慧地球、低碳经济、物联网等社会热点和国家重大需求，研究学科发展中的新概念、新理论、新方法与新技术，解决学科发展中的重大科学问题，在更高的层次上开展多种学科的交叉及融合研究。深入探讨机理问题、本质问题和不同方法的实现手段等，提高我国测绘地理信息科技的基础研究与应用基础研究水平。

实现上述关键技术及技术群的发展路径可用如图 5-5 所示的测绘与区域发展领域工程科技发展技术路线图表示。

第六节　交通工程领域重点任务

一、目标

预计经过 17 年发展，交通工程领域将在 2035 年达到如下发展水平：研发成功一系列具有自主知识产权的高端智能制造与基础制造装备，实施高速列车、绿色制造、智能制造等科技产业化工程，实现交通工程基础设施的信息化、智能化技术，提高运网协同能力和运输效率，突破交通运输安全保障、资源节约与环境保护、智能化养护等方面的关键技术。掌握国际领先的更高速度的轮轨高速铁路关键技术和高速铁路基础设施全生命安全运行成套技术，掌握高速条件下基础设施减振降噪技术，道岔和桥梁建造技术有新突破，建立更高速度条件下轮轨关系和气动效应理论体系，成功实现高速铁路基础设施多源异构大数据的表示、度量、特征提取和融合技术，系统地建立基础设施性能评价、故障诊断和健康管理理论方法与技术体系，以 BIM 技术为核心的新一代信息技术在全生命周期的广泛应用成为新常态，“智能交通”在交通工程领域取得普遍认可，获得充分的技术支持和制度保障。建立引领国际发展潮流的标准规范体系，掌握国际领先的时速 600km 及以上磁悬浮高铁系统研发及应用成套技术，实现全天候无干扰、环境友好的超高速交通运输方式，建立智能高铁技术体系，实现

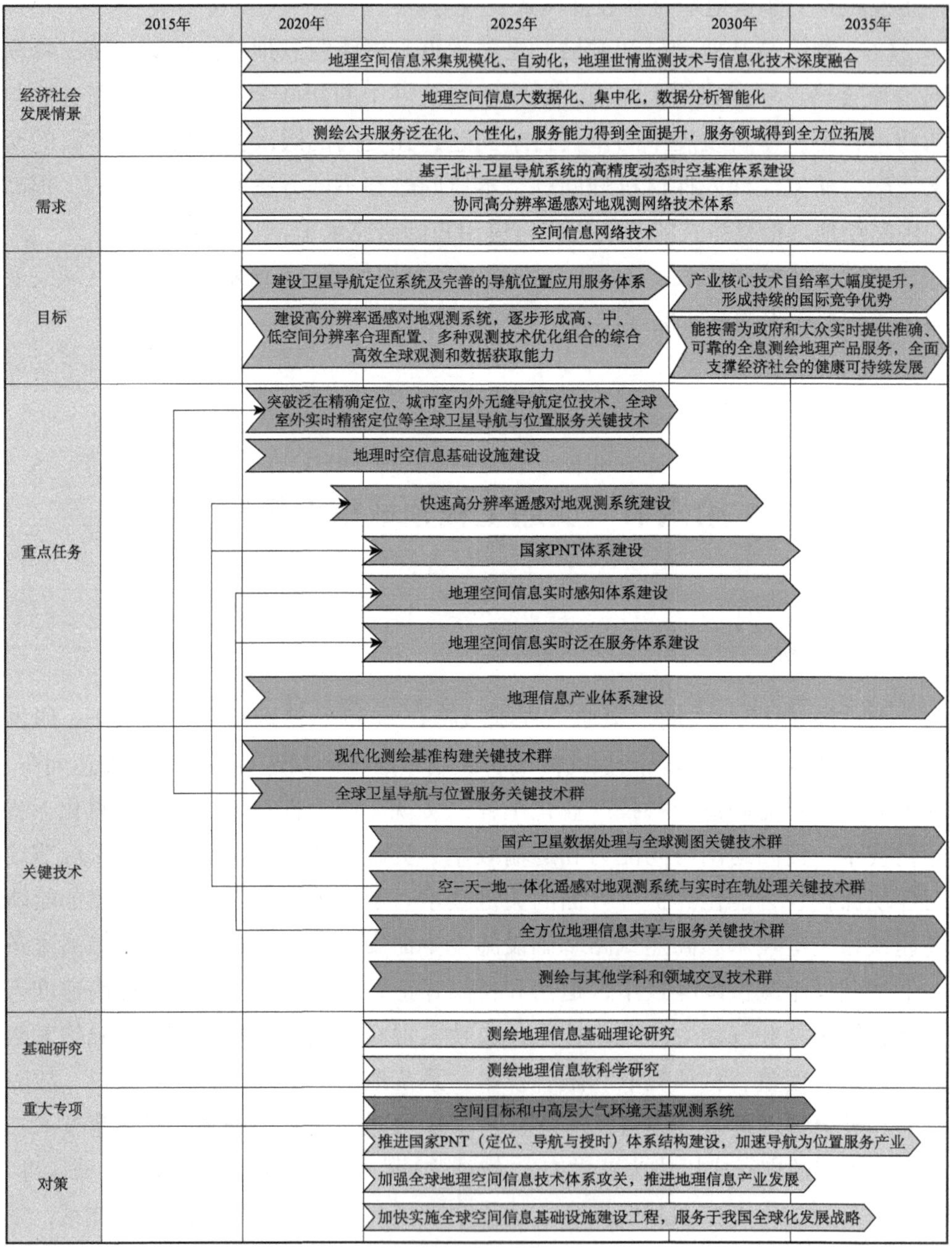

图5-5 测绘与区域发展领域工程科技发展技术路线图

覆盖智能列车、智能客运、智能基础设施、智能调度指挥、智能工程建设、智能经营管理、智能安全监控、智能养护维修等高速铁路的各个环节，打造更加安全可靠、经济高效、温馨舒适、方便快捷、节能环保的新一代高铁运输系统，践行国家“交通强国”和“创新驱动”战略，抢占未来交通领域科技制高点，持续保持交通工程综合创新能力居世界前列，有力支撑基本实现交通现代化的目标，成为基本实现社会主义现代化的先行者。

二、重点任务

面向 2035 年交通工程领域的重点任务是：研究信息技术向交通工程领域设计、施工、运维等环节渗透，推进生产和管理方式向柔性、智能和精细化方向发展，不断降低能耗。实施智能建造，推进更高速度轮轨高速铁路和时速 600km 及以上磁悬浮高速铁路关键技术研究，建立风险识别和预警机制，掌握高速铁路基础设施全生命运行安全成套核心技术。

（1）突破一批更高速度条件下减振降噪、轮轨关系和气动效应等基础理论与关键技术。掌握更高速度条件下轮轨关系、减振降噪、空气动力学和超高耐久结构等基础理论和关键技术，形成提升既有基础设施服役能力的技术体系和工程化方法，预制结构被广泛应用，基于 3D 打印和机器人等先进技术的大规模机械化和自动化的精细施工方法得以全面推广，复杂环境下的建造技术不断取得突破。研究列车通过时基础设施的噪声和振动机理，建立振动噪声评估模型；研发减振降噪新型材料和技术措施，开展理论和试验评估并优化完善减振降噪技术手段；研究减振降噪措施的工程化方法等。研究高速轮轨型面匹配、硬度匹配关系；研究高速轮轨黏着蠕滑机理及理论；研究高速轮轨磨耗机理及减磨控制技术、钢轨波磨机理及控制技术。探明列车高速运行条件下在进出隧道、高架桥梁声屏障、通透肋式拱梁结构、隧道洞室群等非开放基础设施的瞬间及在其中会车和运行过程中，较低速时更为剧烈的列车活塞风与空气阻力的变化所引起新的空气动力学和环境学问题；探寻列车在进出隧道时，车头车尾处产生压缩波和膨胀波而引起车内的压力波动给乘客听觉造成不适的应对措施；明确隧道出口处形成微气压波对周围生态环境的影响机理与应对措施；利用高速铁路基础设施气动效应，实现高速列车气动效能集成转换可控能源技术，形成基于能源利用的“绿色交通”、基于结构损伤自修复的“智能交通”。

（2）研究并建成跨海长大桥梁、超长隧道等超级工程，研究更高速度的高速铁路线路高平顺性保持技术，进一步提升高速铁路基础设施设计与建造水平。研究高速铁路大跨度简支梁桥适应不同速度目标值的技术参数，研发新型轻质、高强工程材料；研究基于预制架设施工模式和基于节段预制、现场拼装施工模式的大跨度简支梁施工工艺；研发适用于大跨度简支梁的千吨级移、运、架等造桥机械设备和关键部件等。研究能够提高结构稳定性和平顺性的新型道岔；研究适用于高速道岔的伤损在线监测系统；研发简便可靠的道岔维修设备；研究更高速度条件下高速铁路道岔的耐磨钢轨材料。

（3）研究磁悬浮高铁系统设计、基础设施建造及装备研发、运营维护及安全保障等关键技术。在系统总体层面，需攻克的关键技术包括：磁悬浮高铁总体架构及子系统技术方案优化、复杂多物理场系统耦合仿真分析技术、系统RAMS保障技术、系统优化及试验验证技术等。在基础设施建造方面，开展管道工程线形参数及施工控制、磁悬浮支承结构及连接构造设计与施工、站场结构匹配优化设计及施工等技术研究。在装备研发方面，在磁悬浮高铁列车领域开展车体轻量化优化设计、低动力转向架研制及悬浮控制、车辆振动性能及安全监控、列车牵引制动及网络控制系统、列车环境控制系统等技术研究；在运控通信领域开展特定应用环境下列车牵引 / 制动响应建模仿真技术、测速定位、车地无线通信、车辆控制接口适配、多车协同运行间隔安全控制及自动驾驶等技术研究。在运营维护及安全保障方面，重点开展乘务运营组织及管理技术、车地一体智能化客运服务系统技术、磁悬浮高铁系统全生命周期故障预测与健康管理技术应急救援和逃生技术；自然灾害预警与安全运行控制技术；列车运行安全监测评估和控制技术等。

（4）形成工程建造智能化、装备设施智能化、出行服务智能化等智能铁路技术体系。在工程建造智能化方面，基于BIM及北斗卫星导航系统的铁路工程勘测设计、铁路工程智能管控、隧道智能建设、基础设施智能检测研究；基于BIM的铁路工程建设全生命周期管理，研发应用与铁路工程建设关键工序自动化、信息化的控制系统；开展高速铁路无人建造技术研究，降低高铁基建成本；开展多年运行历程下的铁路基础设施再塑重生技术研究。在装备设施智能化方面，以铁路装备绿色节能环保为导向，通过智能牵引变电所及接触网、智能调度与协同控制、智能运维、新一代移动通信等技术，实现铁路装备的全生命管理和智能化维护，实现动车组状态全面实时监控、工作状态自感知、运行故障自诊断、导向安全自决策，保证列车持久安全运行。在出行服务智能化方面，结合音频和视频识别、机器问答、推荐算法、数据挖掘等技术，构建以智能票务、智能车站、智能出行为核心的旅客全程智能化服务系统，满足旅客多样化、个性化出行需求；开展融合航空、公路、铁路多种交通模式的全程无障碍畅行服务理论与技术研究，最大限度地发挥各种交通方式优势，提升乘客出行体验。

三、关键技术（技术群）及发展路径

为实现面向 2035 年交通工程领域的重点任务，应集中力量发展高速铁路基础设施故障预测与健康管理技术群、基于 BIM 的高速铁路基础设施数字化运营养护技术群、更高速度条件下高速铁路关键基础设施核心技术群、时速 600km 及以上磁悬浮高速铁路系统核心技术群和智能交通综合信息管理体系技术群。

（1）高速铁路基础设施故障预测与健康管理技术群。实施基础设施设计、建造和运维不同阶段数据资源融合发展战略，采用大数据分析技术推进数据资源开放共享，搭建高速铁路基础设施建设、养护及服役状态监测、安全评估技术、标准和装备体系，开展影响健康状态关键因素、面向动态响应的健康参数体系及多目标健康评估方法研究，探索符合我国高速铁路路情的故障预测与健康管理模型，实现从“状况修”到“状态修”的飞跃，最终达到全生命周期内高速铁路基础设施状态预测及健康管理目标。

（2）基于 BIM 的高速铁路基础设施数字化运营养护技术群。以 BIM 技术为核心，结合 GIS 技术和高速、移动、安全、泛在的新一代信息基础设施，打造集可视化、智能化、集约化、精益化的全生命周期管理的现代数字化运营维护技术，编制基础设施信息档案，建立风险识别和预警机制，完善“病历单”、“病害库”、知识库、专家库等功能模块，建立智能型病害原因分析系统和养护维修决策系统，实现运维问题处理标准化、信息化和数字化，进而优化资源配置，提升管理水平，实现高铁基础设施的工业化、信息化和智能化。自主掌握关键元器件、特殊测试装备等设计制造核心技术，实施“互联网 +”行动计划，发展物联网技术和应用，建成信息采集、传输、存储和分析反馈的数据生态链技术创新体系。加快发展高速铁路基础设施综合检测技术，努力形成施工期及运营期综合检测成套技术，为保障行车安全、实现高速铁路的高效、经济维修与管理提供强有力的技术支撑。

（3）更高速度条件下高速铁路关键核心技术群。提出适用于更高速度条件下振动噪声和轮轨关系核心理论，掌握提升既有基础设施服役能力的新能源、新材料、新工艺和新技术，明确基于轮轨的高速铁路极限速度，形成服务于安全出行，绿色出行的更高速度条件下基础设施服役技术体系。研究更高速度条件下基础设施减振降噪技术、基础设施气动效应、大跨度桥梁、高速道岔和高速轮轨关系等关键技术。研究列车通过基础设施时噪声和振动形成的原因，建立振动噪声评估模型，研发相关结构的减振降噪方案和新型材料，优化与完善减振降噪技术手段。研究列车高速运行条件下在进出隧道、高架桥梁声屏障、通透肋式拱梁结构、隧道洞室群等非开放基础设施的瞬间，以及在其中会车和运行过程中等空气动力学和环境学机理，探寻隧道微气压波对周围生态环境的影响机理与应对措施，利用高速铁路基础设施的气动效应，实现高速列车气动效能集成转换可控能源技术，形成基于能源利用的“绿色交通”，基于结构损伤自修复的“智慧交通”。研发高速铁路大跨度简支梁桥和新型轻质及高强桥梁材料，研究基于预制架设施工模式和基于节段预制、现场拼装施工模式的大跨度简支梁施工工艺与适用于大跨度简支梁的千吨级移、运、架等造桥机械设备等。研究适用于更高速度高速铁路道岔的耐磨钢轨材料和道岔检测监测设备。研究高速轮轨型面匹配、硬度匹配关系和高速轮轨黏着蠕滑机理及理论，掌握高速轮轨磨耗和波磨机理及减磨控制技术。

（4）时速600km及以上磁悬浮高速铁路系统核心技术群。研究时速600km及以上轨道–列车–气流–热耦合作用机理及其控制技术，确保车辆运行安全性、系统整体稳定性，为系统参数全局优化奠定基础。研究磁悬浮高速列车以时速600km及以上速度运行时的悬浮驱动导向技术、车内环境控制技术、列车控制、车地通信及虚拟列车群运行控制技术、安全保障及防灾救援技术。

（5）智能高铁系统核心技术群。研究智能列车技术，智能列车感知列车运行各类状态信息，包括自身设备状态检测监测信息、列车位置信息、沿线基础设施状态、自然和气象等信息，自动获取调度指令和行车计划信息，自动预测、诊断行车故障，可自动做出决策并从故障中恢复，保障列车安全、正点、舒适的运行。研究智能基础设施技术，基于物联网技术，实现工务工程、牵引供电、通信信号等固定基础设施的状态感知，实现对固定基础设施和运行环境的综合状态评估及面向多专业数据融合的联动与预警，实现基础设施子系统的智能化管理。研究智能工程建设技术，在规划、设计、建设管理、现场工地等方面广泛深入地利用智慧物联、遥感定位、BIM、虚拟现实和大数据分析等新一代信息技术，实现铁路建设过程中“人、机、料、法、环”的全面掌控，实现“计划、进度、质量、安全”的智能化管理。研究智能调度指挥技术，全面掌握铁路行车环境中各类运输生产信息，科学编制运输计划，并依据运输计划自动生成与运输资源状态相匹配的各生产作业计划，动态预演分析路网车流状态，发现实际运行与计划的偏差及潜在的行车安全风险，实现计划调整、行车调度、资源调配的综合协调控制，确保高效、安全的行车组织。研究智能客运技术，通过物联网、人工智能、机器人、虚拟现实等技术，建设全面电子客票、智慧延伸服务和智慧车站，为旅客提供购票、进站、候车、检票、乘车、出站全过程的便捷舒适服务。研究智能经营管理技术，通过大数据分析技术优化完善客运营销辅助决策、货运营销辅助决策、货运营销及运力配置系统，实现客 / 货运产品设计及优化、智慧化售票组织、价格动态调整、收益管理、信息增值服务，提升铁路精细化经营管理水平、提高运营效率和经营收入。研究智能安全保障技术，对危及列车运行安全的各类检测、监测信息进行实时监测、报警、预警，确保列车的安全运行。研究智能养护维修技术，掌握设备状态劣化机理与演化规律，总结设备安全可靠水平评价指标体系，不断完善设备修程修制，实现养护维修机制由“计划修”向“状态修”转变。

（6）智能交通综合信息管理体系技术群。研究新型互联网、新型移动通信、云计算、物联网、智能网络终端、高性能计算的发展，实施新型显示、国家宽带网、云计算等科技产业化在交通工程的应用和发展。随着城市群、城乡交通一体化的发展及“一带一路”倡议的机遇，通过完善公路、铁路、民航等主要交通脉络，在地理空间上和功能上的有机组合，衔接形成网络布局，促进信息化带动工业化，提升整体交通运输能力，构筑智能交通综合信息管理体系。

实现上述关键技术及技术群的发展路径可用如图 5-6 所示的交通工程领域工程科技发展技术路线图表示。

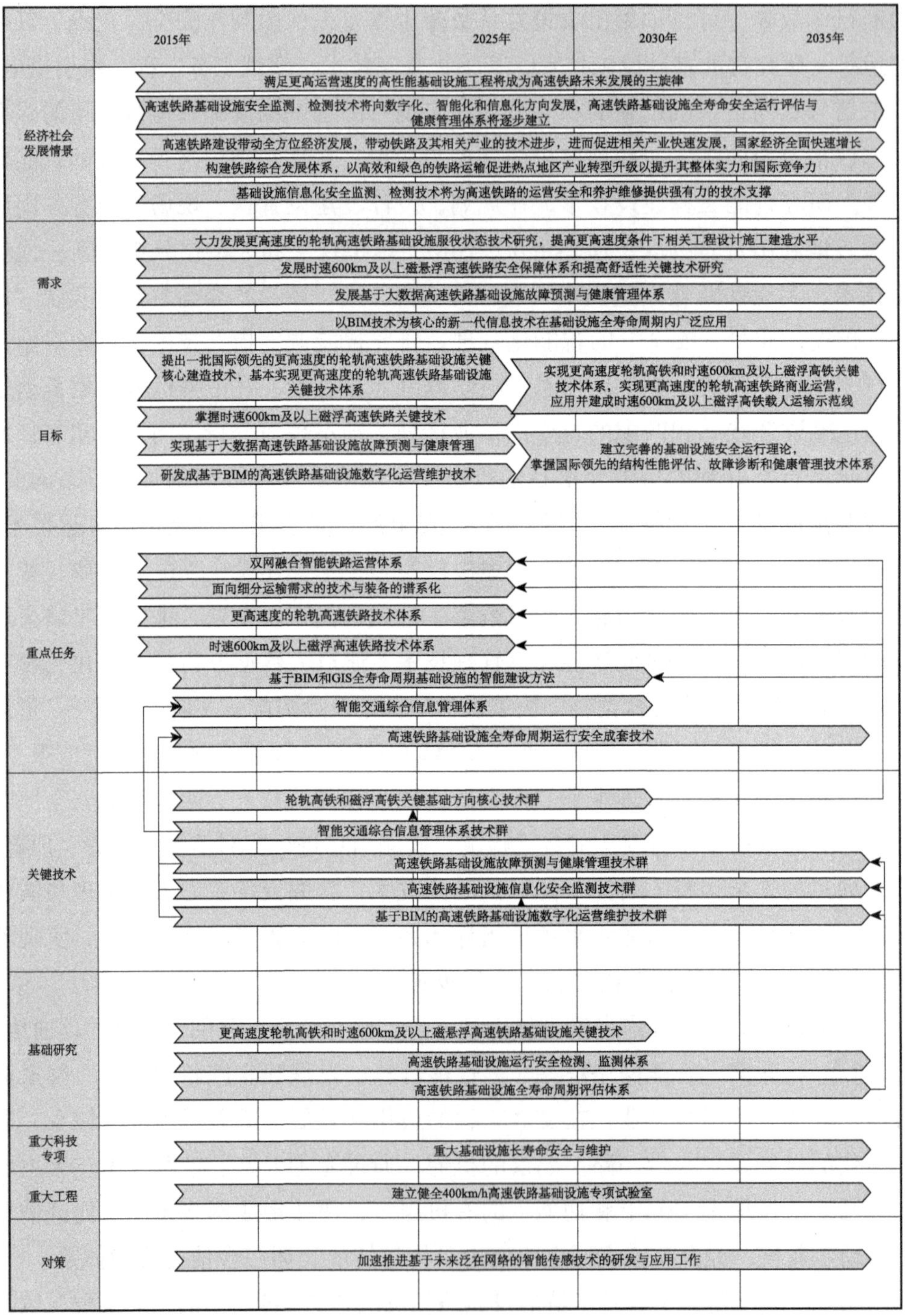

图 5-6　交通工程领域工程科技发展技术路线图

第七节 智慧城市领域重点任务

一、目标

预计经过 17 年的努力，智慧城市领域到 2035 年将力争达到如下发展水平：掌握一批国际领先的智慧城市建设关键核心技术，建立解决城市问题的智慧城市建设支撑技术体系，取得若干引领国际潮流的关键核心技术，掌握国际领先的城市空间泛在感知、空间语义集成融合、虚拟空间仿真模拟等核心关键技术，城市安全预测预警技术达到国际先进水平，大数据支撑的城市运行优化与提升技术体系达到国际领先水平，并得到广泛推广应用；建立可以引领国际技术潮流的智慧城市规范标准体系，在引领技术方向、保障工程质量安全、推广应用先进技术、提升核心技术竞争力方面发挥至关重要的作用；智慧城市先进科技成果广泛推广应用于规划、国土、海洋、交通、市政、教育、医疗等各行业领域，发挥重要支撑作用。

二、重点任务

面向 2035 年智慧城市领域的重点任务是：研究城市泛在感知网络及其集成整合与数据挖掘技术，虚拟城市环境实时构建与动态表达技术，城市数据自动语义关联和动态融合技术，城市空间仿真与优化技术，城市空间规划在线协同技术，城市土地资源立体化利用管理技术，基于众筹群智的城市安全预测预警和应急管理技术，基于人类行为分析的城市运行优化与提升技术等。

（1）城市泛在感知网络及其集成整合与数据挖掘技术。研究城市泛在感知网络的智能感知原理和方法；研究城市泛在感知网络的信息感知与交换基本网络模型；研究可交换、可共享、可集成整合的城市泛在感知网络的顶层设计与系统架构；研究面向开放服务的城市泛在感知网络统一、规范、合理的规则和标准；研究基于城市泛在感知网络的群体感知、参与感知、移动感知、环境感知、内容感知等多重综合感知与信息获取技术；研究支持超大容量、超高接入能力的智能感知方法；研究面向城市人文、地理与信息三元空间多重感知数据的有机融合与协同技术；研究面向城市泛在感知网络的城市大数据存储和管理技术。

（2）虚拟城市环境实时构建与动态表达技术。研究城市地理特征变化的认知理论和分析模型；构建可动态、广泛融入地理规律的城市地理环境综合认知体系；研究虚拟城市环境下的城市地理现象时空演变与动态模拟技术；研究虚拟城市环境三维实体模型的快速建模与动态更新技术；研究城市三维全景实景混杂现实技术；研究地上和地下、室内和室外多源数据与模型的信息集成及融合技术；研究虚拟城市环境海量数据和模型的统一组织与动态调度技术；研究虚拟城市环境多尺度、多角度可视化表达技术；研究大数据支撑下城市系统内的城市行为和状态的分析研判、规律反演、预测推演与评估调控技术；研发集成几何、物理、行为和人文等多种模型于一体的协同式虚拟城市环境平台；开展基于虚拟城市环境平台的应用示范。

（3）城市数据自动语义关联和动态融合技术。研究城市数据信息的语法结构特征和语义表征理论；研究城市数据语义信息的自动搜索、识别、判断和提取技术；研究面向城市大数据的信息空间化和定量化表达技术；研究面向城市大数据的自动语义关联机制；研究面向城市大数据的多模态语义信息多层次关联与动态融合分析技术；研究面向城市大数据的信息关联推理和深度挖掘技术；研究面向城市大数据的规律发现和决策生成等智能方法与关键技术；研发面向城市大数据的高效协同处理和集成展示平台。

（4）城市空间仿真与优化技术。研究基于城市大数据的城市空间优化理论和方法；研究基于城市大数据的城市空间智能分析与优化决策模型；研究面向城市环境、规划方案、建筑设计、设施配置、路网布局及各类城市空间决策的模拟、仿真与优化技术；研发全数字化的城市空间仿真分析平台。

（5）城市空间规划在线协同技术。研究面向多角色、多层次的城市空间规划在线协同编制技术；研究城市空间规划指标在线自动计算技术；研究城市空间规划成果在线控制及审核技术；研究城市空间规划多方案在线仿真与对比技术；研究城市空间规划智能冲突检测技术；研究基于城市大数据的规划方案仿真与影响预测技术；研究基于城市大数据的规划实施效果评估与问题诊断技术；研究开放式公众参与的在线规划模式；研究规划专项大数据组织和管理技术；研发城市空间规划在线协同工作平台。

（6）城市土地资源立体化利用管理技术。研究城市土地立体化利用模式认知理论；研究土地资源立体化利用机制和范式；研究城市土地立体化利用综合调查技术；研究城市土地立体化利用综合评估评价技术；研究城市土地立体化利用规划技术；研究城市土地立体化利用预警技术；研究基于空间使用权的不动产统一登记技术；构建城市土地立体化利用管理技术体系。

（7）基于众筹群智的城市安全预测预警和应急管理技术。研究城市多部门协同的安全监测的常态和非常态演化趋势建模、在线优化与决策分析理论及方法；研究融合公众认知与城市大数据的全感知、全开放、全共享、全参与模式的城市安全和应急管理新模式；研究构建基于众筹群智的城市管理、社会治理和公共服务一体化网格应用体系；研究面向城市生存环境及突发事件的安全评估、预警预测、预案推演和智能化处置技术；研究城市多部门协同的城市安全监测与灾害应急保障技术及装备；研发面向特大城市的城市安全和应急管理智能处理与辅助决策平台；建立基于突发事件的跟踪与检测、快速应急响应、多目标决策等技术的智能化应急体系。

（8）基于人类行为分析的城市运行优化与提升技术。研究基于空间耦合的城市人类行为模式和社会关系大数据的感知与分析挖掘技术；研究人类行为轨迹数据与地理空间实体匹配技术；研究构建人类社会关系网络、行为模式、传播流向的时空模型；认知和模拟城市系统内人类群体的交互方式、行为方式、传播方式等对城市发展包括创新能力、生产能力、幸福指数、社会安全等的影响和作用机理；探索和研究优化城市设计、改善城市结构、转变城市治理模式、提升城市运行效率、促进城市发展的新路径和新方法。

三、关键技术（技术群）及发展路径

为实现面向2035年智慧城市领域的重点任务，应集中力量发展城市泛在感知网络及其集成整合技术群、虚拟城市环境实时构建与动态表达技术群、城市数据空间语义关联融合与数据挖掘技术群、城市空间仿真与优化技术群、城市规划土地管理领域关键技术群、基于众筹群智的城市安全预测预警和应急管理技术群、基于人类行为分析的城市运行优化与提升技术群等。

（1）城市泛在感知网络及其集成整合技术群。以物联网技术为基础，通过各种信息传感设备，实时采集城市运行中任何需要监控、连接、互动的对象或过程等各种需要的信息，与互联网结合形成的一个巨大的网络，从而实现城市中的物与物、物与人、所有的物品与网络的连接，以便对城市中的各种目标与事件进行识别、管理和控制，在此基础上对各种传感器所捕捉到的信息进行集成与整合，实现对城市的全面泛在感知。主要研究面向城市的泛在感知原理和方法；研究基于城市泛在感知网络的群体感知、参与感知、移动感知、环境感知、内容感知等多重综合感知与信息获取技术；研究面向城市人文、地理与信息三元空间多重感知数据的有机融合与协同技术；制定面向开放服务的城市泛在感知网络统一、规范、合理的规则和标准。

（2）虚拟城市环境实时构建与动态表达技术群。以城市环境的全面感知与快速建模为技术支撑，综合利用摄影测量、计算机视觉、虚拟现实、增强现实等技术，建立与现实世界一致的真三维、全要素、开放式的虚拟城市空间，发展复杂城市环境实时构建和动态表达的技术方法体系。重点研发虚拟城市环境的动态建模与实时构建技术，虚拟城市环境的时空演变与过程模拟技术，城市地理环境模型形式化与情境化的动态表达技术，发展集成地理过程模型、地理协同与专家知识的城市地理环境模拟、预测与评估模型，研发城市行为和状态的分析研判、规律反演、推演预测与评估调控技术体系。

（3）城市数据空间语义关联融合与数据挖掘技术群。众所周知，人类社会的各项活动均发生在特定的地理空间中，所涉及和产生的信息也必然与地理空间相关，具有天然的地理空间属性。因此，以地理空间为目标进行数据集成是实现城市各类多源数据集成的有效途径。传统数据很少以坐标来描述空间信息，而是通过地址、方位、度量等方法进行位置的描述，空间语义的自动识别与解析是这些数据进行关联的核心技术。研究城市数据信息的语法结构特征和语义表征理论，研究城市数据语义信息的自动搜索、识别、判断和提取技术，研究面向城市大数据的多模态语义信息、多层次关联与动态融合分析技术，研究面向城市大数据的信息关联推理和深度挖掘技术。

（4）城市空间仿真与优化技术群。以虚拟现实技术为基础，以虚拟城市环境为支撑，综合运用多种领先的信息技术，研发一系列城市空间仿真与优化的关键技术，提升城市规划、设计、建设、管理、服务的智能化水平。重点发展基于城市大数据的城市空间优化理论和方法，研究基于城市大数据的城市空间智能分析与优化决策模型，研发面向城市环境、规划方案、建筑设计、设施配置、路网布局及各类城市空间决策的模拟、仿真与优化技术，研发全数字化的城市空间仿真分析平台，制定应用于城市管理、城市规划、城市设计、建筑设计等领域的标准规范。

（5）城市规划土地管理领域关键技术群。城市规划和土地管理对城市的整体发展具有深远影响，通过对城市空间布局的调整和优化，可提高城市的整体活力。空间规划的在线协同技术和城市土地资源立体化利用管理技术是此领域的关键技术，主要研究面向多角色、多层次的城市空间规划在线协同编制技术，研究基于城市大数据的规划实施效果评估与问题诊断技术，研究开放式公众参与的在线规划模式，研究城市土地立体化利用模式认知理论，研究土地资源立体化利用机制和范式，构建城市土地立体化利用管理技术体系。

（6）基于众筹群智的城市安全预测预警和应急管理技术群。以移动互联网、物联网的高速发展和普及为基础，以众筹群智的全感知、全开放、全共享、全参与模式为理念，构建城市安全预测预警和应急管理技术体系。重点研究融合公众认知与城市大数据的全感知、全开放、全共享、全参与模式的城市安全和应急管理新模式，研究城市多部门协同的安全监测的常态和非常态演化趋势建模、在线优化与决策分析理论与方法，研发基于众筹群智的城市管理、社会治理和公共服务一体化的网格应用体系，研究面向城市生存环境及突发事件的安全评估、预警预测、预案推演和智能化处置技术，建立基于突发事件的跟踪与检测、快速应急响应、多目标决策等技术的智能化应急体系。

（7）基于人类行为分析的城市运行优化与提升技术群。城市空间为人类提供了生活环境，人类的各种行为也同时塑造了城市空间，通过对人类行为的认识，将城市的空间形态与人的行为模式统一起来加以研究，才能推动和实现城市运行的优化提升。重点研究构建人类社会关系网络、行为模式、传播流向的时空模型，认知和模拟城市系统内人类群体的交互方式、行为方式、传播方式等对城市发展包括创新能力、生产能力、幸福指数、社会安全等的影响和作用机理，探索研究优化城市设计、改善城市结构、转变城市治理模式、提升城市运行效率、促进城市发展的新路径和新方法。

实现上述关键技术及技术群的发展路径可用如图 5-7 所示的智慧城市领域科技发展技术路线图表示。

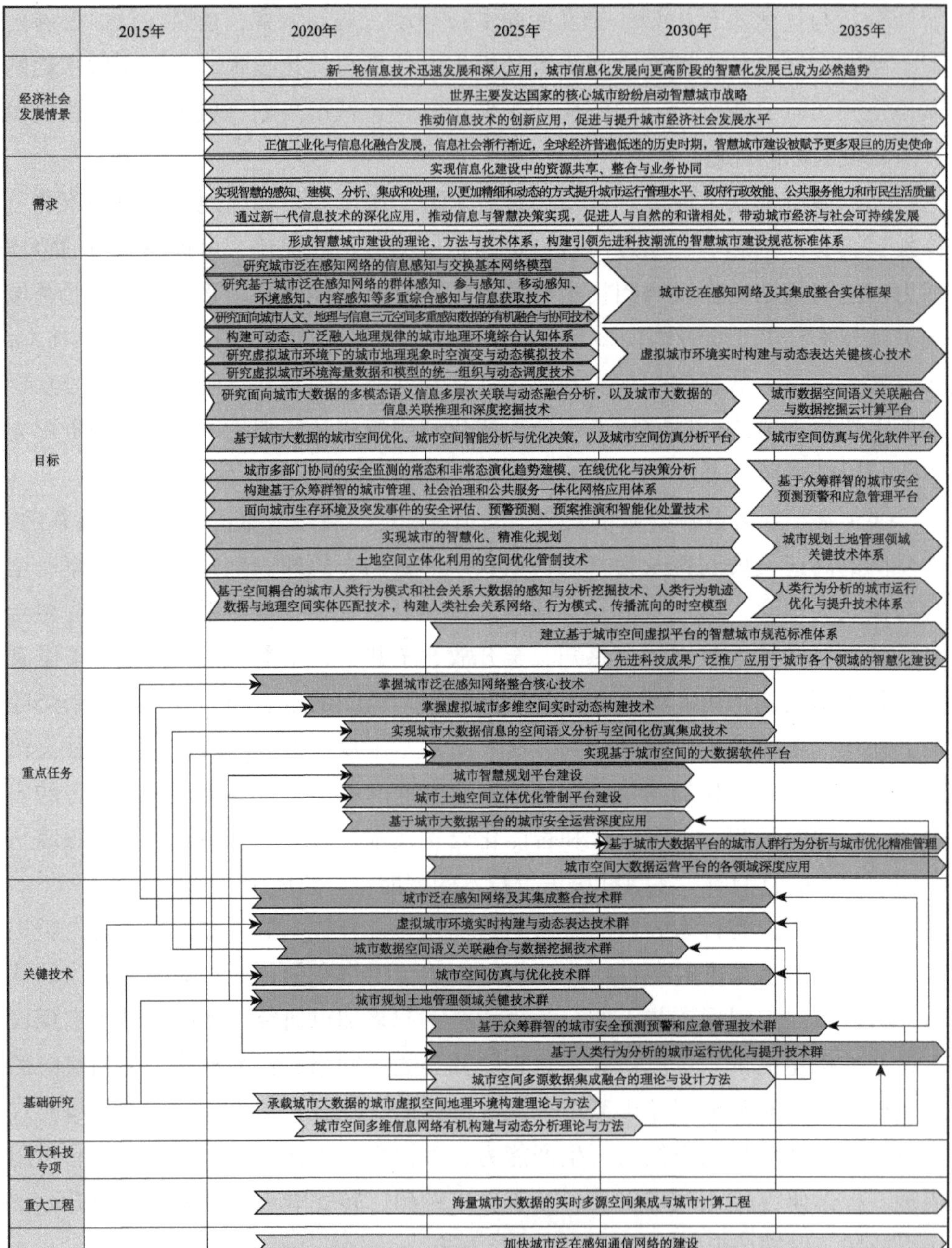

图5-7　智慧城市领域科技发展技术路线图

第八节　面向2035年我国工程科技发展需要优先开展的基础研究方向

1. 优先研究绿色建筑性能化设计与优化的理论和方法，探索符合新型城镇化要求的城乡规划与城市设计的理论和方法，建立东亚视野下城乡与建筑遗产保护的理论和方法

（1）绿色建筑性能化设计与优化的理论和方法。以定量、科学的综合性能要求为目标，研究绿色建筑性能化设计与优化的基础理论和方法，建立起包括概念、设计原则、设计理论、设计方法、优化策略在内的理论和方法体系。研究绿色建筑性能化设计的基本原则、操作流程和设计方法；研究性能化设计方法与传统设计方法的异同；研究多目标条件下绿色建筑综合性能设计的方法；研究绿色建筑设计方案科学比选的策略；研究兼顾精度和速度的绿色建筑性能模拟分析方法；研究算法驱动绿色建筑设计方案智能优化的方法；研究绿色建筑性能优化中算法的效能，提出适应不同建筑设计问题的最优算法及关键参数设置；通过比较与总结，建立起绿色建筑性能化设计与优化的理论和方法体系，推动建筑设计方法的创新。

（2）符合新型城镇化要求的城乡规划与城市设计的理论和方法。在新城城镇化的背景下，探索符合中国国情、具有中国特色的城乡规划与城市设计的理论和方法。在吸收和借鉴西方城市规划与城市设计理论的基础上，立足中国本土实践，聚焦中国城市发展的现实问题，研究重在优化存量、适当兼顾增量的城市规划设计理论和方法；研究综合协调地理、气候、经济、社会、人文的乡村规划设计理论和方法；研究绿色生态的城市设计理论和方法，包括总体城市设计和重点地段城市设计；研究城市形态管控的科学原则与方法；研究在主客观两个层次城市物质空间与景观环境提升的方法；研究城乡规划与城市设计效果的监测、评价和反馈方法。

（3）东亚视野下城乡与建筑遗产保护的理论和方法。研究有别于西方以“原真性”为核心的城乡与建筑文化遗产保护理论，形成符合东亚及中国城乡与建筑发展历史规律的遗产保护方法。研究城乡及建筑遗产生存的历史环境变迁的规律；建立尊重文脉、历史、环境的城乡及建筑遗产保护理论；研究在快速城镇建设的冲击下文化遗产适应性保护和再利用的方法；在东亚文化圈里开展城乡与建筑遗产的比较研究；研究城乡与建筑遗产价值的科学评价方法；研究不同类型、不同尺度城乡及建筑遗产保护的分类指导与操作原则；研究预防性保护的理论和方法；研究对城乡及建筑遗产保护效果的长期跟踪监测与评价方法。

2. 优先研究高性能可持续土木工程材料与结构基础理论，面向全生周期的土木工程结构设计、监测、诊断与决策基础理论，极端灾害的发生及其与土木工程结构的作用机理，恶劣环境条件巨型复杂土木结构工程基础理论，土木工程结构高性能模拟仿真基础设施

（1）高性能可持续土木工程材料与结构基础理论。以土木工程材料的高性能化为基础，研发一系列新型结构体系，实现严酷环境高可靠性、灾变条件高恢复性、长期使用高耐久性、全生命期高环保性的高性能目标。重点突破材料结构一体化和多材料优化组合两个关键科学问题，实现材料高性能向结构高性能的跨越。研究新型土木工程材料及其与结构工程的基础关系，包括面向结构工程应用的材料本构模型及适应新材料特有力学性能的结构设计控制指标；研究新材料高耐久混凝土结构，包括在传统混凝土结构劣化高风险区应用新材料以提升结构抗裂性和耐久性、新结构长期劣化机理与正常使用精细化设计方法等；研究新材料钢结构高效抗震体系，包括应用高延性金属材料实现钢结构强震损伤可控与震后快速可恢复、新结构体系强震失效机理与损伤控制方法等；研究特殊工程条件新材料组合结构，包括适用于长寿命跨海连岛工程与绿色装配式建筑的新材料组合结构、多材料优化组合机制与协同工作机理等。

（2）面向全生周期的土木工程结构设计、监测、诊断与决策基础理论。以结构全生命周期性能为指标的全生命周期设计法将成为结构设计的共识。发展结构整体可靠度与风险评估、控制和管理理论，发展工程结构全生命周期设计理论，综合考虑耐久性、安全性和适用性在结构全生命周期设计中的相互交叉

与相互制约，建立考虑环境效应的全生命周期风险、成本、效益综合分析与决策理论及结构使用寿命预测理论。揭示土木工程结构全生命周期各环节（规划、设计、建造、运营、维护和重建等）对自然环境可持续性影响的基本规律，揭示使用环境因素对土木工程材料及结构的劣化机理，提出可精细刻画可持续结构工程在运营环境中性能演化特征的数值仿真方法。在智能感知材料、先进传感网络理论、信息技术和微电子技术的基础上，建立基于结构实时监测数据库的决策理论、诊断工具及设计优化方法。

（3）极端灾害的发生及其与土木工程结构的作用机理。充分利用地球气象科学、材料科学、材料力学、动力系统与控制、系统工程、决策理论、风险分析、高性能计算模拟与仿真、社会行为经济学等交叉学科知识，研究并揭示土木工程结构抵御自然灾害（地震、海啸、飓风、龙卷风、洪水、风暴潮、冰雪灾、地质灾害等）与人为灾害（爆炸、火灾、偶然性冲击等）的内在机制和规律。探索极端灾害作用的作用源、作用机理与作用效应，探究多灾种共同作用的相关性与耦联性，建立多重灾害作用下土木工程结构的全生命周期设计理论及风险评估理论。发展城市及区域综合防灾减灾理论和基于大数据的结构灾变反演理论，研究新型高性能可持续结构体系在各种灾害作用下的非线性动力效应和响应预测模型。

（4）恶劣环境条件巨型复杂土木工程基础理论。面对立体城市、深海工程、战略仓储、军事防护、新型能源等领域中巨型复杂土木工程的应用需求，探索极端恶劣环境条件（如极端气温、水况、日照等）下巨型复杂土木工程中材料与结构体系的性能劣化规律。研究新型高性能土木工程材料在极端恶劣环境下的性能演变规律；研究极端恶劣环境条件对土木工程结构的耦合作用机理，研究极端恶劣环境下巨型复杂土木工程体系的精细化试验新方法；研究极端恶劣环境下巨型复杂土木工程体系精细化、高精度仿真分析与优化设计的高性能计算方法；研究各类复杂恶劣服役环境条件下巨型复杂土木工程全生命周期设计理论体系。

（5）土木工程结构高性能模拟仿真基础设施。建立基于网络的土木工程结构在各类服役环境与灾害条件下的高性能模拟仿真基础设施。该基础设施主要包括三部分：① 各类灾害和服役环境的试验模拟装备；② 高性能计算仿真工具；③ 反映已有研究成果的数据库。这三部分通过全球网络提供的高效数据获取、数据存储、数据管理、数据集成、数据挖掘、数据可视化等一系列计算与信息服务，将全世界土木工程结构实验室、数据、计算机汇聚于一体，实现全球范围土木工程结构创新理论与知识的共享，推动全球土木工程结构科研人员的实质性跨境合作。

3. 优先发展综合节水基础理论与方法、变化环境下水循环演变机理与模拟预测，以及变化环境下江河湖库水沙情势

（1）综合节水基础理论与方法。系统解析社会水循环驱动机制与过程控制，研究深度节水和基于水质水量匹配的综合利用理论和方法；研究作物最优耗水机理及多因素协同调控机制，研究气候变化对作物需水规律及需水量的影响机理，系统解析城镇立体空间内水循环过程水量损益和物质转换的作用机制及其影响要素；研究针对农业生产、高耗水工业、城市生活等耗水的定量化方法与减量化的工程、技术和管理措施；研发节水空间评价与全用水部门区域综合节水潜力评价方法，建立城乡一体、多行业、多过程综合节水基础理论和方法。

（2）变化环境下水循环演变机理与模拟预测。研究大尺度气候—陆地—水体循环演变动力机理和一体化精细模拟技术，推进陆面水文过程与大气过程联合模拟技术的发展，开展全球海洋水循环对陆地水循环的影响研究；研究气候变化和人类活动对我国江河源头区水循环演变机理的影响，明晰重要江河水源区的水资源演变规律和发展趋势，阐释冰冻圈变化的水文效应，并探究生态敏感区生态系统结构和功能与水文循环变异间的响应关系；研究变化环境下的流域自然－社会耦合系统特征，进一步发展和完善流域自然－社会二元水循环及其伴生过程系统模拟与预测技术，识别流域中长期水循环与水资源的演变规律；揭示地下水严重超采区渐变－质变－灾变机理，构建地下水危机识别、评价和预警理论方法；研究特大城市（群）雨（热）岛效应和雨洪发生机制，突破地表水—土壤水—地下水—管道水循环过程和模拟技术。

（3）变化环境下江河湖库水沙情势。针对人类活动与气候变化双重作用下我国江河系统水沙发生重大变化的新情况，分析主要江河源区和重点水土流失区水沙产生机理及水沙输移特性，研究流域产水、产沙与江河水沙变化及河道演变的相互作用和响应关系，阐明江河水沙变化的区域分异和阶段特征，发展气候变化和人类活动双重因素影响下多尺度流域与河流水沙耦合模型；研发河

流多物质过程及演变高精度数值模拟技术，揭示江河水沙及多物质变化成因与机理，预测江河水沙变化的发展趋势，提出江河治理的新方略，为我国江河湖库治理提供科技支撑。

4. 优先发展城市污水再生利用系统构建方法与理论体系、城市污水处理方法与系统评价理论体系、城市水系统计算仿真理论与优化设计方法

（1）城市污水再生利用系统构建方法与理论体系。研究城市污水深度处理过程中的有机和无机污染物迁移转化规律与分离理论、再生水生态安全及环境风险评估理论体系、再生水综合利用理论体系，建立新兴城市污水再生利用系统和传统城市供排水系统的共生关系与发展模式，探索城市污水再生利用系统建设及城市水环境系统建设的协调发展理论，完善城市传统水源与再生水源的互补关系理论，建立多等级、多途径的城市污水再生利用系统规划方法，以及污水再生利用模式的系统评价方法。

（2）城市污水处理方法与系统评价理论体系。深入研究既有城市污水处理过程、新型城市污水处理过程和资源、能源回收过程中能量流与物质流规律及污染物迁移转化规律，探索满足水质、节能、低碳和资源回收等多目标的城市污水处理模式。建立城市污水处理全过程生命周期评价方法，基于大数据方法学设置评价体系的指标系统，充分考虑污水处理过程中的主要环境效应及物质资源化潜能，将城市污水处理放在大环境背景下，发展污水处理、能源消耗、对气候变化的影响等综合评估理论，全面解析污水处理各环节对环境的影响。

（3）城市水系统计算仿真理论与优化设计方法。深入研究不同区域如饮用水源、自来水厂、污水处理厂、河道断面、湿地、地下水及分流制雨水管道的水资源仿真模拟理论，在此基础上，建立大尺度的水资源自然循环和社会循环的系统仿真理论。基于污水处理和自然修复过程中的能源与物质流规律及污染物迁移转化规律，研究城市水净化系统仿真理论，研究城市水系统的整体性与时空关联性，并建立基于保障水环境、水资源、水生态的城市水系统时空优化策略。探索大数据方法学、“互联网 +”技术与城市水系统功能的结合模式，发展城市整体水生态评估与多维度－多目标智能联动调节理论和城市水系统监管与预警管理方法，发展数字化、系统化和智能化的智慧城市水系统优化设计方法。

5. 面对全球空间信息快速获取能力建设的迫切需求，优先发展基于北斗卫星导航系统的高精度动态时空基准体系、协同高分辨率遥感对地观测网络技术体系及空间信息网络技术

（1）基于北斗卫星导航系统的高精度动态时空基准体系。建立基于北斗卫星导航系统并兼任其他GNSS的、毫米级的地心坐标参考框架与坐标修正技术体系。围绕我国局部区域几何与物理场的、协调统一的三维地心坐标框架构建和维持问题、全球地球质心确定/地球定向参数确定问题、速度场模型建立问题等，研究地心坐标参考框架的数据处理、兼容转化与管理发布的标准化问题、日常运行维护管理规范化问题，设计我国自主的全球动态地球参考框架的实时服务平台和服务体系。

（2）协同高分辨率遥感对地观测网络技术体系。遥感对地观测系统正朝着多平台、多传感器、多角度、高空间分辨率、高时间分辨率、高光谱方向发展。针对空天对地观测的航空飞行器机动性与移动性、载荷和任务的多样性与协同性等特点，解决航空飞行器遥感探测平台、载荷和多飞行器等协同控制关键技术；针对天地一体化对地观测数据具有多平台（航天、航空和地面）、多载荷（光学、激光、雷达）、多尺度（米、分米、厘米）、多角度（垂直、倾斜、地面）和多时相（同一地区不同时间）的特征，研究天地一体化的高精度对地观测数据快速处理方法体系；发展多传感器数据自动化、智能化实时处理的新理论新方法，突破数据密集和计算密集导致的一系列性能瓶颈问题；研制星上/机上嵌入式遥感数据实时处理系统，实现大规模遥感数据的实时化、自动化、智能化处理，利用大气辐射模型和地物辐射观测值整体地、全定量地反演和推算观测目标的物理特征，为遥感影像分析和目标识别研究奠定理论基础。

（3）空间信息网络技术。空间信息网络是以空间平台（如同步卫星或中、低轨道卫星，平流层气球和有人或无人驾驶飞机等）为载体，实时获取、传输和处理空间信息的网络系统。其目标是实现天基、空基、地基节点的互联互通。相对于地面信息网络，空间信息网络将面对海量、多维、协同信息的传输，具有大容量、多层次异构网络的特点，完成实时、高动态通信等功能，比现有的地面信息系统具有更高数量级的信息、更多的信息类型和表现形式以及更复杂的时空关联关系。从而导致的科学问题包括：传输理论从点到点传输的香农信

息论发展至多点到多点的网络信息论，网络理论从静态规划发展至任务驱动可重构的动态网络理论，协议设计从无时空约束到发展动态时空尺度下的空间网络协议等。这需要研究空间网络动力学特性、从物理连接到协同应用的体系结构模型，针对各种应用服务 / 任务，实现异构网络的互联互通，保持网络的可用性和高效性，解决分布式异构自治网络在整体网络构架下的协同通信和开放环境中多任务约束的灵性服务问题，为空间探测与服务等重大应用提供不间断、可扩展、高效、安全的网络环境。

6. 优先发展完善高速铁路全生命周期运行评估体系，研究更高速度轮轨高速铁路和运营速度为 600km/h 及以上的磁悬浮高速铁路关键技术

（1）高速铁路全生命周期评估体系。由于基础设施损伤演化的非线性和随机性，真实结构状态通常隐藏在监测数据之后。通过数据挖掘、系统辨识、损伤力学、多态失效评估理论和安全评估等多学科理论，研究基础设施损伤信息并提取损伤敏感参数指标。利用长期海量结构和非结构化检测及监测数据，基于大数据分析建模技术，利用数据挖掘、机器学习、预测分析等专用算法库和模型库，建立实时损伤识别与模型修正的理论及方法，揭示大数据与基础设施状态诊断、预测分析和健康管理的依赖关系，建立全生命安全评估与多级预警的理论和技术体系。实施基础设施设计、建造和运维不同阶段的数据资源融合发展战略，建立基于大数据的资源共享平台，搭建高速铁路基础设施建设、养护及服役状态监测、安全评估技术、标准和装备体系，开展影响健康状态关键因素、面向动态响应的健康参数体系以及多目标健康评估方法研究，探索符合我国高速铁路路情的故障预测与健康管理模型，形成高速铁路基础设施全生命周期运行安全成套技术体系。

（2）更高速度等级的轮轨高速铁路关键技术。重点研究高速列车引起的振动和噪声形成机理、高速轮轨黏着蠕滑机理、高速轮轨磨耗机理和钢轨波磨机理，建立轮轨噪声、结构噪声、气动噪声和基础振动等系统评估模型和高速运营条件下振动及噪声环境影响程度精准预测模型，提出高速道岔、大跨度简支梁桥和非开放形式结构等基础设施设计技术及高速铁路轨道不平顺控制技术，掌握基础设施减振降噪的技术和基于 3D 打印的道岔制造和修复技术。

（3）时速600km及以上的磁悬浮高速铁路关键技术。重点研究磁悬浮高速铁路总体架构、复杂多物理场系统耦合仿真分析技术、系统RAMS保障技术、系统优化及试验验证技术、列车运行安全监测评估和控制技术、应急救援和防灾防护技术、系统全生命周期故障预测与健康管理技术。

7. 优先发展城市泛在感知网络及其集成整合技术与方法、虚拟城市环境实时构建与动态表达技术与方法，以及城市数据自动语义关联和动态融合技术与方法

（1）城市泛在感知网络及其集成整合技术与方法。研究城市泛在感知的原理和方法，研究基于泛在感知网络的群体感知、参与感知、移动感知、环境感知、内容感知的技术体系，研究构建可交换、可共享、可集成整合的实时感知网络体系，通过各类传感器网络实现现实物理世界和虚拟网络世界的全方位感知，发展实时感知数据分析挖掘的理论与方法，研究面向城市人文、地理与信息三元空间多重感知数据的有机融合与协同技术方法；制定面向开放服务的城市泛在感知网络统一、规范、合理的规则和标准。

（2）虚拟城市环境实时构建与动态表达技术与方法。研究城市地理特征变化的认知理论和分析模型，构建可动态、广泛地融入地理规律的城市地理环境综合认知体系；研究虚拟城市环境的动态建模与实时构建、虚拟城市环境的时空演变与过程模拟、城市地理环境模型形式化与情境化的动态表达的理论方法与技术体系；研究集成地理过程模型、地理协同与专家知识的城市地理环境模拟、预测及评估模型，建立城市行为和状态的分析研判、规律反演、推演预测与评估调控技术体系。

（3）城市数据自动语义关联和动态融合技术与方法。研究自然语言空间语义抽取、空间语义关联、空间目标对象识别等理论方法，研究城市数据信息的语法结构特征和语义表征理论，发展城市数据语义信息的自动搜索、识别、判断和提取技术，研究面向城市大数据的多模态语义信息多层次关联与动态融合分析技术，研究面向城市大数据的信息关联推理和深度挖掘技术，实现以地理空间为载体的城市多源大数据在线、动态的集成与融合。

第六章
重 大 工 程

重大工程指直接服务于我国国民经济建设、立足于解决制约经济社会发展的重大问题、直接形成现实生产力或服务能力，且需要有工程科技的重大突破来支撑的工程项目。面向 2035 年本领域建议的重大工程如下。

1. 极端恶劣环境下巨型复杂土木水利工程

（1）需求与必要性。我国未来社会将长期面临资源紧缺、能源短缺、环境污染、生态破坏、灾害频发、国防威胁等一系列严峻的挑战，亟须在大型立体城市集群构建、深海工程建设、新型能源开发利用、超大体量坝库建造、战略物资储备、军事防护设施革新等领域取得颠覆性突破和跨越式发展，而这些均离不开土木水利工程技术的强有力支撑。这些领域中的土木水利工程具有巨型化、复杂化、超高化、系统化的突出特征，同时还面临自然灾害、极端气候、武器打击等各类恶劣复杂环境的作用，因此实施极端恶劣环境下巨型复杂土木水利重大工程将直接关系 2035 年的国计民生和国家战略。

（2）工程任务。突破传统土木水利工程体系的束缚，实现土木水利结构形式的原始创新是实施本重大工程的核心和关键。研发适用于大型立体城市集群建设的超大规模地下空间结构和空中城市结构新体系；研发适用于跨海连岛工程的新型超大跨度桥梁、深海基础、超长海底隧道结构新体系；研发适用于深海资源开发利用的新型海洋发电结构和超大规模漂浮平台岛屿结构等新体系；研发适用于复杂地质条件的超高坝和超大水库等新体系；研发适用于国家战略物资储备的大型粮仓、煤仓等结构新体系；研发具有优越的抗武器打击能力的军事防护结构和重大军事目标新体系，包括新一代核电厂安全壳结构新体系等；研发适用于抗灾救援医疗和设备装备防护使用的快速可扩展结构新体系等。为实现上述新型体系的研发目标，在基础研究方面，重点从试验、计算、理论三方面寻求突破。发展与现代信息及控制技术相结合的极端恶劣环境下巨型复杂土木水利工程体系的精细化试验新方法；突破极端恶劣环境下巨型复杂土木水利工程体系精细化高精度仿真分析与优化设计的高性能计算方法；建立各类复杂恶劣服役环境和极端灾害条件下巨型复杂土木水利工程结构设计理论体系，重点突破极端灾害及环境条件的耦合作用机理。

（3）工程目标与效果。到2035年，研发成功一系列直接服务我国国民经济建设主战场的巨型复杂土木水利工程新体系，使我国在极端恶劣环境下巨型复杂土木水利工程的试验装备、计算方法、设计理论及核心关键技术等方面取得原创性成果，实现土木水利工程和自然环境的和谐发展。本重大工程的实施将不仅解决我国在立体城市、深海工程、高坝大库、新型能源、战略物资储备、军事防护、医疗救援等领域中土木水利工程的重大技术难题，还将在世界范围内发挥显著的示范效应。土木水利工程技术将成为更普惠的技术，其高科技成果将向其他领域喷涌。传统土木水利工程学科将在与新兴领域的广泛合作中催生出一系列全新的增长点，焕发出全新的活力，将成为面向2035年土木水利工程科技进步的不竭动力。

2. 京津冀可持续水系统工程

（1）需求与必要性。京津冀协同发展是我国的重大国家战略，其整体定位之一是建成生态修复和环境改善示范区。然而，日益严重的京津冀区域环境问题，尤其是水安全问题，如水资源严重匮乏、水环境质量恶化、水生态受损加剧等问题，严重威胁区域经济可持续发展和生态文明建设，已经成为制约京津冀区域协同发展的瓶颈。聚焦京津冀城市水安全，构建京津冀可持续水系统是京津冀协同发展的有力抓手，也是我国的战略性选择。

（2）工程任务。围绕京津冀协同发展的重大需求，构建京津冀可持续水系统，保障区域水安全，需从水资源安全、水环境安全、水生态安全三方面入手。在水资源安全保障方面，针对京津冀区域水资源严重匮乏、亟须非常规水资源和再生水资源补给的现状，研发并示范一批水资源综合利用、非常规水资源（雨水、海水、污水）开发利用先进技术，通过技术集成应用，在京津冀水资源可持续开发与安全供给方面产生重大科技突破，在海绵城市建设方面填补我国的空白。为实现水源与饮用水安全保障、污水资源利用与海水淡化、海绵城市建设与雨水利用，需要解决的关键技术包括水源水质保障及原位恢复技术、饮用水中典型有毒有害微污染物控制技术、城市污水再生处理与循环利用技术、高性能海水淡化膜技术开发与应用、绿色雨水设施建设和改造、雨水控制利用系统专项规划和工程设计、PPP 模式与海绵城市建设和运行维护的对接。在京津冀水环境质量安全保障方面，针对京津冀制药、化工等重污染行业集聚、多源污染物协同效应 / 复合效应加剧、水质达标减排困难的现状，重点研发针对性强的低碳型污水高效处理技术和集成系统，并在污水处理资源循环利用方面取得重大科技突破，支撑京津冀地区水环境质量持续改善。为实现城市污水污泥处理与资源循环利用和典型重污染行业废水治理，需要解决的关键技术包括城市污水生物脱氮除磷、节能降耗和省地型城市污水处理技术与设备，污泥无害化、资源化技术，制药废水深度处理达标排放关键技术，制革废水高效稳定处理关键技术等。在京津冀水生态安全保障方面，针对京津冀地区水生态受损程度加剧、主要流域供需矛盾突出、城市水体功能严重退化的现状，重点研发智慧化风险应急预警系统、城市水系统恢复和健康循环关键技术及重污染城市水体综合整治关键技术，在区域协同治污和消除黑臭水体方面取得重大科技突破，支撑城市水系统健康循环和可持续发展。为实现城市智慧水系统、城市水系统健康循环和城市水体综合治理，需要解决的关键技术包括重要污染物检测 / 风险评估及网络化环境检测技术与装备、智能化水环境监测平台及集成化风险应急平台、高风险污染物治理关键技术及工程、水系统健康循环各环节集成技术、城市水系统健康循环与恢复理论体系、城市黑臭水体治理及长效维护的有效机制与策略、黑臭水体治理成套技术。

（3）工程目标与效果。到 2035 年，研发成功一系列低耗高效的污水处理工艺，建立适合京津冀区域的新型污水处理技术集成体系和水环境综合整治技术体系，掌握国际领先的城市污水再生处理及综合利用关键技术，形成多工艺、多等级、多途径的污水再生处理技术集成体系，系统地建立多目标管理的城市污水处理资源化新型技术理论与方法，研发成功新型管网监测技术与联合调度系统，实现规模化的京津冀区域智慧水系统和海绵城市建设。

3. 海量城市大数据的实时多源空间集成与城市计算工程

（1）需求与必要性。新型城镇化是我国当前和未来一段时期内的国家重大发展战略，注重以人为本、城市与人的和谐发展。目前，我国正处于城镇化加速发展的时期，部分地区“城市病”问题日益严峻，影响了城市的健康发展。与此同时，传统的城市管理治理模型与手段也与现代社会的发展和人民群众的需求不相适应。为解决城市发展难题，实现城市可持续发展，建设智慧城市已成为当今世界城市发展不可逆转的历史潮流。城市本身是一个复杂的巨系统，以提升城市管理能力、服务城市和谐发展为目标的智慧城市工程具有巨型化、复杂化、智慧化的突出特征，同时还面临资源禀赋、区位条件、人类行为、社交活动等各类复杂环境和行为的综合作用。我国未来亟须在智慧城市建设这一关乎国计民生和国家战略的重大领域取得关键性突破和示范性应用，为城市健康发展与人民安居乐业提供必要的技术支撑服务，因此实施智慧城市工程需求迫切、意义重大。

（2）工程任务。打破传统城市管理、治理的模式和手段，充分利用现代信息技术实现智慧城市建设的应用创新与集成创新，推动我国城市管理从粗放式向精细化、从管理式向服务化、从经验式向智慧化的跨越式转型升级，实现城市与人的和谐共生与发展，是实施本重大工程的核心和关键。研发面向城市多重立体感知的泛在感知网络及其集成整合与数据挖掘技术体系；研发城市大数据的自动语义关联和动态融合技术体系；研发虚拟城市环境实时构建与动态表达技术体系；研发城市空间仿真与优化技术体系；研发基于智能规划云平台的城市空间规划在线协同技术体系；研发城市土地资源立体化利用管理技术体系；研发基于众筹群智的城市安全预测预警和应急管理技术体系；研发基于人类行为分析的城市运行优化与提升技术体系。为实现上述新型体系的研发目标，在基础研究方面，重点从理论和技术层面寻求突破。发展城市泛在感知网络及其集成整合技术与方法，面向城市人文、地理与信息三元空间，实现现实物理世界和虚拟网络世界的全方位多重立体感知及数据的有机融合与协同；发展虚拟城市环境实时构建和动态表达技术与方法，实现城市地理环境模型、城市行为状态的形式化与情境化动态表达；发展城市数据自动语义关联和动态融合技术与方法，实现以地理空间为载体的城市多源大数据在线、动态的集成与融合。

（3）工程目标与效果。到 2035 年，研发成功一系列直接服务于我国国民经济建设主战场的智慧城市工程新体系，使我国在智慧城市建设的基础理论方法、核心关键技术、工程示范应用等方面取得原创性成果、应用创新成果和集成创新成果，有力地促进城市的精细化管理、人性化服务，以及城市与人的和谐发展。本重大工程的实施，不仅将为我国新型城镇化这一国家重大发展战略的推进与实施提供支撑技术、积累实践经验，还将在世界范围内发挥显著的示范效应。智慧城市建设带来的管理提升、行业推动和产业发展，将在城市精细化、智慧化管理治理和民生人性化、智能化服务等领域的广泛合作中催生出一系列全新的增长点，焕发出全新的活力，将成为面向 2035 年智慧城市工程科技进步的不竭动力。

4. 更高速度的轮轨高速铁路工程

（1）需求与必要性。截至 2017 年年底，我国已初步建成路网覆盖面积最大、科技攻关难题最多、地质条件最为复杂的高速铁路网，通车里程达 2.5 万 km，并拥有时速 350km/h 的高速铁路设计和验收标准。到 2020 年我国将形成以“八纵八横”主通道为骨架的高速铁路网，结合国家实施供给侧改革要求，不断优化中国高速铁路技术标准。落实“一带一路”倡议，加快中国铁路“走出去”的步伐，必然要求提升中国标准的国际影响力和竞争力，保证中国标准的国际领先地位。因此，实施更高速度的轮轨高速铁路工程意义重大。

（2）工程任务。通过全面分析高速铁路联调联试试验数据，深入研究京沪先导段、郑徐客运专线综合试验数据，系统梳理不同速度等级高速铁路关键参数和指标，对不同速度等级的高速铁路线间距、隧道断面、桥梁动力学及变形变位指标等关键参数进行研究，对现行高铁有关标准指标和参数进行评估与分析，研究高速列车引起的振动和噪声形成机理、高速轮轨黏着蠕滑机理、高速轮轨磨耗机理和钢轨波磨机理，建立轮轨噪声、结构噪声、气动噪声和基础振动等系统评估模型和高速运营条件下振动及噪声环境影响程度精准预测模型，提出高速道岔、大跨度简支梁桥和非开放形式结构等基础设施设计技术及高速铁路轨道不平顺控制技术，掌握基础设施减振降噪的技术和基于 3D 打印的道岔制造与修复技术，提出具体优化措施及建议，为形成更高速度等级的轮轨高速铁路建造技术体系奠定坚实的基础。

（3）工程目标与效果。到 2035 年，基本建成安全、便捷、高效、绿色的现代综合交通运输体系，攻克一批更高速度轮轨高速铁路关键建造技术，基本实现高铁基础设施的工业化、信息化和智能化，为实现我国高速铁路“走出去”战略提供技术支撑，保持我国轮轨高速铁路的国际领先地位。

第七章
重大工程科技专项

重大工程科技专项主要指由多个具有前瞻性、先导性和探索性的重大关键技术组成，支撑未来重大工程突破和新兴产业发展的重大科技攻关项目。面向2035年本领域建议的重大工程科技专项如下。

1. 城乡建成环境综合优化

（1）应用目标。随着经济社会的持续发展，在未来较长一段时间里，我国的城镇化将进入一个新的阶段。该阶段的城镇发展将不同于过去的快速增长时期，转而呈现出两大发展趋势。首先，在过去20余年的快速城镇化进程中，城市建设居于主导地位，而未来乡村建设会更加重要，城乡建设并举已形成共识。其次，城镇发展从增量发展主导转变为存量优化为重，在新建城区、新建建筑继续平稳发展的同时，对既有城区和既有建筑的更新、改造、再利用与功能提升变得更加普遍。在这样的发展趋势下，需要重点关注城乡建成环境的综合优化并展开关键技术的研发与攻关。相关技术体系的建立可以有效地提升我国城镇化品质，显著改善人居环境，推动生态城乡和绿色建筑的发展，为新型城镇化提供重要的技术支撑。

（2）关键技术攻关任务与路线。通过建筑学、城乡规划学、风景园林学和其他相关学科的交叉与合作，研发城乡建成环境综合优化的技术体系。主要研究内容包括：①重视城乡环境的多元构成及影响要素，研究基于资源、环境、文化整合的城乡环境综合优化技术。具体包括既有城乡环境综合承载力动态评估技术、基于资源环境现状并考虑文化特色的城乡存量规划技术、城乡环境与建筑一体化设计技术、城乡环境综合优化效果的监测及评价技术。②瞄准未来城乡环境建造的两大潮流，研究城乡环境建造的数字化技术和工业化技术。具体包括建筑的先进数字建造技术、建筑的工业化设计与工业化建造技术。③针对城乡环境中广泛存在且具有重要价值的文化遗产，研究城乡及建筑文化遗产的整合保护技术，具体包括历史环境变迁规律的数字化研究技术、城乡及建筑文化遗产的资源化再利用技术、城乡及建筑文化遗产的适应性保护技术。

（3）工程技术目标与标志性成果。通过本重大工程科技专项的实施，到2035年，形成一整套城乡建成环境综合优化的技术体系。在基于资源、环境、文化整合的城乡环境综合优化技术，城乡环境建造的数字化技术和工业化技术，城乡及建筑文化遗产的整合保护技术等方面取得重要进展。建立起既符合国际相关领域发展趋势，又兼顾中国国情和本土实践要求的技术群与理论学派。推动城乡规划、城市设计、建筑设计水平的显著提升，在建筑的数字建造技术方面取得重要突破，建筑的工业化建造技术日趋成熟并形成规模效应，城乡及建筑文化遗产保护与城乡建设深度融合并互相促进。

2. 国家智能水网工程

（1）应用目标。水网作为水循环系统的载体，是所有水循环调控行为的客观基础，它不仅包括信息化在内的各项水利基础设施的集成，也是各项水事管理措施的集成。尽管我国水利事业已取得巨大成就，但目前防洪减灾体系、水资源合理配置与高效利用体系、水生态环境保护体系建设明显滞后，没有从国家水网系统高度规划和建设，信息化更处于较低水平，成为建设“美丽中国”和“海绵流域”的重要瓶颈。为此，必须将“国家智能水网工程”放在水工程未来发展的战略高度上。

（2）关键技术攻关任务与路线。国家智能水网工程包括水物理网、水信息网和水调度网，包含通达性、系统化、可控性、智慧化、安全性和高效化等系列内涵，其实现的关键在于生态水网规划布局和高效运行管理体系的原始创新，重点攻克以下技术。①生态水网规划理论方法与关键技术，包括生态水网理论基础、规划技术体系、影响评价、制度保障体系等；②水循环天－空－地信息监测与传输技术，包括流域水循环全过程与全要素监测、水资源事件感知与多传感器自适应组网、基于物联网的水网监测信息高效传输、水循环物理模型与数学模型集成模拟及预测等；③多源水资源信息智能融合与水循环工程节点控制技术，包括流域水循环多模式和多参数的数据同化、基于大数据的多源水文水资源数据智能融合、水循环调控节点智能化控制、水网工程安全高效运行模式与应急调度等；④流域水循环信息高性能处理与虚拟仿真技术，包括智能水网硬件资源虚拟化及动态调度、基于物联网的多源异构数据流的实时处理、流域水循环模型的仿真建模及虚拟表达、基于大数据的水资源循环过程信息多维可视化等；⑤智能水网综合调控云服务平台集成技术，包括智能水网云服务平台架构与技术、多类型传感器监测数据实时动态融合接入、流域水循环模型的云模拟、海量分布式数据与决策模型在线双向耦合、基于地理位置的智能水网服务终端交互等。

（3）工程技术目标与标志性成果。到 2035 年，研发成功一系列智能水网工程理论方法及关键技术体系，在生态水网规划布局和水循环大数据的基础理论与方法方面取得原创性成果，掌握国际领先的水网工程生态化和智能化核心关键技术，建立生态水网建设体系，建立可以引领国际技术潮流的规范标准体系和自主知识产权的软件系统，先进科技成果广泛推广及应用于环保、气象、市政等其他领域，并发挥重要支撑作用。专项成果将有力地推动我国水基础设施建设的“生态化”和“智能化”，形成能够提高水安全保障能力的智能水网总体格局。

3. 空间目标和中高层大气环境天基观测系统

（1）应用目标。人类对空间技术和其提供的导航、通信与地球观测等服务的依赖与日俱增。空间也为开展天文、基本物理、材料和生命等科学研究提供了更理想的条件。然而，人们对于空间碎片环境与近地空间环境对卫星、地面基础设施和人类健康等的影响知之甚少。因此，亟须发展空间目标和中高层大气环境天基观测系统，旨在实现全球覆盖、全天候、长期观测近地空间的卫星、碎片及其他空间目标，采集近地空间环境中的热层、电离层和地球磁场等基础物理数据，为研究空间目标的运动规律、卫星的空间态势、中高层大气环境的物理机制、极端空间天气的形成机制等提供基础数据，服务于航天、国防和近地空间环境研究。

（2）关键技术攻关任务与路线。围绕空间目标和中高层大气环境的全球覆盖、全天候、长期观测这一目标，建设天基观测系统，主要包括空间目标和中高层大气环境观测卫星星座系统、空间目标和中高层大气环境数据库、数据处理和共享服务平台等。该设施建成后，将为空间目标信息服务、空间环境研究、空间力量建设、空间灾害预警等提供科学基础数据和重要支撑。空间目标和中高层大气环境天基观测系统由空间、地面和用户三大部分组成。空间系统由12颗卫星组成星座，全天候全球覆盖采集（和预处理）空间目标和中高层大气环境数据，并将数据传输至地面站。地面系统管理卫星运控、数据接收和数据处理，与地基系统的任务协同，进行数据库维护，提供准实时服务（碰撞预警、空间天气预报、实时大气模型等）。用户系统向用户提供数据库服务。

系统建成后，将实现对厘米级空间目标的全球覆盖跟踪监测，长期连续的中高层大气环境数据采集。维护20万个高中低轨道区域空间目标的以轨道参数为主的空间碎片信息数据库；维护3000个重要目标的属性数据库；维护中高层大气环境观测值数据库。建设数据处理分析和服务平台。

（3）工程目标效果。到2035年，初步建成我国空间目标和中高层大气环境天基观测系统。推动我国空间态势感知领域研究的跨越式转变。①从单一空间目标轨道科学研究向跨学科交叉与系统研究的转变；②从地基小规模单一观测向天基全球大规模综合观测的转变；③从基础研究向空间观测高技术发展应用研究的转变。该设施建成后，将针对空间目标运动和中高层大气环境的关系开展全面深入的研究，解析两者关系，揭示空间目标解体和坠落运动规律，建立地球磁场、电离层和热层的精确模型；将为空间碰撞规避和空间碎片环境治理等技术发展提供基础数据；将为先进观测概念、技术和传感器提供实验平台；将成为我国陆海空天信息网络的基础设施之一。围绕设施建设，将形成空间目标和中高层大气环境研究创新集群和人才培养高地。

4. 高速铁路全生命运行安全成套技术

（1）应用目标。高速列车长期运行安全性、平稳性和舒适性对高速铁路基础设施系统提出了苛刻的技术要求，加之基础设施本身在环境侵蚀、材料老化和其上列车荷载的疲劳效应等因素的共同作用下，将不可避免地产生损伤累积和抗力衰减，这必然影响其正常使用，而且有些损伤可能扩展很快，极端情况下引发灾难性的突发事故。我国高速铁路仍处于快速发展阶段，新建高速铁路基础设施大量涌现，如何通过科学合理的预防性养修机制以保障基础设施长寿命使用安全是一项重要研究内容。

（2）关键技术攻关任务与路线。“安全”是基础设施的重中之重，信息化技术、安全监测技术、运营维护技术、故障预测技术与健康管理技术是保障全面掌握基础设施状态是否安全的关键技术。通过高速铁路基础设施全生命运行安全成套技术研究，加快空间技术、信息技术、智能化和自动化技术发展应用与融合，优化传感器布置算法，研发耐久性、可靠性的传感元器件，研究基于数字摄影测量的非接触监测系统、高清图像分析系统和无线实时数据采集系统，运用智能设备等对基础设施进行多维立体监测，增强多维时空探测能力。按照数字化、系统化、整合化的原则建设基础数据库和公共信息服务平台，建设功能完善的数字化运营维护共享平台。实现 BIM 技术、物联网等信息技术的广泛应用，研究基础设施病害特征提取、病害成因分析的智能病害诊断与处置措施的匹配性，状态风险识别与安全评估的精确性，维修方案的针对性，达到状态监测的实时性、预防维修的周期性、应急补修的及时性以及检养修的综合性，实现基础设施的数字化维护管理。推进基础设施大数据建设，开展大数据采集与挖掘、存储与处理、语意和图像分析与应用研究，突破海量数据分布式存储、数据智能分析等核心关键技术，探索大数据与云计算、物联网、移动互联网等产业协同发展的新模式，积极培育大数据产业。根据大数据中的诊断 / 预测等信息、可用维修资源和使用需求，研究基础设施的故障识别及分析诊断技术，典型故障发展预测及演变规律，健康管理综合评判指标，构建全生命周期内状态预测与健康管理系统。

（3）工程目标效果。到 2035 年，建立完善的基础设施安全运行理论，掌握国际领先的结构性能评估、故障诊断和健康管理技术体系。系统地掌握基础设施全生命运行安全基础理论，深入揭示轮轨关系、弓网关系等不同专业相互耦合的相关性和趋势性，深入了解基础设施病害基本发生机制及其演变规律，在动态仿真分析、性能评估技术、故障征兆诊断、劣化趋势预测、多目标健康状态管理技术体系中取得系统性成果，并在国际处于领先地位。全面建立高速铁路基础设施全生命运行安全管理系统，实现基础设施状态的数字化管养技术体系。

第八章
措施与政策建议

1. 优化工程项目的决策机制

工程项目一般具有投资规模大、建设周期长、社会效应显著的特点，尤其是重大工程项目也是社会民众关注的焦点。目前，政府投资项目的立项决策由发展和改革委员会部门组织并审批，可行性研究作为项目建设前的技术分析，对拟投资项目在技术、经济、社会等各方面进行调查研究、分析测算，进而对该项目的投资的必要性和可行性做出科学的评价和论证，为投资决策提供依据。目前，项目的可行性研究和决策的过程中基本没有规划和建筑设计方面专家的参与，在缺乏规划与建筑专业对项目选址、规模、设计方案等进行严肃的技术判断的情况下，难以实现对下一步建设工程的准确预测。

在建筑设计方面，目前一刀切的招投标模式也放弃了委托设计中建筑师对项目的全过程管理优势。委托设计建立在业主和建筑师互相信任的基础之上，有利于发挥建筑师在建设项目全过程的技术管理作用，保证建设工程质量的建成品质，是国际上最为常见的业务委托方式，应予以肯定。同时，目前设计招投标制度及实施中存在诸多的问题，主要反映在招投标评审制度与标准不规范、招投标评审过程不透明、招投标相关监管机制缺失、公众参与浮于表面、国际招投标中不合理的内外差异带来的中国建筑师的不公平待遇等。

工程项目的立项和建筑设计决策机制直接关系到工程项目的建成质量，针对目前行业内存在的问题，我们的建议如下。

（1）建设项目立项过程中项目选址、规模等需经城市规划相关部门论证，在项目前期论证和决策过程中增加规划和建筑专业专家的参与，提高项目的选址、规模等的关键技术内容论证的科学性。

（2）提倡委托设计的业务承接模式，优化设计招投标的评审办法。针对目前设计招投标中存在的问题，建议由住房和城乡建设部统一出台招投标标准文件，规范设计招投标行为，制定科学的评审制度和标准，坚持公平、公正、公开的原则，实现招投标全过程的透明化。同时，增加对工程造价估算的责任认定，避免毫无控制的造型设计带来的实际工程造价超支过度的情况。

（3）完善建筑设计市场对外开放的相关政策，规范建筑设计国际性招投标相关法规细则，保障中国建筑师的平等权益。建议在国际招标中，国内设计单位应不少于一半，不应强制中国建筑师只能以联合体的方式参与投标，设计评选应综合考虑技术标与商务标（设计报价），根据《中华人民共和国政府采购法》在相同条件下优先采购本国产品。

2. 鼓励工程项目的整体承包模式，提倡注册建筑师进行工程项目的全过程管理

在建设工程中，国内目前普遍采用的是设计、施工分别承包的业务承包模式，建筑设计和景观、装修、亮化等二次深化设计也分别独立承接，过于细化的业务承包模式造成工程各阶段割裂严重，各自为政，工程建设过程中缺乏整体的技术控制和协调。建设方同时面对多家单位，常常会产生单位之间相互制约、相互推诿以及技术脱节等情况，影响项目的实施。

从技术管理方面来讲，建筑师作为工程项目设计的重要的技术力量，承担着制定建筑功能和技术性能指标、创造性地整合各种技术方案和空间安排、向施工者准确传达并监督和协调其实施过程的任务。建筑师的工作内容贯穿建设项目的全过程，建筑设计的质量及设计意图在施工中的贯彻和技术管控决定了建设项目的完成度和建成品质，因此建筑师在工程项目全过程的技术控制中具有核心和主导作用，但目前狭窄的业务承包模式使得建筑师无法对施工进行有

效的技术控制，甚至对直接相关的二次深化设计也难以控制，难以真正起到全过程技术管控的作用。

建设项目技术控制的连贯性是保证建成品质的关键因素之一，在目前工程建设项目专业分工越来越细的情况下，各环节之间的协调和整体控制尤为重要，因此，我们给出如下建议。

（1）改变目前设计、施工分别承包的模式，鼓励设计单位和施工单位在业务承接模式上向工程全过程技术管理的工程总承包模式过渡。

（2）针对目前国内设计阶段各专业、各环节割裂严重的情况，现阶段首先鼓励建筑设计单位采取设计总承包的模式，由建筑设计单位综合协调控制规划、景观、装修、亮化设计等建设工程项目设计的各个环节，确保建设项目设计的完整性和统一性。在设计总承包的基础上，进一步鼓励设计单位进行设计监理总承包，鼓励有条件的设计单位承接代建工作，完成从设计到施工的整体控制。

（3）改变注册建筑师目前单一的设计负责人的身份定位，转向设计监理总负责、建设工程责任主体等工程主导身份，发挥注册建筑师在工程建设项目中的主导作用，承担工程项目全过程的技术管理任务。

3. 建立工程项目中设计、施工等各方责权利相统一的政策机制，规范市场行为，完善行业管理法规

由于工程项目的建设由设计、施工、监理和建设多方合作完成，相关各方的责任界定是政策管理的重要环节，2014 年开始施行的“五方责任制”强调了建设、勘察、设计、施工和监理五方主体项目负责人的质量终身责任，但目前的管理体系下，真正明确各方责任仍具有相当大的难度。就建筑设计而言，由于建筑师没有实质的施工控制权，工程项目中产生了大量建筑师并不认可的“竣工建筑”，但由于设计费用的支付等压力或行政干预，建筑师又不得不在竣工验收报告上签字，这既反映出建筑师的责任意识不足，也说明建筑师不具有相应的技术控制的权利，责权不明的状况成为影响建筑项目完成度的重要原因之一。

另外，建筑设计行业的价格体系、合同制定等市场行为不规范，设计收费过低、周期过短、设计合同条款不合理、设计收费难且拖欠严重等现象普遍存在，专业技术人员的权益无法得到保障。同时，计费标准中缺乏设计咨询服务、

施工管理服务等环节的内容，注册建筑师在这些技术环节中的权益无法保障，也不利于实现建筑师对工程项目的全过程管理。

明确的责任界定、规范的市场行为、完善的行业政策是建设行业良性运行的保障，我们的建议如下。

（1）进一步优化并完善《中华人民共和国注册建筑师条例》、“五方责任制”等管理制度，明确建设、设计、施工、监理等各方的权利和责任范围，细化相应的权利保障措施和责任处罚细则，确保责权统一。

（2）由政府统一出台设计收费指导性标准和工期定额标准，收费标准考虑工程全过程的管理服务内容，增加前期策划、工程施工监理、工程各项报批手续代理等不同环节的内容，保障专业技术人员的权益，鼓励建筑师进行工程项目的全过程技术管理。同时，严格执行设计收费标准和工期定额，切实解决目前国内设计收费难、拖欠严重及工期过短的情况。

（3）完善行业标准合同，规范设计合同管理。建议行业组织协助政府进行建筑设计合同的修订细化，明确设计各阶段的内容、深度、时间要求、付款时间比例等，保证合同的公正性，避免因低价恶性竞争及设计周期过短等因素造成的设计质量低下，同时，建议在地方政府进行工程备案的环节中进行合同审查，逐条严格对照标准合同，避免各项不合理条款和侵犯设计单位与注册建筑师个人权益的“霸王条款”。

4. 加强城市设计，加强城市规划的公开性和强制性

随着我国城市建设的快速发展，城市设计作为最为形象化的展现城市整体或局部区段空间特质的控制手段，得到各方的关注。同时，城市设计在城市整体特色的营造、城市功能定位、城市文脉的延续等方面也具有重要作用。但目前城市设计由于没有法定的规范依据，在城市建设中缺乏明确的技术约束和法规保障。

城市规划作为城市发展的指导性文件，是提升城市环境质量和城市竞争力，提高新型城镇化水平的重要技术保障，目前的规划设计中普遍存在规划文件编制研究中缺乏对当地实际情况和文化特色的深入了解，缺乏相关建设单位、市民团体等的参与，造成规划设计与实际脱节的情况。同时，规划设计的严肃性和延续性较弱，往往出现换一届领导改一次规划的现象。

针对这些情况，我们给出如下建议。

（1）确立城市设计的作用，规范城市设计文件的编制方法，注重城市设计成果的完整性和可操作性，明确城市设计导则的具体编制内容与成果标准。城市设计应综合考虑城市功能定位、文化特色等多种因素，科学规划城市空间布局，实现紧凑集约、高效绿色发展。

（2）建议城市规划文件结合相关建设单位、管理部门、市民团体等的意见进行研究编制，增强规划的科学性和可操作性，规划经过批准后应严格执行，提高城市发展的持续性。

5. 尽快建立健全重大土木工程方案阶段的论证决策机制

重大土木工程建设往往瞄准社会政治、经济和文化活动的重大需求，集中耗费大量社会资源，建成后对社会的长期发展影响深远，是全社会人民共同拥有的宝贵财富，未来还将成为重要的历史文化遗产，应当以“百年大计”“千秋大业”的高度进行论证和实施。然而，近年来以一些标志性建筑为代表的重大土木工程建设，过分注重视觉冲击，盲目追求建筑方案的标新立异，却导致结构体系不合理、资源耗费高、能源消耗大、使用功能差、抗灾能力先天不足、安全隐患高等一系列后果，严重违背了国家可持续发展战略，必须引起高度重视。

重大土木工程建设涉及多个专业的相互协同，现状为：建筑专业为龙头，其他专业相配合，建筑方案首先确定，其他专业再围绕既定的建筑方案进行深化设计，那么一旦建筑方案不合理，其他专业再努力弥补也是杯水车薪。住房和城乡建设部于2002年颁布的《超限高层建筑工程抗震设防管理规定》要求对超过规范要求限制的高层建筑组织专家进行多方论证，其本意是提升重大土木工程的建造质量，但这一论证只针对结构设计，无法撼动既定的建筑方案，因此其作用也是有限的。建筑方案如此重要，其甄选本应慎之又慎，但目前这个环节却缺乏科学严格的论证决策机制，往往以领导意志为主导，科学论证十分薄弱。重大土木工程具有浓重的公益性色彩，关乎全民长远利益，因此必须从国家层面在方案阶段进行源头把控，杜绝少数人造成的重大决策失误最终由全民及其子孙后代买单的现象。为此，我们建议：尽快建立健全、科学、完善的重大土木建筑工程方案阶段的评审决策机制，使不合理的建筑方案被否决在评审决策过程中。

（1）超过一定投资规模的重大土木建筑工程建设项目必须在方案阶段启动严格的论证决策机制，组织包括规划、建筑、结构、施工、环境等一系列相关专业的专家开展论证，其最终决策应遵循重大行政决策的法定程序。

（2）专家论证评审组织的构成具体设想为：可分设 4 个专业组，即建筑专业组、结构和施工专业组、节能及环保专业组、概算及经济专业组。各专业组对特别不合理的建筑均应有一票否决权。设计方案最终由综合评审委员会评定。综合评审委员会由建设单位 1 人、4 个专业组各 2 人（专业组组长和副组长）——共 9 人组成。

6. 努力营造土木工程产业转型升级和技术创新的良好政策氛围

我国土木工程建设的资源和能源消耗大（据统计，建筑业能耗占全国总能耗的 32%）、环境污染严重，与“四节一环保”的基本理念相违背，与国家可持续发展的重大战略相违背，与国家新型城镇化的建设要求相违背。因此，依托技术创新实现土木工程的产业转型升级迫在眉睫。然而，目前我国土木工程产业转型升级面临困局，步伐十分缓慢，技术创新的内驱力明显不足，其重要原因在于：土木工程属于社会作品，其技术进步的受益者是全社会，且影响是长远的、逐渐显现的，而企业（包括工程建设单位、设计单位、施工单位等）面对经营压力和激烈残酷的市场竞争，往往更关注生存问题，注重短期利润。工程建设单位不惜牺牲质量追求数量和速度，迫使设计单位疲于应付、仓促设计，不讲节约但求安全，迫使施工单位仓促施工，只求进度难顾质量。此时，若国家层面没有强有力的“四节一环保”标准以及鼓励技术创新的促进措施和政策，若企业自身没有足够的社会责任感，对于涉及环境资源问题、惠及全民的转型升级和技术创新，其动力必然是不足的。因此，土木工程的产业转型升级和技术创新不能仅仅依靠市场和企业本身。

我们建议：从国家层面形成合力，努力营造土木工程产业转型升级和技术创新的良好政策氛围。

（1）制定土木工程中贯彻“四节一环保”标准的行动措施和激励政策，对设计及施工所采取的实际措施由相关管理部门进行切实的验收，并实行有力度的奖优惩劣政策，逐步形成自觉贯彻“四节一环保”标准的行业氛围。

（2）大力发展高性能结构体系在学校、医院、住宅、办公楼、商业用房等多高层建筑中的应用，并给予有效的政策支持，以便更好地实施“四节一环保”的标准。

（3）改革注册建筑师和注册工程师（包括结构工程师、岩土工程师、建造师、设备工程师）制度中的专业考试方式，并加强继续教育环节的实效性，提升并确保他们的技术水准、社会责任感与使命感。

7. 改革现有土木工程建设标准的编撰组织模式

标准是土木工程建设的重要技术依据和准则，对引领技术方向、保障工程质量安全、推广应用先进技术、提升核心技术竞争力具有不可替代的重要意义。然而，目前土木工程建设标准由于编撰组织模式存在不足，制约了标准的先进性及其引领作用的发挥：①标准的修订周期过长，无法反映最新科技成果，严重滞后工程实践的需求，成为阻碍土木工程科技创新的枷锁。②标准编撰部门垄断和分割严重。目前，我国土木工程标准的编撰和修订组织工作长期被某些固定部门或单位主持，且相互之间缺乏协调和沟通，由此导致先进技术难以被充分吸收，不同规范之间内容相互交叉重叠，甚至存在一些矛盾。③针对标准关键条文缺乏长期深入的基础研究和广泛充分的调研，编撰时缺乏严谨的科学论证，有的直接翻译国外标准条文并仓促定稿。鉴于上述问题，我们建议：加强土木工程建设标准体系的顶层设计，改革现有标准编撰机制。

（1）标准体系及其布局设置应有顶层设计，并应广泛征求意见后确定。

（2）标准的编撰工作应向全社会各部门或单位开放，标准编撰工作专家组应是一个常态设置的专门组，成员从全国遴选，实行任期制，可以连选连任，建立公开透明的标准编撰工作专家组的遴选组建机制。

（3）在国家科技计划（如国家自然科学基金）中设立直接服务标准编撰工作的专项科研经费，缩短标准修订周期，使标准能够持续反映最新的科研成果和工程实践经验。

（4）标准发行所获利润宜用于标准自身的建设工作，以改变目前参编标准人员“自带餐票”的尴尬局面。

8. 加速推进土木工程设计–施工总承包，促进全生命高性能土木工程

“全生命高性能”是实现土木工程可持续发展的重要途径，目前已成为土木工程领域未来发展的主流趋势。所谓“全生命高性能”，即指土木工程在规划、

设计、建造、运营、拆除等全生命周期的各个阶段力争达到高安全性、高适用性、高经济性、高施工性、高环保性、高维护性、高耐久性等目标。设计和施工是土木工程从无到有的两个最关键环节，两者之间密切联系并且相互影响，只有综合考虑，统筹协调，才能最终形成“全生命高性能”土木工程“作品”。然而，当前我国土木工程的设计和施工分别独立承包、相互割裂，这种模式的弊端已日益突出：①直接阻碍从全生命的角度评价项目的优劣。例如，设计方案只单纯控制设计阶段的材料成本，其施工措施费、建成后的维养费，以及工期等包含的隐性费用却可能很高，而许多更先进的方案虽然在设计阶段的材料成本较高，但全生命造价却很低，而按目前的承包模式，这些先进方案均无竞争力；②直接影响项目建设的综合质量。设计方不熟悉或不重视施工，不考虑施工的可行性和安全性，导致施工难度大、风险高、质量难以保证；而施工方不熟悉设计过程，故无法理解设计意图，从而采取不恰当的施工措施；再加上沟通壁垒，两者协调斡旋成本高、效率低，最终导致质量、工期和造价失控。鉴于现有设计-施工独立承包模式的种种弊端，我们建议：加速推进土木建筑工程设计-施工总承包，将设计与施工企业的利益与“四节一环保”标准统一起来。

（1）尽快健全完善设计-施工总承包配套法律法规，加强设计-施工总承包政策引导，推行全生命周期成本控制评价标准，激发总承包企业的积极性。

（2）在推行土木建筑工程设计-施工总承包制度时，应采用总造价闭口标制度，同时加强第三方监理制度和政府的审批验收职权，确保工程质量和安全。

（3）在总承包制度中还应包含第三方工程咨询单位对设计和施工进行优化，最大限度地实现土建工程建设技术先进、经济合理、实用可靠和“四节一环保”标准。

（4）培育高水平的具备设计-施工综合素质及统筹协调管理能力的总承包企业及相应的人才队伍，调整勘察、设计、施工、监理企业的经营结构，增强其综合竞争实力。

9. 切实强化流域/区域水生态空间保护

党的十八大报告将“优化国土空间开发格局”作为建设生态文明的首要任务，在水生态文明建设中也要切实强化水生态空间保护，建立水生态系统整体恢复的空间基础。具体包括三个层次：一是强化水源涵养区、重点水源区、重点水土流失区等陆域水生态空间保护和管理，科学确定保护区的级别，对不同级别的区域人类活动进行科学管控；二是加强湿地管理，通过公布名录、明确边界、设立界标、建设湿地公园和湿地保护小区等方式，使自然湿地依法得到保护；三是要大力推进河湖蓝线和缓冲区划定，并建立相应的管理制度。各试点区要根据河湖等级和生态功能定位，制定不同级别河湖的蓝线范围，蓝线区域内严禁违法进行各类建设和侵占；四是切实加强河湖水体及基底系统保护与管理。砂石是河湖生态系统的物质载体，要进一步加大对河湖采砂行为的规范和范例，加大对偷采行为的整治力度。

10. 加强生态友好水工程建设及生态调度

建议在水利工程建设中应进一步注重生态环境的友好性，并开展水利工程生态化调度的示范和推广。生态友好性水工程建设包括河湖形态的自然化，避免人为的裁弯取直；生态护坡的建设，规避垂直硬砌护岸；大坝鱼道的建设，加强水生生物保护；环境友好性筑坝材料和工艺的研发应用等。水利工程的生态调度目前多停留在研究层面，需要在进一步开展水生生物监测与机理研究的基础上，加强具体河流和具体工程的生态调度示范，满足不同时期河流生态流量需求，尽可能减小水利工程对于水生生物栖息地和栖息条件的影响，在技术方法成熟后逐步加大推广应用规模，并建立相应的保障制度。

11. 大力开展陆域特别是农村的节水减排

建议在水生态文明建设中应进一步强化和凸显陆域节水减排的重要性，特别是要做好农村面源污染防治和节水减排工作。水污染问题是当前水生态文明建设的最突出、最迫切的问题，水污染表象体现在河湖水体，但其根源则在于陆域排污和坡面汇入。在城市点源污染逐步得到控制的情况下，农村面源污染逐步成为陆域减排的重点，也是当前工作的难点。对于缺水地区，要强化“三条红线”的刚性约束，大力提高用水效率，严格控制取用水总量和污染物排放总量；对于丰水地区，要建立起节水就是减污、节水就是“洁水”的理念，健全市场机制、采取综合措施，减少取用水污水排放量以及污染物入河量。

12. 加快国家水资源管理信息系统建设与信息统计的规范化管理

精细化、定量化是最严格的水资源管理制度的基本特征之一，基础是自然-

社会二元水循环信息的采集与应用。2012 年水利部和财政部联合批复了国家水资源监控能力建设项目的一期工程（2012～2014 年），为最严格水资源管理制度的实施奠定了良好的基础。但项目一期建设完成后，也仅是实现对全国 70% 以上的许可取用水量、80% 的重要水功能区、50% 的省界出入境水量与水质的监控，只是初步形成和实行了与最严格水资源管理制度相适应的水资源监控能力，其覆盖范围、监控对象都还远远不够，距离对水资源开发利用、取、供、用、耗、排各个环节实现全面监控和管理仍有一定的差距。因此要进一步推进国家水资源管理信息系统的建设，提高取用水量测覆盖率和精度、丰富和优化水环境与水生态监测项目及频次，强化行政区断面水量水质交接的监测、加强地下水水位与水质的监测，注重项目的长期建设，以及运行与维护工作。此外，还要根据最严格水资源管理制度的要求，切实加强水资源信息的统计与上报的规范化管理，建立各级的信息责任制，为最严格水资源管理目标考核奠定信息基础。

13. 加快水安全立法，完善水质标准，营造全民参与，依法治水的社会氛围

（1）依法治水，推广水污染责任人的终身追责机制。法制是开启我国水安全围城大门的钥匙，依法治水是依法治国的重要内容，是社会主义法治建设的需要。但是，我国目前还未有专门的水安全保障法律法规，虽有一些相关的法律，如《中华人民共和国水法》《中华人民共和国水土保持法》《中华人民共和国水污染防治法》等涉及水安全问题，但现有的法律保障制度严重落后于水资源发展现状，体系构建不够科学，水安全技术领域、管理制度领域运作机制不够完善，使得我国水安全不能得到法律的有效保障。因此，我们要借鉴发达国家成功的水安全法律体制，构建符合我国国情的，具有实践性和可操作性的水资源安全法律保障体系的框架模型，完善并加强现有水资源法律制度体系，并与现有的法律制度衔接和融合。在法律的实施过程中，认真落实国务院《关于实行最严格水资源管理制度的意见》所确立的水资源开发和利用控制、用水效率控制和水功能区限制纳污“三条红线”的全面部署和具体安排。同时，建立健全水污染责任人的终身追责机制。对水污染来源进行严格查证，一经查实，依法对造成水污染的企业和直接责任人进行相应的处罚，责令其在一定时间内

完成对生产过程、排污途径的整改，并有责任对造成的污染进行长期治理，最终实现我国水资源经济安全、生态安全、社会安全和战略安全。

（2）完善标准，基于城市人口数量、城市规模、城市产业结构，建立城市水环境容量标准评价及校核模式，落实既有水质安全标准，从终端杜绝水资源的污染。长期以来，粗放型的以能源、资源过度消耗，自然环境污染、破坏为代价的经济发展模式已经不可持续，城市改造及建设规划必须以城市水环境容量作为城市人口、城市规模、城市产业结构调整的主要依据之一。建立和完善城市人口数量、规模、产业结构类型的正确引导政策，有针对性地制定财政、税收、水价、电价等引导政策，切忌强制摊派，合理有序引导，促进人口合理转移、产业积极转型，真正实现人与自然和谐共生、可持续发展。制定城市水环境容量的标准评价模式，基于评价结果合理规划城市污水排放量和处理程度，建立城市水环境容量的校核模式，将其用于校核城市人口、城市规模及产业结构。同时，为了防止水资源的污染、水生态的破坏，应该通过更完善的相关标准来约束各个行业对水资源的潜在破坏，并制定更严格的水质标准，保障水安全。但是，标准的灵魂在于落实，市政工程领域相关标准，特别是水环境保护相关标准要求越来越高，而能落实的却少之又少。要改变这种状况，首先需要调整全国统一排放标准的执行模式，鼓励各行政区域、各流域依据各地水环境容量、人口数量、产业结构等实际情况进行有针对性的评估，并由权威机构制定本区域的污水和废水排放等相关标准。其次要从落实的本质出发，建立有效的执行模式，在满足环境容量的前提下，可参考碳排放交易模式，开展污染物排放交易模式的探索，鼓励不同企业之间开展污水和废水处理合作，根据自身的技术水平和财力情况将污水和废水处理到可排放标准。

（3）全民参与，建立水环境污染公民监督、诉讼模式。环境保护领域的公众参与是指公众及其代表有权通过一定的程序参与一切与环境有关的决策活动，使该项决策符合公众的切身利益，且有利于环境的保护。在水资源保护领域，我国至今尚未真正建立起公众参与机制，这就要求我们通过水资源立法，确保公众参与权利和决策权利的真正实现，明确公众参与的范围和途径，规定公众参与的程序以及法律保障体系，为公众参与提供畅通的渠道，保证公民知情权的实现。同时，环境公益诉讼制度已成为发达国家水资源保护的重要手段，允许公众或团体在由于政府行政机关、企业或其他组织及个人的违法行为或不作为，使水安全环境和公共利益遭受侵害或有遭受侵害危险时，为保护水资源而向法院提起诉讼。我国的公民诉讼制度尚未建立，人民的环境监督意识薄弱，应该加大宣传力度和进行环保教育，提高人民群众的水环境保护意识，并建立奖励机制，依靠群众、相信群众、发动群众，鼓励群众对身边发生的水污染问题和偷排、漏排企业进行揭发检举。在保证公民健康权、环境权的同时，切实提高人民群众和环保部门进行水环境保护的积极性，促进环保事业蓬勃发展。

14. 推广公私合作模式，鼓励民营资本与政府、高校和科研单位进行合作，参与城市水系统的改造、建设与管理

我国在城市水安全保障上长期实行政府主导的模式，在水安全技术上缺乏自主创新和自有知识产权，私有企业难以融入并发挥作用，科学研究与实际应用脱节，为了打破这种局面，需要在水安全领域大力推广公私合作模式，鼓励民营资本与政府、高校和科研单位进行合作，将市场机制引入水安全基础设施的建设，这样既可以减少政府的投资，又可培育有竞争力的环保企业，鼓励环保创业，扶持环境问题诊断与技术咨询服务等企业的发展，与此同时，可以最大限度地发挥科研单位的优势，鼓励人才跨界流动，促进跨领域、跨行业协同创新，为环境治理提供整体技术解决方案和全过程服务支持。

（1）科研导向，充分发挥高校和科研机构的发明创造力优势，以国家需求为目标，鼓励新型高效的城市水安全保障技术的研发、成果转化和推广应用。调整科研评价模式，鼓励以实际需求为导向的实用型技术研发，保证应用方面的科研投入，将现有的科研项目立项由同行评议模式转变为由企业、同行共同评议的模式，引导科研向实用层面转变。

（2）市场导向，引入竞争机制，推进城市供水、污水处理及再生利用技术的市场化。打破现有的供水体制中国企低效、低质的供水模式，在严格监督供水企业生产、保证供水水质的前提下，引入民营资本，鼓励民族企业发展，实施股权构成多元化，保证城市供水健康、有序的发展。以企业污水处理站的建设-经营-转让（build-operate-transfer，BOT）模式推广为重点，规范现有的PPP模式中企业和政府的行为，保证PPP模式及BOT模式中企业和政府按照契约行事。

15. 掌握城市水生态安全诊断技术，健全水生态风险预警及评价机制，建立基于大数据的城市水环境管理信息共享系统

（1）信息公开，建立城市水资源、水环境管理信息系统和预警系统。改变目前各地普遍存在的水资源、水环境信息公开不全的现状，保证信息实时公开，建立城市水资源、水环境管理信息系统和预警系统。督促相关部门实时公开与人民健康紧密相关的城市供水水质、城市水资源量、城市水污染源等城市水环境质量数据，并对可能出现的城市水污染问题进行及时预警，调动相关部门的执政积极性，保证基本的公民权利。

（2）全面统筹，建立跨流域调水生态风险评价机制。为防范因跨流域调水造成的水源地水生态破坏、水环境污染问题，确保社会和谐稳定发展，需建立更加合理的跨流域调水决策及评价机制，在优先保证调水水源地自然环境和水文水质、确保当地居民及城市发展用水的前提下，将一部分水资源调往其他大城市。同时，建立更加合理的跨流域调水风险评价机制，根据调水水源地年际降雨量、气候变化、自然环境变化等因素合理调节调水水量。

16. 推进国家PNT（定位、导航与授时）体系结构建设，加速导航位置服务产业

将北斗卫星导航系统提升为国家关键基础设施和优先发展的国家目标并作为国家PNT体系结构的基石来维护，要长期规划、稳定投入，确保北斗卫星导航系统长期稳定、安全可靠地运行。同步发展北斗卫星导航系统的天基增强和各类陆基差分基础设施，同步开发各种军用、民用导航终端用户设备及其应用产业，同步构建军民结合的天基PNT管理机构，发布国家PNT政策，鼓励民营企业和民间资本进入卫星导航产业。同时重视惯性导航、水下导航和其他PNT技术的发展，研究天基及地基PNT能力的演进和协同发展，支持PNT信息源及信息路径的多样性。启动“中国定位导航授时（PNT）体系结构综合研究”工作，论证我国PNT技术与能力差距及其市场需求，统筹规划我国PNT发展战略和无线电导航政策与策略。重视脉冲星导航等PNT新理论、新概念的探索性和创新性研究。将罗兰-C列为天基PNT系统的战略备份，长期维护并可靠运行。

17. 加强全球地理空间信息技术体系攻关，推进地理信息产业发展

突破北斗卫星导航系统、GPS、GLONASS、Galileo等各类卫星导航定位系

统兼容的、稳定性强、功耗低、集成度高的多频高精度导航定位芯片及位置接收机的技术难题。加强基带芯片、射频芯片、天线和导航电子地图软件等技术的集成融合。加强天空地传感摄影技术研发与集成，着力攻克高精度遥感卫星影像获取技术难题，解决全天候、全天时地理信息实时获取问题。着力发展多源地理信息融合、挖掘与高效处理技术，实现对多源地理信息数据快速处理和智能解译与制图，提高地理信息的智能分析能力。加大动态自适应服务、分布式要素服务聚合等关键技术研发力度，不断提升地理信息智能化服务能力。

18. 加快实施全球空间信息基础设施建设工程，服务于我国全球化发展战略

全球空间信息基础设施可反映全球地理、资源、社会、国防等重要信息的空间分布，是世界发达国家高度重视的一种新的信息权，也是我国全球化发展战略的必然要求，同时，也是我国履行大国责任的需要。将国外的区域空间信息基础设施建设纳入国家对外援助项目体系，通过援助来掌控欠开发区域资源的空间信息。通过自主获取与建设、区域援助建设、整合共享性资源建设等多种途径，建设我国具有控制和发展能力的全球空间信息基础设施，形成自主的信息权。

19. 加速推进基于未来泛在网络的智能传感技术的研发应用工作

智能传感技术在交通工程结构全生命安全运行监测方面发挥着重要作用，构建结构安全监测系统首先要建立一个可靠并具有长期稳定性的泛在网络系统，其次要大力发展智能传感技术及设备的研发应用工作。

目前，三网融合、云计算和物联网发展对现有互联网的可扩展性、安全性、移动性、能耗和服务质量都提出了巨大挑战，基于 TCP/IP 的互联网依靠增加带宽和渐进式改进已经无法满足未来发展的需求。为突破未来网络基础理论和支撑新一代互联网实验，未来应着重进行泛在网络基础设施建设，主要包括：原创性网络设备系统，资源监控管理系统，涵盖云计算服务、物联网应用、空间信息网络仿真、网络信息安全、高性能集成电路验证以及量子通信网络等开放式网络试验系统。

智能传感设备是面向复杂的服役环境，实现泛在网络感知条件下对交通

工程结构响应的精准性、可靠性、耐久性的表达。智能传感设备技术是在现代传感技术、网络技术、自动化技术、拟人化智能技术等先进技术的基础上，通过智能化的感知、人机交互、决策和执行技术，实现安全监测手段的信息化和评估体系的智能化，是信息技术和智能技术与装备制造过程技术的深度融合与集成。

建议从国家层面综合多个相关领域，努力推进智能传感技术和智能设备在交通工程结构全生命周期安全运行领域的升级和应用。

20. 加强智慧城市建设国家层面顶层设计，突出地方政府引导和市场为主

建议各城市从城市发展的战略全局出发研究制定智慧城市建设方案。方案要突出为人服务，深化重点领域智慧化应用，提供更加便捷、高效、低成本的社会服务；要明确推进信息资源共享和社会化开发利用、强化信息安全、保障信息准确可靠以及同步加强信用环境建设、完善法规标准等的具体措施；要加强与国民经济和社会发展总体规划、主体功能区规划、相关行业发展规划、区域规划、城乡规划及有关专项规划的衔接，做好统筹城乡发展布局。

21. 加强政府、企业、个人之间的城市大数据共享机制，形成制度保障

建设智慧城市，要大力推动政府数据资源共享。建议制定政府数据资源共享管理办法，整合政府部门公共数据资源，促进互联互通，提高共享能力，提升政府数据的一致性和准确性。尽早明确各部门数据共享的范围边界和使用方式，为大数据共享机制形成制度保障。充分利用统一的国家电子政务网络，构建跨部门的政府数据统一共享交换平台。同时建议形成国家政府数据统一开放平台。建立政府部门和事业单位等公共机构数据资源清单，制定实施政府数据开放共享标准，制定数据开放计划。

22. 加强智慧城市建设技术标准规范制定，增强我国在全球领域的影响力

现阶段智慧城市建设缺乏相关技术标准。建议在国家有关主管部门统筹指导下，通过标准化组织、地方信息化主管部门、行业协会和企业密切协作，积极研究智慧城市建设的共性需求，加强对现有相关信息、通信技术和应用领域标准化力量的协调，加快制定并完善我国智慧城市建设所急需的基础、数据和服务支撑、建设运行、安全、应用类标准及标准综合应用指南。例如，智慧城

市评价指标、信息汇聚和存储、数据智能挖掘分析、业务协同处理、项目建设评估、统一服务访问等通用标准和智慧交通技术参考模型、智慧政务标准应用指南等领域特定标准，积极固化城市建设和创新经验，以尽快形成满足我国智慧城市建设需求的标准体系，同时使我国智慧城市建设技术标准处于国际领先水平。

23. 加大智慧城市关键支撑技术研究的持续投入，注重人才培养及相关学科建设

创新人才培养模式，建立健全多层次、多类型的智慧城市建设人才培养体系。充分考虑智慧城市相关学科领域人才需求，鼓励采取跨校联合培养等方式，开展跨学科智慧城市建设综合型人才培养，大力培养具有统计分析、计算机技术、经济管理等多学科知识的跨界复合型人才。鼓励高等院校、职业院校和企业合作，加强职业技能人才实践培养，积极培育大数据技术、物联网技术、云计算技术人才。构建智慧城市综合培训体系，支持企业和高校联合共建实训基地，面向专业人员实施专业知识和技能培训。

参 考 文 献

白云霞 . 2012. 中美饮用水水质标准比对研究及对我国的借鉴意义 [C]. 中国标准化论坛 .

陈桂香 . 2011. 国外智慧城市建设概览 [J]. 中国安防 , (10):100-104.

丁民 . 2005. 值得借鉴的以色列水管理经验 [J]. 中国科技成果 , (23):12-14.

葛耀君 , 项海帆 . 2010. 桥梁工程可持续发展的理念与使命 [C] // 第十九届全国桥梁学术会议论文集 . 上海 : 人民交通出版社 :15-31.

顾大伟 . 2013. 我国智慧城市发展的若干思考 [R].

顾锦龙 . 2013. 世界发达国家保障自来水水质的做法 [J]. 防灾博览 , (6):72-73.

国务院 . 2013. "宽带中国" 战略及实施方案 . 国发〔2013〕31 号 , 2013.08.01.

国务院 . 2015a. 促进大数据发展行动纲要 . 国发〔2015〕50 号 , 2015.08.31.

国务院 . 2015b. 关于积极推进 "互联网 +" 行动的指导意见 . 国发〔2015〕40 号 , 2015.07.01.

郝晓地 , 任冰倩 , 曹亚莉 . 2014. 德国可持续污水处理工程典范——Steinhof 厂 [J]. 中国给水排水 , (22):6-11.

贾绍凤 , 张军岩 , 张士锋 . 2002. 区域水资源压力指数与水资源安全评价指标体系 [J]. 地理科学进展 , 21(6):538-545.

科学技术部 . 2015. 国家水安全创新工程实施方案 (2015—2020).

李继华 . 1988. 可靠性数学 [M]. 北京 : 中国建筑工业出版社 .

李键 , 杨玉楠 , 吴舜泽 , 等 . 2009. 水环境预警系统的研究进展 [J]. 环境保护 , (6):4-7.

李新社 . 2016. 看待智慧城市的新视角 [J]. 智慧中国 , (4):70-73.

梁春柳 . 2016. 国外优秀案例 : 低影响开发 [J]. 广西城镇建设 , (4):56-64.

刘洪彪 , 武伟亚 . 2013. 城市污水资源化与水资源循环利用研究 [J]. 现代城市研究 ,

(1):117-120.

陆杰华，郭冉 . 2016. 从新国情到新国策：积极应对人口老龄化的战略思考 [J]. 国家行政学院学报 , (5): 27-34.

鹿健 . 2015. 海绵城市建设的内涵意义与途径 [J]. 山西建筑 , (26):15-17.

聂建国 . 2016. 我国结构工程的未来 : 高性能结构工程 [J]. 土木工程学报 , 49(9): 1-8.

聂梅生 . 2001. 美国污水回用技术调研分析 [J]. 给水排水 , 27(9):23-25.

彭继东 . 2012. 国内外智慧城市建设模式研究 [D]. 吉林：吉林大学 .

乔文怡 , 李玏 , 管卫华 , 等 . 2018. 2016—2050 年中国城镇化水平预测 [J]. 经济地理 , (2): 51-58.

曲久辉，王凯军，王洪臣，等 . 2014. 建设面向未来的中国污水处理概念厂引领城市污水处理高质量发展 [J]. 给水排水 , (3):112.

瓦格纳 . 2014. 城市水生态系统可持续管理 [M]. 北京：中国水利水电出版社 .

汪梦甫 , 周锡元 . 2003. 基于性能的建筑结构抗震设计 [J]. 建筑结构 , 33(3): 59-61.

王家耀 . 2014. 大数据时代的智慧城市 [J]. 测绘科学 , 39(5) :3-7.

王建国 . 2005. 21 世纪初中国建筑和城市设计发展战略研究 [J]. 建筑学报 , (8): 5-9.

王礼茂 , 郎一环 . 2002. 中国资源安全研究的进展及问题 [J]. 地理科学进展 , 21(4):333-340.

习近平 . 2017. 决胜全面建成小康社会 夺取新时代中国特色社会主义伟大胜利——在中国共产党第十九次全国代表大会上的报告 [M]. 北京 : 人民出版社 .

徐海岩 , 胡俊 , 邵文彬 . 2013. 新加坡水处理技术与经验 [J]. 东北水利水电 , 31(8):63-64.

徐匡迪 .2013. 中国特色新型城镇化发展战略研究（综合卷）[M]. 北京 : 中国建筑工业出版社 .

许学强 , 周一星 , 宁越敏 .2009. 城市地理学 [M]. 2 版 . 北京 : 高等教育出版社 .

于立 , 单锦炎 . 2004. 西欧国家可持续性城市排水系统的应用 [J]. 国际城市规划 , 19(3):51-56.

赵国藩 , 金伟良 , 贡金鑫 . 2000. 结构可靠度理论 [M]. 北京 : 中国建筑工业出版社 .

赵培红 , 孙久文 . 2011. 城市型社会背景下的城镇化 : 他国的经验与中国的选择 [J]. 城市发展研究 , 18(9): 1-9.

中国工程院土木、水利与建筑工程学部 . 2012. 土木学科发展现状及前沿发展方向研究 [M]. 北京 : 人民交通出版社 .

中国建筑节能协会能耗统计专委会 . 2018. 中国建筑能耗研究报告（2018）[R].

钟万勰 , 陆仲绩 . 2007. CAE: 事关国家竞争力和国家安全的战略技术 [J]. 中国科学院院刊 , 22(2): 115-119.

周成虎 . 2015-03-02（7）. 中国城镇化发展的智慧之路 [N]. 中国信息化周报 .

住房和城乡建设部 . 2014. 海绵城市建设技术指南——低影响开发雨水系统构建 (试行) [M]. 北京：中国建筑工业出版社 .

Applied Technology Council. 1997. NEHRP guidelines for the seismic rehabilitation of building[S]. FEMA Publication 273, Federal Emergency Management Agency, Washington D. C.

ASCE Steering Committee. 2006. The vision for civil engineering in 2025[R]. American Society of Civil Engineers, VA.

Cohen N. 1999. Urban Conservation[M]. Cambridge: MIT Press.

National Science Foundation. 2000. America' s investment in the future[R]. NSF Celebrating 50 Years.

Oden J T, Belytschko T, Fish J, et al. 2006. Simulation-based engineering science: revolutionizing engineering science through simulation[R]. Report of the National Science Foundation Blue Ribbon Panel on Simulation-Based Engineering Science, USA.

Pan P, Wang T, Nakashima M. 2015. Development of Online Hybrid Testing: Theory and Applications to Structural Engineering[M]. Ports Mouth: Butterworth-Heinemann.

United Nations. 2001. Population, environment and development[R]. New York: Department of Economic and Social Affairs, Population Division.

World Commission on Environment and Development. 1987. Our common future[R]. Brundtland Report.

关键词索引

A

C

H

J

L

M

N

Q

R

S

T

W

X

Y

Z

其他